"十二五"国家重点图书出版规划项目

先进制造理论研究与工程技术系列

TECHNOLOGY OF NON-TRADITIONAL MACHINING

特种加工技术

（第2版）

主编 白基成 郭永丰 杨晓冬

主审 刘晋春 王 彤

U0223702

哈尔滨工业大学出版社

内 容 简 介

本书讲述常规与传统切削、磨削加工技术以外的特种加工新技术,主要有电火花加工、数控电火花线切割加工、电化学加工、激光加工、电子束和离子束加工、超声加工、快速成形、化学加工等技术。它们的主要特点是不依靠机械能、切削力,而是采用电、热、光、声、化学等多种能量,可以"以柔克刚",用软的工具加工硬的工件。

书中讲述各种特种加工的基本原理、基本设备、基本工艺规律、主要特点和应用范围。

本书可作为高等院校、中专学校机械制造工艺及机械电子专业和模具制造专业的特种加工课程的教材,也可作为机械制造、机械加工、模具加工等工程师、技术员和技术工人的自学教材和参考书。

Non-Traditional Machining(NTM) is a category of technologies beyond conventional cutting and grinding. It covers Electrical Discharge Machining (EDM), Wire Electrical Discharge Machining (WEDM), Electrochemical Machining (ECM), Laser Beam Machining(LBM), Electron Beam Machining(EBM), Ion Beam Machining (IBM), Ultrasonic Machining (USM), Rapid Prototyping (RP), Chemical Machining(CHM), et al. NTM uses electrical energy, thermal energy, light energy, sonic energy and chemical energy as their primary sources of energy, but not mechanical energy, so NTM can use tools of soft materials to shape workpieces of hard materials.

图书在版编目(CIP)数据

特种加工技术/白基成,郭永丰,杨晓冬主编. —2 版. —哈尔滨:
哈尔滨工业大学出版社,2015.1(2022.1 重印)
ISBN 978-7-5603-4636-6

Ⅰ.特… Ⅱ.①白… ②郭… ③杨… Ⅲ.特种加工-高等学校-教材 Ⅳ.TG66

中国版本图书馆 CIP 数据核字(2014)第 048334 号

责任编辑 王桂芝 黄菊英
封面设计 卞秉利
出版发行 哈尔滨工业大学出版社
社 址 哈尔滨市南岗区复华四道街 10 号 邮编 150006
传 真 0451-86414749
网 址 http://hitpress.hit.edu.cn
印 刷 哈尔滨经典印业有限公司
开 本 787mm×1092mm 1/16 印张 19 字数 456 千字
版 次 2015 年 1 月第 2 版 2022 年 1 月第 5 次印刷
书 号 ISBN 978-7-5603-4636-6
定 价 42.00 元

(如因印装质量问题影响阅读,我社负责调换)

编写委员会名单

（按姓氏笔画排序）

主　任　姚英学

副主任　尤　波　巩亚东　高殿荣　薛　开　戴文跃

编　委　王守城　巩云鹏　宋宝玉　张　慧　张庆春

　　　　郑　午　赵丽杰　郭艳玲　谢伟东　韩晓娟

编审委员会名单

（按姓氏笔画排序）

主　任　蔡鹤皋

副主任　邓宗全　宋玉泉　孟庆鑫　闻邦椿

编　委　孔祥东　卢泽生　李庆芬　李庆领　李志仁

　　　　李洪仁　李剑峰　李振佳　赵　继　董　申

　　　　谢里阳

总　　序

　　自 1999 年教育部对普通高校本科专业设置目录调整以来,各高校都对机械设计制造及其自动化专业进行了较大规模的调整和整合,制定了新的培养方案和课程体系。目前,专业合并后的培养方案、教学计划和教材已经执行和使用了几个循环,收到了一定的效果,但也暴露出一些问题。由于合并的专业多,而合并前的各专业又有各自的优势和特色,在课程体系、教学内容安排上存在比较明显的"拼盘"现象;在教学计划、办学特色和课程体系等方面存在一些不太完善的地方;在具体课程的教学大纲和课程内容设置上,还存在比较多的问题,如课程内容衔接不当、部分核心知识点遗漏、不少教学内容或知识点多次重复、知识点的设计难易程度还存在不当之处、学时分配不尽合理、实验安排还有不适当的地方等。这些问题都集中反映在教材上,专业调整后的教材建设尚缺乏全面系统的规划和设计。

　　针对上述问题,哈尔滨工业大学机电工程学院从"机械设计制造及其自动化"专业学生应具备的基本知识结构、素质和能力等方面入手,在校内反复研讨该专业的培养方案、教学计划、培养大纲、各系列课程应包含的主要知识点和系列教材建设等问题,并在此基础上,组织召开了由哈尔滨工业大学、吉林大学、东北大学等 9 所学校参加的机械设计制造及其自动化专业系列教材建设工作会议,联合建设专业教材,这是建设高水平专业教材的良好举措。因为通过共同研讨和合作,可以取长补短、发挥各自的优势和特色,促进教学水平的提高。

　　会议通过研讨该专业的办学定位、培养要求、教学内容的体系设置、关键知识点、知识内容的衔接等问题,进一步明确了设计、制造、自动化三大主线课程教学内容的设置,通过合并一些课程,可避免主要知识点的重复和遗漏,有利于加强课程设置上的系统性、明确自动化在本专业中的地位、深化自动化系列课程内涵,有利于完善学生的知识结构、加强学生的能力培养,为该系列教材的编写奠定了良好的基础。

本着"总结已有、通向未来、打造品牌、力争走向世界"的工作思路,在汇聚多所学校优势和特色、认真总结经验、仔细研讨的基础上形成了这套教材。参加编写的主编、副主编都是这几所学校在本领域的知名教授,他们除了承担本科生教学外,还承担研究生教学和大量的科研工作,有着丰富的教学和科研经历,同时有编写教材的经验;参编人员也都是各学校近年来在教学第一线工作的骨干教师。这是一支高水平的教材编写队伍。

　　这套教材有机整合了该专业教学内容和知识点的安排,并应用近年来该专业领域的科研成果来改造和更新教学内容、提高教材和教学水平,具有系列化、模块化、现代化的特点,反映了机械工程领域国内外的新发展和新成果,内容新颖、信息量大、系统性强。我深信:这套教材的出版,对于推动机械工程领域的教学改革、提高人才培养质量必将起到重要推动作用。

蔡鹤皋

哈尔滨工业大学教授

中国工程院院士

丁酉年 8 月

第 2 版前言

特种加工是现代先进制造工程技术中较为重要和实用的新技术之一,而且在生产中已较为广泛地获得应用,它是我国从制造大国过渡到制造强国的重要技术手段之一。但是现在仍有一些工程技术人员,尤其是大专院校师生,对它还知之甚少。

如果您是一位机械制造、机械加工工艺工作者,或是有志于机械制造的人员,则请您在阅读本书之前思考并回答下列问题:

1. 如何在淬火钢上加工一个直径 5 mm、深 5 mm 的定位销孔?

2. 如何在厚 10 mm 的硬质合金上加工一个四方形或六角形的型孔?(有三四种可能的加工方法)

3. 如何在中碳钢的气动、液压元件上加工一个直径 0.8 ~ 1 mm、深 100 mm 的小孔?

4. 有哪些方法可以在 0.2 mm 厚的不锈钢板上加工出一排直径为 $0.1^{\pm0.03}$ mm 的小孔?(有三四种可能的加工方法)

5. 有哪些方法可在 0.2 mm 厚的钨箔上加工出直径为 $0.05^{\pm0.02}$ mm 的微孔?

如果您能正确回答出 4 道题以上,则可认为您对特种加工技术已基本了解;如果能正确回答 3 道题,则您对特种加工技术已基本入门;如果只能回答出 2 道题或更少,则您对特种加工技术知道尚少。本着与时俱进的要求,您迫切需要知识更新,学习特种加工新技术。

特种加工是指传统的切削加工以外的新的加工方法。特种加工主要不是依靠机械能、切削力进行加工,而且可用软的工具(甚至不用工具)加工硬的工件,可以加工各种难加工材料、复杂表面和小孔、深孔、窄缝等有某些特殊要求的零件。

各种特种加工方法在生产中的应用日益广泛,近十几年来无论在国内或国外,电加工机床年产量的平均增长率均大大高于金属切削机床的增长率,生产中已形成一支从事特种加工的技术队伍。为了适应特种加工技术的迅速发展和应用的需要,近年来我国已有越来越多的工科院校陆续开设特种加工课程,并举办了很多短训班。

为满足科学技术和生产发展的需求,本书第 2 版在第 1 版的基础上增加了第 11 章精密、微细加工技术及第 12 章纳米技术和纳米加工技术,还对全书内容进行了补充、完善和修改。本书可作为高等工科院校机制专业(机械制造工艺和设备)和其他相近专业的特种加工课程的教材,也可作为从事机械制造方面的工程技术人员和技术工人的参考书。

本书由哈尔滨工业大学机电工程学院特种加工和机电控制研究所白基成、郭永丰、杨晓冬三位教授主编,由该所刘晋春教授、王彤修改并主审。

参加本书编写工作的人员(按章节次序)有:第 1 章概念,白基成;第 2 章电火花加工技术,迟关心;第 3 章电火花线切割加工技术,李立青,刘华;第 4 章电化学加工技术,郭永丰,第 5 章激光加工技术,杨晓冬;第 6 章电子束和离子束加工技术,胡富强;第 7 章超声加工技术,胡富强;第 8 章快速成形技术,杨晓冬;第 9 章其他特种加工技术,韦东波;

第10章特殊、复杂、典型难加工零件的特种加工技术,王玉魁;第11章精密、微细加工技术,刘晋春,郭永丰,刘庆滨;第12章纳米技术和纳米加工技术,刘晋春,郭永丰,刘庆滨;第13章特种加工中的安全、低碳环保和绿色加工技术,刘晋春,刘庆滨。

由于本书涉及的内容较为广泛,但收集的资料仍有限,时间仓促,难免有不足和欠妥之处,恳请广大读者批评指正。

对本书的意见和建议除反映给出版社外,也可直接与主编及主审联系:

地址:哈尔滨工业大学421信箱 白基成,郭永丰,杨晓冬,刘晋春

邮政编码:150001

电子邮箱为:

白基成 jicheng@ hit. edu. cn

郭永丰 guoyf@ hit. edu. cn

杨晓冬 xdyang@ hit. edu. cn 或 luty95@ jahoo. com. cn

刘晋春 liulll@ hit. edu. cn

编　者

2014 年 12 月

第1版前言

如果您是一位机械制造、机械加工工艺工作者,或是有志于机械制造的人员,则请您在阅读本书之前思考并回答下列问题:

1. 如何在淬火钢上加工一个直径 5 mm、深 5 mm 的定位销孔?

2. 如何在厚 10 mm 的硬质合金上加工一个四方形或六角形的型孔?(有三四种可能的加工方法)

3. 如何在中碳钢的气动、液压元件上加工一个直径 0.8 ~ 1 mm、深 100 mm 的小孔?

4. 有哪些方法可以在 0.2 mm 厚的不锈钢板上加工出一排直径为 (0.1±0.03) mm 的小孔?(有三四种可能的加工方法)

5. 有哪些方法可在 0.2 mm 厚的钨箔上加工出直径为 (0.05±0.02) mm 的微孔?

如果您对上述问题能正确回答 4 道题以上,则可认为您对特种加工技术已基本了解;如果能正确回答 3 道题,则您对特种加工技术已基本入门;如果只能回答 2 道题或更少,则您对特种加工技术知道甚少。本着与时俱进的要求,您迫切需要知识更新,学习特种加工新技术。

特种加工是指传统的切削加工以外的新的加工方法。特种加工主要不是依靠机械能、切削力进行加工,且可用软的工具(甚至不用工具)加工硬的工件,可以加工各种难加工材料、复杂表面和小孔、深孔、窄缝等有某些特殊要求的零件。

各种特种加工方法在生产中的应用日益广泛,近十几年来无论在国内或国外,电加工机床年产量的平均增长率均大大高于金属切削机床的增长率,生产中已形成一支从事特种加工的技术队伍。为了适应特种加工技术的迅速发展和应用的需要,近年来我国已有越来越多的工科院校陆续开设特种加工课程,并举办了很多短训班。

本书内容主要包含:概述、电火花加工、电火花线切割加工技术、电化学加工技术、超声加工技术、激光加工技术、电子束和离子束加工技术、磨料流动加工、水射流切割、快速成形技术等特种加工方法的基本原理、基本设备、工艺规律、主要特点和应用范围。

本书可作为高等工科院校机制专业(机械制造工艺和设备)及其他相近专业的特种加工课程的教材,也可作为从事机械制造方面的工程技术人员和技术工人的参考书。

本书由哈尔滨工业大学机电工程学院特种加工及机电控制研究所白基成、郭永丰、刘晋春教授主编,参加编写人员有赵家齐、王振龙、狄士春、胡富强、王致良、杨晓冬、迟关心、宋博岩、曹国辉、刘华、韩国柱等。全书由北京航空航天大学周正干教授主审。

由于本书涉及的内容较为广泛,但收集的资料有限,时间仓促,难免有不足和欠妥之处,恳请广大读者批评指正。

编 者
2006 年 8 月

本书所用主要符号

A 振幅,加工面积

a 加速度,有效离子浓度

B 宽度

B 数控线切割编程中的分隔符号

b 宽度,缩放量

C 电容,热容,电解加工中的双曲线常数

c 比热容,波速,光速

C_B B的浓度或称B的物质的质量浓度

D 直径,线切割中的停机代码

d 直径

E 光子能量,原子能级,电源电压,工具电极

e 电子负电荷

F 偏差值,作用力,电化学中的法拉第常数,焦距

f 频率,焦距

G 重力

G 数控编程中准备功能代码或数控线切割编程中的计数方向

g 重力加速度

H 磁场强度,高度

h 深度,高度,厚度,普朗克常数

I 电流,纸带孔符号

I_0 光强度,同步孔符号

i 电流密度

i_a 切断电流密度

i_e 放电电流

$\hat{i}_e$ 脉冲电流幅值

$\bar{i}_e$ 平均放电电流

J 能量密度

J 数控线切割中的计数长度

K 质量电化学当量,传热系数,某种常数,腐蚀系数

K_a, K_c, K_u 与工艺参数有关的常数

K_R 与材料有关的常数

L 电感,长度

$L_{1,2,3,4}$ 线切割直线指令

l 长度

m 质量

$NR_{1,2,3,4}$ 线切割逆圆指令

$\overline{P}$ 平均功率

p 压强,能量密度

q 蚀除量,流量

q' 单个脉冲蚀除量

q_a 正极(阳极)蚀除量

q_c 负极(阴极)蚀除量

q_g 气体流量

q_l 液体流量

q_q 气化热

q_r 熔化热

R 电阻,半径

r 半径

S 放电间隙,加工间隙,位移量

S_B 最佳放电间隙

S_L 侧面单边放电间隙

S_m 物理因素造成的机械间隙

$SR_{1,2,3,4}$ 线切割顺圆指令

T 温度

T_f 沸点

T_r 熔点

t 时间

t_c 充电时间

t_e 放电时间

t_i 脉冲宽度(简称脉宽)

t_o 脉冲间隔(简称脉间)

t_p 脉冲周期

u 电压

u_d 　击穿电压

u_e 　放电电压

$\overline{u_e}$ 　平均电压

$\hat{u}_i$ 　开路电压,空载电压,峰值电压

U 　电位差,电源电压,空载电压

U_a 　阳极电压

U_c 　阴极电压

U_R 　欧姆电压

U' 　平衡电极电位

U^0 　标准电极电位

V 　体积,电位

v 　进给速度

v_A 　加工速度(以长度表示)

v_a 　电解加工中阳极蚀除速度

v_c 　电解加工中阴极进给速度

v_d 　工具电极的进给速度

v_{dA} 　空载时工具电极的进给速度

v_{d0} 　短路时工具电极的回退速度

v_E 　工具电极损耗速度

v_m 　加工速度(以质量表示)

v_g 　工件蚀除速度

v_n 　法向进给速度

v_s 　走丝速度

v_w 　加工速度(以体积表示)

W 　宽度,能量,功

W_M 　单个脉冲能量

Z 　数控线切割中加工指令

Z 　加工余量,气液混合比

Δ 　加工间隙

Δ_a 　电解加工时的切断间隙

Δ_b 　电解加工时的平衡间隙

Δ_f 　电解加工时的端面间隙

Δ_n 　电解加工时的法向间隙

Δ_0 　电解加工时的起始间隙

Δ_s 　电解加工时的侧面间隙

α 　热扩散率,落料角

β 　刃口斜度

δ 　放电间隙

η 　效率,电流效率

θ 　工具电极的相对损耗率,角度,旋转运动,发散角,入射角

θ_L 　长度相对损耗率

κ 　温度扩散率

λ 　波长,热导率

λ_0 　中心波长

Δ_λ 　光源的谱线宽度

ρ 　密度,电阻率

σ 　电导率

τ 　时间常数

ω 　体积电化学当量,圆频率,角速度

φ 　电火花加工有效脉冲利用率,相对放电时间率

Φ 　电火花加工绝对放电时间率

ϕ 　直径

目　　录

第1章

概　述

1.1　特种加工的产生和发展

　　传统的机械加工已有很久的历史,它对人类的生产和物质文明起到了极大的作用。例如,在 18 世纪 70 年代就发明了蒸汽机,但苦于加工不出高精度的蒸汽机气缸而无法推广应用,直到有人创造和改进了气缸镗床,解决了蒸汽机主要部件的加工工艺,才使蒸汽机获得广泛应用,引起世界性的第一次产业革命。这一事例充分说明了加工方法对新产品研制、推广和社会经济等起着多么重大的作用。随着新材料、新结构的不断出现,情况将更是这样。

　　但是从第一次产业革命以来,一直到第二次世界大战以前,在这段长达 150 多年都靠机械切削加工(包括磨削加工)的漫长年代里,并没有产生特种加工的迫切要求,也没有发展特种加工的充分条件,人们的思想一直还局限在自古以来传统的用机械能量和切削力来除去多余的金属,以达到加工的要求。

　　直到 1943 年,前苏联拉扎连柯夫妇研究电器开关触点遭受火花放电腐蚀损坏的现象和原因时,发现电火花的瞬时高温可使局部的金属熔化、气化而被蚀除掉,从而把有害的电火花腐蚀变为有用的新加工方法,开创和发明了电火花加工方法,即用铜丝在淬火钢上加工出小孔,用软的工具加工任何硬度的金属材料,首次摆脱了传统的切削加工方法,直接利用电能和热能来去除金属,获得"以柔克刚"的效果。

　　第二次世界大战后,特别是进入 20 世纪 50 年代以来,随着生产发展和科学实验的需要,很多工业部门,尤其是国防工业部门,要求尖端科学技术产品向高精度、高速度、高温、高压、大功率、小型化等诸多方向发展,它们所采用的材料越来越难加工,零件形状越来越复杂,加工精度、表面粗糙度和某些特殊要求也越来越高,对机械制造部门提出了以下新的要求:

　　(1) 解决各种难切削材料的加工问题

　　如硬质合金、钛合金、耐热钢、不锈钢、淬火钢、金刚石、宝石、石英以及锗、硅等各种高硬度、高强度、高脆性的金属及非金属材料的加工。

　　(2) 解决各种特殊、复杂表面的加工问题

　　如喷气涡轮机叶片、整体涡轮、发动机机匣及锻压模、注塑模的立体成形表面,各种冲模、冷拔模特殊截面的型孔,炮管内膛线,喷油嘴、栅网、喷丝板上的小孔、窄缝等的加工。

　　(3) 解决各种超精、光整或具有特殊要求的零件的加工问题

　　如对表面质量和精度要求很高的航天、航空陀螺仪、伺服阀,以及细长轴、薄壁零件、弹性元件、低刚度零件等的加工。

　　要解决上述一系列工艺问题,仅仅依靠传统的切削加工方法就很难实现,甚至根本无法实现,人们相继探索研究新的加工方法,特种加工就是在这种历史条件下产生和发展起

来的。但外因是条件,内因是根本,事物发展的根本原因在于事物的内部,特种加工之所以能产生和发展的内因,在于它具有切削加工所不具有的本质和特点。

切削加工的本质和特点为:一是刀具材料比工件更硬;二是利用机械能和切削力把工件上多余的材料切除。一般情况下这是行之有效的方法。但是,在工件材料越来越硬、加工表面越来越复杂的情况下,矛盾转化,"物极必反",原来行之有效的方法却转化为限制生产率和影响加工质量的不利因素了。于是人们开始探索用软的工具加工硬的材料,不仅用机械能,而且还采用电、化学、光、声等能量来进行加工。到目前为止,已经找到了多种这一类的加工方法。为区别于现有的金属切削加工,这类新加工方法统称为特种加工,国外称为非传统加工(Non-Traditional Machining,简称 NTM)或非常规机械加工(Non-Conventional Machining,简称 NCM)。

特种加工与切削加工的不同点是:

① 特种加工主要依靠电、化学、光、声、热或其组合等能量去除金属材料,而不主要依靠机械能;

② 工具硬度可以低于被加工材料的硬度;

③ 加工过程中工具和工件之间不存在显著的机械切削力。

正因为特种加工工艺具有上述特点,所以就总体而言,特种加工可以加工任何硬度、强度、韧性、脆性的金属或非金属材料,且专长于加工复杂、微细表面和低刚度零件。同时,有些方法还可用以进行超精加工、镜面光整加工和纳米级(原子级)加工。

我国的特种加工技术起步较早。20 世纪 50 年代中期我国工厂中已设计研制出电火花穿孔机床、电火花表面强化机,中国科学院电工研究所、原机械工业部机床研究所、原航空工业部 625 研究所、哈尔滨工业大学、原大连工学院等相继成立电加工研究室,并开展电火花加工和电化学加工的科研工作。50 年代末营口电火花机床厂开始成批生产电火花强化机和电火花机床,成为我国第一家电加工机床专业生产厂。以后上海第八机床厂、苏州第三光学仪器厂、苏州长风机械厂和汉川机床厂等也专业生产电火花加工机床。

20 世纪 60 年代初,中国科学院电工研究所研制成功我国第一台模仿形电火花线切割机床,这是我国电火花线切割加工的"春燕"。60 年代末上海电表厂张维良工程师在阳极 – 机械切割技术的基础上发明了我国独创的高速走丝线切割机床,上海复旦大学配套研制出电火花线切割数控系统,从此如雨后春笋一般,电火花、线切割加工技术在我国迅速发展起来。

20 世纪 50 年代末电解加工在兵器工业部系统开始用来加工高射炮管内的膛线等,又逐步用于航空工业中加工喷气发动机叶片和汽车拖拉机行业中加工型腔模具等。

20 世纪 50 年代末我国曾出现"超声波热",把超声技术用于强化工艺过程和加工,成立了上海超声仪器厂和无锡超声电子仪器厂等。

1963 年哈尔滨工业大学在国内最早开设特种加工课程和实验,并编印出相应的教材,之后经修订成为 39 所院校的统编教材和机械制造专业的通用教材、规划教材。

1979 年我国成立了全国性的电加工学会,创办了全国发行的《电加工》杂志(2000 年改名为《电加工及模具》,2001 年电加工学会改名为特种加工学会)。1981 年在我国高校成立了特种加工教学研究会。同年我国在机床与工具协会下还成立了特种加工机床行业协会,挂靠在苏州电加工机床研究所,这对电加工和特种加工的普及、提高起了很大的促进作用。由于我国幅员辽阔、人口众多,在工业化过程中,对特种加工技术,既有广大的社会需求,又有巨大的发展潜力。1997 年我国电火花穿孔、成形机床的年产量大于 1 000 台,电火花数控线切割机床的年产量超过 3 800 台,其他电加工机床在 200 台以上。2002 年

内电火花穿孔、成形机床年产量超过 3 000 台,电火花数控线切割机床年产量超过15 000
台。2004 年的产量更是翻一番还多,电加工机床生产企业已由 50 家增至 150 家以上。
2005 年电火花成形机床年产量约 4 000 台,高速电火花小孔加工机床年产约 2 500 台,快
走丝线切割机床年产量约 4 万台,慢走丝线切割机床年产量约 2 400 台。目前,我国特种
加工机床生产企业在 300 家以上,生产的主要产品有:电火花成形加工机床、电火花线切
割加工机床、激光加工机床、快速成形机床等。2012 年我国电火花加工机床的总产量约
55 000 台。其中电火花成形加工机床 6 000 台;单向走丝(慢走丝)电火花线切割机床
3 000 台;往复走丝(快走丝)电火花线切割机床 42 000 台,带多次切割功能的机床(俗称
"中走丝机床")约占 20%;电火花高速小孔加工机床 3 000 台。2012 年我国大功率激光切
割加工设备的产量在 1 000 台以上,激光切割在整个激光应用市场约占 28%的份额(应用
最多、产量最大的是激光打标机,这里未作统计)。2012 年我国快速成形机床的产量为
500 台。电加工、特种加工的机床总拥有量也居世界的前列。我国已有多名科技人员荣
获电火花、线切割、超声波、电化学加工等八项国家级发明奖。但是由于我国原有的工业
基础薄弱,特种加工设备和整体技术水平与国际先进水平还有一定差距,高档电加工机床
每年还要从国外进口 300 台以上,这些都有待于我们将创新和加工制造共同发展,使我国
从制造大国发展成为制造强国。

1.2　特种加工的分类

特种加工的分类目前还没有明确的规定,一般可按加工方法、能量来源、作用形式和
加工原理来分类。常用特种加工方法的分类如表 1.1 所示。

表 1.1　常用特种加工方法的分类

特种加工方法		能量来源及作用形式	加工原理	英文缩写
电火花加工	电火花成形加工	电能、热能	熔化、气化	EDM
	电火花线切割加工	电能、热能	熔化、气化	WEDM
	短电弧加工	电能、热能	熔化、气化	SEDM
电化学加工	电解加工	电化学能	金属离子阳极溶解	ECM(ELM)
	电解磨削	电化学、机械能	阳极溶解、磨削	EGM(ECG)
	电解研磨、珩磨	电化学、机械能	阳极溶解、研磨	ECH
	电铸	电化学能	金属离子阴极沉积	EFM
	涂镀	电化学能	金属离子阴极沉积	EPM
激光加工	激光切割、打孔	光能、热能	熔化、气化	LBM
	激光打标记	光能、热能	熔化、气化	LBM
	激光处理、表面改性	光能、热能	熔化、相变	LBT
电子束加工	切割、打孔、焊接	电能、热能	熔化、气化	EBM
离子束加工	蚀刻、镀覆、注入	电能、动能	原子撞击	IBM
等离子弧加工	切割(喷镀)	电能、热能	熔化、气化(涂覆)	PAM
超声加工	切割、打孔、雕刻	声能、机械能	磨料高频撞击	USM
化学加工	化学铣削	化学能	腐蚀	CHM
	化学抛光	化学能	腐蚀	CHP
	光刻	光、化学能	光化学腐蚀	PCM
快速成形	液相固化法	光、化学能	增材法加工	SL
	粉末烧结法			SLS
	纸片叠层法	光、热、机械能		LOM
	熔丝堆积法	电、热、机械能		FDM

在发展过程中也形成了某些介于常规机械加工和特种加工之间的过渡性工艺。例如,在切削过程中引入超声振动或低频振动切削,在切削过程中通以低电压大电流的导电切削、加热切削和低温切削等。这些加工方法是在切削加工的基础上发展起来的,目的是改善切削的条件,基本上还属于切削加工,本书对此不予论述。

在特种加工范围内,还有一些属于减小表面粗糙度值或改善表面性能的工艺,前者如电解抛光、化学抛光、离子束抛光等,后者如电火花表面强化、镀覆、刻字,激光表面处理、改性,电子束曝光,离子镀、离子束注入掺杂等。

随着半导体大规模集成电路生产发展的需要,上述提到的电子束、离子束加工,就是近年来提出的超精微加工,即所谓原子、分子单位的纳米加工方法。

此外,还有一些不属于尺寸加工的特种加工,如液中放电成形加工、电磁成形加工、爆炸成形加工和放电烧结等,本书不予阐述。

本课程主要讲述电火花、电解、电解磨削、激光、超声、电子束、离子束、快速成形等加工方法的基本原理、基本设备、主要特点、适用范围,表1.2为几种常用特种加工方法的综合比较。

表 1.2 几种常用特种加工方法的综合比较

加工方法	可加工材料	工具损耗率/% 最低/平均	材料去除率/$(mm^3 \cdot min^{-1})$ 平均/最高	可达到尺寸精度/mm 平均/最高	可达到表面粗糙度 $Ra/\mu m$ 平均/最高	主要适用范围
电火花加工	任何导电的金属材料,如硬质合金、耐热钢、不锈钢、淬火钢、钛合金等	0.1/10	30/3 000	0.03/0.003	10/0.01	从数微米的孔、槽到数米的超大型模具、工件等,例如,圆孔、方孔、异形孔、深孔、微孔、弯孔、螺纹孔以及冲模、锻模、压铸模、塑料模、拉丝模,还可刻字、表面强化、涂覆加工
电火花线切割加工		较小(可补偿)	20/200[①]mm^2/min	0.02/0.002	5/0.01	切割各种冲模、塑料模、粉末冶金模等二、三维直纹面组成的模具和零件。可直接切割各种样板、磁钢、硅钢片冲片,也可切割钼、钨、半导体材料或贵重金属
短电弧加工		1/10	1000/10^5	0.5/0.1	500/50	主要用于水泥、矿石磨辊及大型钢轧辊的修复和再制造加工
电解加工		不损耗	100/10 000	0.1/0.01	1.25/0.16	从细小零件到1 t的超大型工件及模具,例如,仪表微型小轴,齿轮上的毛刺,涡轮叶片,炮管膛线,螺旋花键孔,各种异形孔,锻造模、铸造模,以及抛光、去毛刺等
电解磨削		0.1/0.5	1/100	0.02/0.001	1.25/0.04	硬质合金等难加工材料的磨削,如硬质合金刀具、量具、小孔、深孔、细长杆磨削,以及超精光整研磨、珩磨

续表 1.2

加工方法	可加工材料	工具损耗率/% 最低/平均	材料去除率/ $(mm^3 \cdot min^{-1})$ 平均/最高	可达到尺寸精度/mm 平均/最高	可达到表面粗糙度 $Ra/\mu m$ 平均/最高	主要适用范围
超声加工	任何脆性材料	0.1/10	1/50	0.03/0.005	0.63/0.16	加工、切割脆硬材料，例如，玻璃、石英、宝石、金刚石及半导体单晶锗、硅等，可加工型孔、型腔、小孔、深孔等
激光加工	任何材料	不损耗（三种加工，没有成形的工具）	瞬时去除率很高，受功率限制，平均去除率不高	0.01/0.001	10/1.25	精密加工小孔、窄缝及成形切割、刻蚀，例如，金刚石拉丝模、钟表宝石轴承、化纤喷丝孔、镍及不锈钢板上打小孔，切割钢板、石棉、纺织品、纸张，还可焊接、热处理
电子束加工					1.25/0.2	在各种难加工材料上打微孔、切缝、蚀刻、曝光、焊接等，现常用于制造中、大规模集成电路微电子器件
离子束加工		很低②	0.1/0.01 μm	0.1/0.01		对零件表面进行超精密、超微量加工、抛光、蚀刻、掺杂、镀覆等
水射流切割	钢铁、石材	无损耗	>300	0.2/0.1	20/5	下料、成形切割、剪裁
快速成形	增材加工，无可比性			0.3/0.1	10/2.5	快速制作样件、模具

注：① 线切割加工的金属去除率按惯例均以 mm^2/min 为单位。

　　② 这类工艺主要用于精微和超精微加工，不能单纯比较材料去除率。

1.3　特种加工对材料可加工性和结构工艺性等的影响

由于特种加工应用范围的扩大，引起了机械制造工艺技术领域的许多变革，主要表现在以下几个方面：

（1）提高了材料的可加工性

以往认为金刚石、硬质合金、淬火钢、石英、玻璃、陶瓷等是很难加工的，现在已经广泛采用金刚石、聚晶（人造）金刚石制造的刀具、工具、拉丝模具，可以用电火花、电解、激光等多种方法来加工它们。材料的可加工性不再与硬度、强度、韧性、脆性等成直接、正比关系。对电火花、线切割加工而言，淬火钢比未淬火钢更易加工。特种加工方法使材料的可加工范围从普通材料发展到硬质合金、超硬材料和特殊材料。

（2）改变了零件加工的典型工艺路线

以往除磨削外，其他切削加工、成形加工等都必须安排在淬火热处理工序之前，这是所有工艺人员不可违反的工艺准则。特种加工的出现,改变了这种一成不变的程序格式。由于它基本上不受工件硬度的影响,而且为了免除加工后再淬火热处理引起的变形,一般都先淬火而后加工。最为典型电火花线切割加工、电火花成形加工和电解加工等,都必须先淬火而后加工。

(3) 特种加工改变了试制新产品的模式

以往试制新产品时,必须先设计、制造相应的刀、夹、量具、模具及二次工装,现在采用数控电火花线切割,可以直接加工出各种标准和非标准直齿轮(包括非圆齿轮、非渐开线齿轮),各种电动机定子、转子硅钢片,各种变压器铁心,各种特殊、复杂的二次曲面体零件。这样可以省去设计和制造相应的刀、夹、量具、模具及二次工装,大大缩短了试制周期。近年来实用化的快速成形技术更是试制新产品的必要手段,这种技术改变了过去传统的产品试制模式。

(4) 特种加工对产品零件的结构设计带来很大的影响

各种复杂冲模(如山形硅钢片冲模)过去由于不易制造,往往采用拼镶结构,采用电火花、线切割加工后,即使是硬质合金的模具,也可做成整体结构。喷气发动机涡轮也由于电加工而采用带冠整体结构,大大提高了发动机的性能。特种加工使产品零件可以更多地采用整体结构。现代产品结构中可以大量采用小孔、小深孔、深槽和窄缝。

(5) 对传统结构工艺性的好与坏需要重新衡量

过去认为方孔、小孔、深孔、弯孔、窄缝等是工艺性很"坏"的典型,是设计和工艺人员应尽量避免的,有的甚至是禁区,特种加工改变了这种现象。对于电火花穿孔、电火花线切割工艺来说,加工方孔和加工圆孔的难易程度是一样的。喷油嘴小孔,喷丝头小异形孔,涡轮叶片大量的小冷却深孔、窄缝,静压轴承、静压导轨的内油囊型腔,采用电加工后由难变易了。过去淬火前忘了钻定位销孔、铣槽等工艺,淬火后这种工件只能报废,现在可用电火花打孔、切槽进行补救。相反有时为了避免淬火开裂、变形等影响,故意把钻孔、开槽等工艺安排在淬火之后,这在不了解特种加工的审查人员看来,将认为是工艺、设计人员的"过错",其实是他们没有及时进行知识更新。过去很多不可修的废品,现在都可用特种加工方法修复。例如,啮合不好的齿轮,可用电火花跑合;尺寸磨小了的轴、磨大了的孔以及工作中磨损了的轴和孔,均可用电刷镀修复。

(6) 特种加工已经成为微细加工和纳米加工的主要手段

近年来出现并快速发展的微细加工和纳米加工技术,主要是电子束、离子束、激光、电火花、电化学等电物理、电化学特种加工技术。

思考题与习题

1.1 从特种加工的发展史举例分析科学技术中有哪些事例是"物极必反"? (提示:如高空、高速飞行时,螺旋桨推进器被喷气推进器所取代)有哪些事例是"坏事可变为好事"? (提示:如开关的电火花腐蚀转变为电火花加工,金属锈蚀转变为电化学加工)

1.2 试举出几种因采用特种加工工艺之后,对材料的可加工性和结构工艺性产生重大影响的实例。

1.3 常规加工工艺和特种加工工艺之间有何关系? 应该如何正确处理常规加工和特种加工之间的关系?

第 2 章

电火花加工技术

电火花加工又称放电加工(Electrical Discharge Machining,简称 EDM),在 20 世纪 40 年代开始研究并逐步应用于生产。它是在加工过程中,使工具和工件之间不断产生脉冲性的火花放电,靠放电时局部、瞬时产生的高温把金属蚀除下来。因加工时放电过程中可见到火花,故我国称之为电火花加工。日本、英、美称之为放电加工,前苏联及俄罗斯称电蚀加工。

2.1 电火花加工的基本原理、分类和用途

2.1.1 电火花加工的原理和设备组成

电火花加工的原理是基于工具和工件(正、负电极)之间脉冲性火花放电时的电腐蚀现象来蚀除多余的金属,以达到对零件的尺寸、形状及表面质量预定的加工要求。电腐蚀现象早在 19 世纪初就被人们发现了,例如,在插头或电器开关触点开、闭时,往往产生火花而把接触表面烧毛、腐蚀成粗糙不平的凹坑而逐渐损坏。长期以来电腐蚀一直被认为是一种有害的现象,人们不断地研究电腐蚀的原因并设法减轻和避免它。但事物都是一分为二的,只要掌握规律,在一定条件下就能把坏事转化为好事,把有害变为有用。研究结果表明,电火花腐蚀的主要原因是:电火花放电时火花通道中瞬时产生大量的热,达到 5 000 ℃ 以上的温度,足以使任何金属材料局部熔化、气化而被蚀除掉,形成放电凹坑。这样,人们在研究抗腐蚀办法的同时,开始研究利用电腐蚀现象对金属材料进行尺寸加工。要达到这一目的,必须创造条件,解决下列问题:

① 必须使工具电极和工件被加工表面之间经常保持一定的小的放电间隙,这一间隙随加工条件而定,通常约为几微米至几百微米。如果间隙过大,极间电压不能击穿极间介质,因而不会产生火花放电;如果间隙过小,很容易形成短路接触,同样也不能产生火花放电。为此,在电火花加工过程中必须具有工具电极的自动进给和调节装置,以使工具电极和工件保持某一放电间隙。

② 火花放电必须是瞬时的脉冲性放电,亦即放电延续一段时间后,需停歇一段时间,放电延续时间一般为 $1 \sim 1\,000\ \mu s$,停歇约 $5 \sim 100\ \mu s$。这样才能使放电所产生的热量来不及传导扩散到其余部分,把每一次的放电蚀除点分别局限在很小的范围内;否则,像持续电弧放电那样,会使工体表面烧伤,只能用于焊接和切割,而无法用于尺寸加工。为此,电火花加工必须采用脉冲电源。图 2.1 为脉冲电源的空载电压波形。

③ 火花放电必须在有一定绝缘性能的液体介质中进行,例如,煤油、皂化液或去离子水等。液体介质又称工作液,它们必须具有较高的绝缘强度($10^3 \sim 10^7\ \Omega \cdot cm$),以利于产生脉冲性的火花放电。同时,液体介质还能把电火花加工过程中产生的金属小屑、碳黑和小气泡等电蚀产物从放电间隙中悬浮排除出去,并且对电极和工件表面有较好的冷却作用。

以上这些问题的综合解决是通过图2.2所示电火花加工机床的系统来实现的。工件1和工具4分别与脉冲电源2的两输出端相连接。自动进给调节装置3(此处为电动机及丝杆螺母机构)使工具和工件间经常保持很小的放电间隙,若脉冲电压加到两极之间,便在当时条件下相对某一间隙最小处或绝缘强度最低处击穿介质,在该局部产生火花放电,瞬时高温使工具和工件表面都蚀除掉一小部分金属,各自形成一个小凹坑,如图2.3所示。其中图2.3(a)表示单个脉冲放电后的电蚀坑,图2.3(b)表示多次脉冲放电后的电极表面。脉冲放电结束后,经过一段间隔时间(即脉冲间隔 t_o),使工作液恢复绝缘后,第二个脉冲电压又加到两极上,又会在当时极间距离相对最近或绝缘强度最弱处击穿放电,再电蚀出一个小凹坑。这样,随着相当高的频率连续不断地重复放电,工具电极不断地向工件进给,就可将工具的形状复制在工件上,加工出所需的零件,整个加工表面将由无数个小凹坑组成。

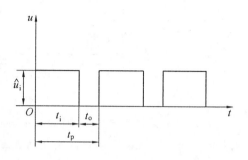

图2.1 脉冲电源电压波形
$\hat{u}_i$—脉冲电压、幅值; t_i—脉冲宽度;
t_o—脉冲间隔; t_p—脉冲周期

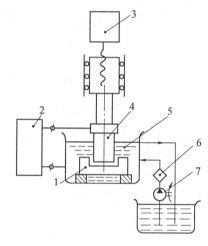

图2.2 电火花加工原理示意图
1—工件;2—脉冲电源;3—自动进给调节装置;
4—工具;5—工作液;6—过滤器;7—工作液泵

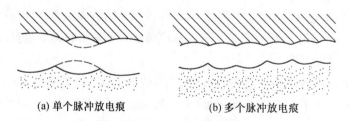

(a) 单个脉冲放电痕   (b) 多个脉冲放电痕

图2.3 电火花加工表面局部放大图

近年来出现的短电弧加工技术,其单个脉冲放电延续时间大于 $3\ 000\ \mu s$,停歇时间大于 $500\ \mu s$,但其放电电流较大,一般平均电流大于 10 A,大规准加工时可达数百甚至上千安培,虽然加工精度和表面粗糙度稍差,但具有较高的金属去除速度和生产率,详见本章

第2.8.7节。

2.1.2 电火花加工的特点和应用

1.电火花加工的主要优点

(1) 适合于任何难切削材料的加工

由于加工中材料的去除是靠放电时的电热作用实现的,材料的可加工性主要取决于材料的导电性和热学特性(如熔点、沸点、比热容、热导率、电阻率等),而几乎与其硬度、强度等力学性能无关。这样可以突破传统切削加工对刀具的限制,可以实现用软的工具加工硬韧的工件,甚至可以加工像聚晶金刚石、立方氮化硼一类的超硬材料。目前电极材料多采用纯铜(俗称紫铜)或石墨,因此工具电极较容易被加工。

(2) 可以加工特殊及复杂形状的表面和零件

由于加工中工具电极和工件不直接接触,没有宏观的机械切削力,因此适合加工低刚度工件和微细加工。由于可以简单地将工具电极的形状复制到工件上,因此特别适用于复杂表面形状工件的加工,如复杂型腔模具加工等。数控技术的采用使得用简单电极加工复杂形状零件成为可能。

2.电火花加工的局限性

① 主要用于加工金属等导电材料,但在一定条件下也可以加工半导体和陶瓷等非导体材料。

② 一般加工速度较慢,因此大多采用在淬火前切削加工来去除大部分余量,然后再进行电火花加工的做法,以便提高生产率。但最近已有新的研究成果表明,采用电火花铣削或特殊水基不燃性工作液进行电火花加工,其生产率不亚于切削加工。

③ 存在电极损耗。电极损耗多集中在尖角或底面,影响成形精度。近年来粗加工时已能将电极相对损耗比降至 0.1% 以下。

由于电火花加工具有许多传统切削加工所无法比拟的优点,因此其应用领域日益扩大,目前已广泛应用于机械(特别是模具制造)、宇航、航空、电子、电机电器、精密机械、仪器仪表、汽车拖拉机、轻工等行业,主要解决难加工材料及复杂形状零件的加工问题。加工范围已达到小至几微米的小轴、孔、缝,大到几米的超大型模具和零件。

2.1.3 电火花加工工艺方法分类

按工具电极和工件相对运动的方式和用途的不同,大致可分为电火花穿孔成形加工、电火花线切割、电火花磨削和镗磨、电火花同步共轭回转加工、电火花高速小孔加工、电火花表面强化与刻字六大类。前五类属电火花成形、尺寸加工,是用于改变零件形状或尺寸的加工方法;后者则属表面加工方法,用于改善或改变零件表面性质。以上各类中以电火花穿孔成形加工和电火花线切割应用最为广泛。表 2.1 列出了电火花加工工艺方法分类。

表 2.1　电火花加工工艺方法分类

类别	工艺方法	特　点	用　途	备　注
Ⅰ	电火花穿孔成形加工	①工具和工件间主要只有一个相对的伺服进给运动 ②工具为成形电极，与被加工表面有相同的截面和相反的形状	①穿孔加工：加工各种冲模、挤压模、粉末冶金模、各种异形孔及微孔等 ②型腔加工：加工各类型腔模及各种复杂的型腔零件	约占电火花机床总数的30%，典型机床有 D7125、D7140 等电火花穿孔成形机床
Ⅱ	电火花线切割加工	①工具电极为顺电极丝轴线方向转动着的线状电极 ②工具与工件在两个水平方向同时有相对伺服进给运动	①切割各种冲模和具有直纹面的零件 ②下料、截割和窄缝加工	约占电火花机床总数的60%，典型机床有 DK7725、DK7740、DK7640 等数控电火花线切割机床
Ⅲ	电火花内孔、外圆和成形磨削	①工具与工件有相对的旋转运动 ②工具与工件间有径向和轴向的进给运动	①加工高精度、表面粗糙度值小的小孔，如拉丝模、挤压模、微型轴承内环、钻套等 ②加工外圆、小模数滚刀等	约占电火花机床总数的3%，典型机床有 D6310 电火花小孔内圆磨床等
Ⅳ	电火花同步共轭回转加工	①成形工具与工件均作旋转运动，但二者角速度相等或成整数倍，相对应接近的放电点可有切向相对运动速度 ②工具相对工件可作纵、横向进给运动	以同步回转、展成回转、倍角速度回转等不同方式，加工各种复杂型面的零件，如高精度的异形齿轮，精密螺纹环规，高精度、高对称度、表面粗糙度值小的内、外回转体表面等	在电火花机床总数中占不到1%，典型机床有 JN－2、JN－8 内外螺纹加工机床
Ⅴ	电火花高速小孔加工	①采用细管（大于 $\phi0.3$ mm）电极，管内冲入高压水基工作液 ②细管电极旋转 ③穿孔速度较高（60 mm/min）	①线切割穿丝预孔 ②深径比很大的小孔，如喷嘴小孔等	约占电火花机床总数的4%，典型机床有 D703A 电火花高速小孔加工机床
Ⅵ	电火花表面强化、刻字	①工具在工件表面上振动 ②工具相对工件移动	①模具刃口，刀、量具刃口表面强化和镀覆 ②电火花刻字、打印记	约占电火花机床总数的2%～3%，典型设备有 D9105 电火花强化器等
Ⅶ	短电弧加工	①低电压，长脉宽大电流 ②工具工件间有相对运动。 ③高生产率	①修复、再加工各种大型轧辊、磨辊 ②切割、下料	约占电火花机床总数的1%，典型机床有 DHC6330W

2.2 电火花加工的机理

火花放电时,电极表面的金属材料究竟是怎样被蚀除下来的,这一微观的物理过程即所谓电火花加工的机理,也就是电火花加工的物理本质。了解这一微观过程,有助于掌握电火花加工的基本规律,才能对脉冲电源、进给装置、机床设备等提出合理的要求。从大量实验资料来看,每次电火花腐蚀的微观过程都是电场力、磁力、热力、流体动力、电化学和胶体化学等综合作用的过程。这一过程大致可分为以下四个连续的阶段:

① 极间介质的电离、击穿,形成放电通道;
② 介质热分解、电极材料熔化、气化热膨胀;
③ 电极材料的抛出;
④ 极间介质的消电离。

2.2.1 极间介质的电离、击穿,形成放电通道

图 2.4 为矩形波脉冲放电时的极间放电电压和电流波形。当约 80 V 的脉冲电压加在工具电极与工件之间时(图 2.4(a)中 0－1 段和 1－2 段),两极之间立即形成一个电场。此电场强度与电压成正比,与距离成反比,即随着极间电压的升高或是极间距离的减小,极间电场强度也将随着增大。由于工具电极和工件的微观表面是凸凹不平的,极间距离又很小,因而极间电场强度是很不均匀的,两极间离得最近的突出点或尖端处的电场强度一般为最大。

液体介质中不可避免地含有某种杂质,如金属微粒、碳粒子、胶体粒子等;也有一些自由电子,使介质呈现一定的电导率。在电场作用下,这些杂质将使极间电场更不均匀。当阴极表面某处的电场强度增加到 10^5 V/mm 即 100 V/μm 左右时,就会产生场致电子发射,由阴极表面向阳极逸出电子。在电场作用下负电子高速向阳极运动过程中撞击工作液介质中的分子或中性原子,产生碰撞电离,撞出工作液原子外层的电子,形成带负电的粒子(主要是电子)和带正电的粒子(正离子),1 变 2,2 变 4,4 变 8…,导致带电粒子雪崩式增多,使介质击穿而形成放电通道。

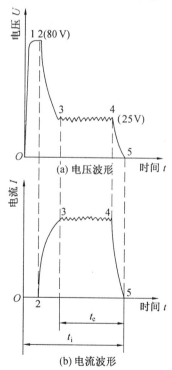

图 2.4 极间放电电压和电流波形

从雪崩电离开始,到建立放电通道的过程非常迅速,一般小于 0.1 μs,间隙电阻从绝缘状况迅速降低到几分之一欧姆,间隙电流迅速上升到最大值(几安到几百安)。由于通道直径很小,所以通道中的电流密度可高达 $10^3 \sim 10^4$ A/mm²。间隙电压则由击穿电压迅速下降到火花维持电

压(一般约为 25 V),电流则由 0 上升到某一峰值电流(图 2.4(b)中 2 – 3 段)。

放电通道是由数量大体相等的带正电(正离子)粒子和带负电粒子(电子)以及中性粒子(原子或分子)组成的等离子体(等离子体被称为固态、液态、气态之外的第四态)。带电粒子高速运动相互碰撞,产生大量的热,使通道温度相当高,通道中心温度可高达10 000 ℃以上。由于放电时电流产生磁场,磁场又反过来对电子流产生向心的磁压缩效应,同时周围介质惯性动力压缩效应作用,通道瞬间扩展受到很大阻力,故放电开始阶段通道截面很小,而通道内由瞬时高温热膨胀形成的初始压力可达数十兆帕。高温高压的放电通道以及随后瞬时气化形成的气体(以后发展成气泡)急速扩展,并产生一个强烈的冲击波向四周传播。在放电过程中,同时还伴随着一系列派生现象,其中有热效应、电磁效应、光效应、声效应及频率范围很宽的电磁波辐射和局部爆炸冲击波等。

关于放电通道的结构,一般认为是单通道,即在一次放电时间内只存在一个放电通道。少数人认为可能有多通道,即在一次放电时间内可能同时存在几个放电通道,理由是单次脉冲放电后电极表面有时会出现几个电蚀坑。最近的实验表明,单个脉冲放电时有可能先后出现多次击穿(即一个脉冲内间隙击穿后,有时产生短路或开路,接着又产生击穿放电),另外,也会出现通道受某些随机因素的影响而产生游移、徙动,因而在单个脉冲周期内先后会出现多个或形状不规则的电蚀坑,但同一时间内只存在一个放电通道,因为形成通道后,间隙电压降至 25 V 左右,不可能再击穿别处形成第二个通道。

2.2.2 介质热分解、电极材料熔化、气化热膨胀

极间介质(如煤油)一旦被雪崩电离、击穿形成放电通道后,脉冲电源使通道间的电子高速奔向正极,正离子奔向负极。电能变成动能,动能通过碰撞又转变为热能。于是在通道内,正极和负极表面分别成为瞬时热源,分别达到很高的温度。通道高温首先把工作液介质气化,进而热裂分解气化(如煤油等碳氢化合物工作液,高温后裂解为 H_2(氢气体积分数约占 40%)、C_2H_2(乙炔体积分数约占 30%)、CH_4(甲烷体积分数约占 15%)、C_2H_4(乙烯体积分数约占 10%)和游离碳等,水基工作液则热分解为 H_2、O_2 分子甚至原子等。正负极表面的高温除使工作液气化、热分解气化外,也使金属材料熔化,直至沸腾气化。这些气化后的工作液和金属蒸气,瞬时间体积猛增,迅速热膨胀,就像火药、爆竹点燃后那样具有爆炸的特性。观察电火花加工过程,可以见到放电间隙冒出很多小气泡,工作液逐渐变黑,并听到轻微而清脆的爆炸声。主要靠此热膨胀和局部微爆炸,使熔化、气化了的电极材料抛出而被蚀除,相当于图 2.4(a)中 3 – 4 段,此时 80 V 的空载电压降为 25 V 左右的火花维持电压,由于它含有高频成分而呈锯齿状,电流则上升为锯齿状的放电峰值电流。

2.2.3 电极材料的抛出

通道和正负极表面放电点瞬时高温使工作液气化和金属材料熔化、气化,热膨胀产生很高的瞬时压力。通道中心的压力最高,使气化了的气体体积不断向外膨胀,形成一个扩张的"气泡"。气泡上下、内外的瞬时压力并不相等,压力高处的熔融金属液体和蒸气就被排挤抛出而进入工作液中被冷却。

　　由于表面张力和内聚力的作用,使抛出的金属融熔材料具有最小的表面积,冷凝时凝聚成细小的圆球颗粒(直径约 $0.1 \sim 300\ \mu m$,随脉冲能量而异)。图 2.5(a)、(b)、(c)、(d)为放电过程中 4 个阶段放电间隙状态的示意图。

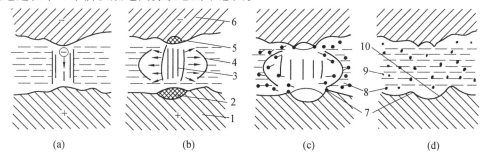

图 2.5　放电间隙状态示意图

1—正极;2—从正极上熔化并抛出金属的区域;3—放电通道;4—气泡;5—在负极上熔化并抛出金属的区域;6—负极;7—翻边凸起;8—在工作液中凝固的微粒;9—工作液;10—放电形成的凹坑

　　实际上熔化和气化了的金属在抛离电极表面时,向四处飞溅,除绝大部分抛入工作液中收缩成小球颗粒外,有一小部分飞溅、镀覆、吸附在对面的电极表面上。这种互相飞溅、镀覆以及吸附的现象,在某些条件下可以用来减少或补偿工具电极在加工过程中的损耗。

　　在空气中进行电火花加工时,可以见到橘红色甚至蓝白色的火花四溅,它们就是被抛出的金属高温熔滴、小屑。

　　观察铜加工钢电火花加工后的电极表面,可以看到钢电极表面上粘有铜,铜电极表面上粘有钢的痕迹。如果进一步分析电加工后的产物,在显微镜下可以看到除了游离碳粒及大小不等的铜和钢的球状颗粒之外,还有一些钢包铜、铜包钢、互相飞溅包容的颗粒,此外还有少数由气态金属冷凝成的中心带有空泡的空心球状颗粒产物。

　　实际上金属材料的蚀除、抛出过程远比上述要复杂。放电过程中工作液不断气化,正极受电子撞击,负极受正离子撞击,电极材料不断熔化,气泡不断扩大。当放电结束后,气泡温度不再升高,但由于气泡外液体介质惯性作用使气泡继续扩展,致使气泡内压力急剧降低,甚至降到大气压以下,形成局部真空,使在高压下溶解在熔化和过热材料中的气体析出,以及熔化的金属材料本身在低压下再沸腾,即由于压力的骤降,使熔融金属材料及其蒸气从小坑中再次爆沸飞溅而被抛出。

　　熔融材料抛出后,在电极表面形成单个脉冲放电痕剖面,其放大示意图如图 2.6 所示。熔化区未被抛出的材料冷凝后残留在电极表面,形成熔化凝固层,并在四周形成稍凸起的翻边。熔化凝固层下面是热影响层,再往下才是无变化的材料基体。

　　总之,材料的抛出是热爆炸力、电动力、流体动力等综合作用的结果,对这一复杂的抛出机理的认识还在不断深化中。

　　正极、负极分别受电子、正离子撞击的能量、热量不

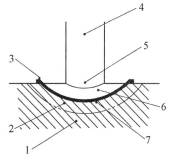

图 2.6　单个脉冲放电痕剖面放大示意图

1—无变化区;2—热影响层;3—翻边凸起;4—放电通道;5—气化区;6—熔化区;7—熔化凝固层

同;不同电极材料的熔点、气化点不同;脉冲宽度、脉冲电流大小不同,正、负电极上被抛出材料的数量也不会相同,目前还较难定量计量。

2.2.4 极间介质的消电离

随着脉冲电压的结束,脉冲电流也迅速降为零,见图2.4中4-5段,标志着一次脉冲放电结束。但此后仍应有一段间隔时间,使间隙介质消电离,即放电通道中的带电粒子复合为中性粒子,恢复本次放电通道外间隙介质的绝缘强度,以免下一次总是重复在同一处发生放电而导致电弧放电,这样可以保证在其他两极相对最近处或电阻率最小处形成下一个击穿放电通道,这是正常电火花加工时所必需的放电点转移原则。

在加工过程中产生的电蚀产物(如金属微粒、碳粒子、气泡等),如果来不及排除、扩散出去,就会改变间隙介质的成分和降低绝缘强度。脉冲火花放电时产生的热量如不及时传出,带电粒子的自由能不易降低,将大大减少复合的几率,使消电离过程不充分,结果将使下一个脉冲放电通道不能顺利地转移到其他部位,而始终集中在某一部位,使该处介质局部过热而破坏消电离过程,脉冲火花放电将恶性循环转变为有害的稳定电弧放电,同时工作液局部高温分解后可能积碳,在该处聚成焦粒而在两极间搭桥,使加工无法进行下去,并烧伤电极对。

由此可见,为了保证电火花加工过程正常地进行,在两次脉冲放电之间一般都应有足够的脉冲间隔时间 t_o,这一脉冲间隔时间的选择,不仅要考虑介质本身消电离所需的时间(与脉冲能量有关),还要考虑电蚀产物排离出放电区域的难易程度(与脉冲爆炸力大小、放电间隙大小、抬刀及加工面积有关)。

到目前为止,人们对于电火花加工微观过程的了解还很不够,如工作液成分作用、间隙介质的击穿、放电间隙内的状况、正负电极间能量的转换与分配、材料的抛出,以及电火花加工过程中热场、流场、力场的变化,通道结构及其振荡等,都还需要进一步研究。

2.3 电火花加工中的一些基本规律

2.3.1 影响材料放电腐蚀的主要因素

电火花加工过程中,材料被放电腐蚀的规律是十分复杂的综合性问题。研究影响材料放电腐蚀的因素,对于应用电火花加工方法、提高电火花加工的生产率、降低工具电极的损耗是极为重要的。这些主要影响因素大致有五个方面。

1.极性效应

在电火花加工过程中,无论是正极还是负极,都会受到不同程度的电蚀。即使是相同材料,例如钢加工钢,其正、负电极的电蚀量也是不同的。这种单纯由于正、负极性不同而彼此电蚀量不一样的现象叫做极性效应。如果两电极材料不同,则极性效应更加复杂。在生产中,我国通常把工件接脉冲电源的正极(工具电极接负极)时,称"正极性"加工;反之,工件接脉冲电源的负极(工具电极接正极)时,称"负极性"加工,又称"反极性"加工。

产生极性效应的原因很复杂,对这一问题的笼统解释是:在火花放电过程中,正电极表面受到负电子撞击而负电极表面受到正离子的撞击,各自受到瞬时热源的作用,在两极表面所分配到的能量不一样,因而熔化、气化抛出的电蚀量也不一样。这是因为电子的质量和惯性均小,容易获得很高的加速度和速度,在击穿放电的初始阶段就有大量的电子撞向正极,把能量传递给正极表面,使电极材料迅速熔化和气化。而正离子则由于质量和惯性较大,启动和加速较慢,在击穿放电的初始阶段,大量的正离子来不及到达负极表面,而到达负极表面并传递能量的只有一小部分正离子。所以在用短脉冲加工时,电子对正极的撞击作用大于正离子对负极的撞击作用,故正极的蚀除速度大于负极的蚀除速度,这时工件应接正极。当采用长脉冲(即放电持续时间较长)加工时,质量和惯性大的正离子将有足够的时间加速,到达并撞击负极表面的离子数将随放电时间的增长而增多。由于正离子的质量大,对负极表面的撞击破坏作用强,同时自由电子挣脱负极时要从负极获取逸出功,而正离子到达负极后与电子结合释放位能,故采用长脉冲时负极的蚀除速度将大于正极,这时工件应接负极。因此,当采用窄脉冲(例如,纯铜电极加工钢时,$t_i < 10\ \mu s$)精加工时,应选用正极性加工;当采用长脉冲(例如,纯铜加工钢时,$t_i > 80\ \mu s$)粗加工时,应采用负极性加工,可以得到较高的蚀除速度和较低的电极损耗。

能量在两极上的分配对两个电极电蚀量的影响是一个极为重要的因素,而负电子和正离子对电极表面的撞击则是影响能量分布的主要因素,因此,电子撞击和离子撞击无疑是影响极性效应的重要因素。但是,近年来的生产实践和研究结果表明,还有另一种"吸附碳黑"层现象减小正极的蚀除、损耗量。人们发现,正的电极表面能吸附工作液中分解游离出来的碳微粒,形成碳黑膜减小电极损耗。例如,纯铜电极加工钢工件,当脉宽为 $8\ \mu s$ 时,通常的脉冲电源必须采用正极性加工,但在用分组脉冲进行加工时,虽然脉宽也为 $8\ \mu s$,却需采用负极性加工,这时在正极纯铜表面明显存在着吸附的碳黑膜,保护了正极,因而使钢工件负极的蚀除速度大大超过了正极。在普通脉冲电源上的实验也证实了碳黑膜对极性效应的影响。若采用脉宽为 $12\ \mu s$、脉间为 $15\ \mu s$、往往正极蚀除速度大于负极,应采用正极性加工。当脉宽不变,逐步把脉间减少(应配之以抬刀,以防止拉弧),使其有利于碳黑膜在正极上的形成,就会使负极蚀除速度大于正极而可以改用负极性加工。实际上是极性效应和正极吸附碳黑之后对正极的保护作用的综合效果。

由此可见,极性效应是一个较为复杂的问题。除了脉宽、脉间的影响外,脉冲峰值电流、放电电压、工作液以及电极对的材料等都会影响到极性效应。

从提高加工生产率和减少工具损耗的角度来看,极性效应越显著越好,故在电火花加工过程中必须充分利用。当用交变的脉冲电流加工时,单个脉冲的极性效应便相互抵消,增加了工具的损耗。因此,电火花加工一般都采用单向脉冲电源。

为了充分地利用极性效应,最大限度地降低工具电极的损耗,应合理选用工具电极的材料,根据电极材料的物理性能、加工要求选用最佳的电参数,正确地选用极性,使工件的蚀除速度最高,工具损耗尽可能小。

2. 电参数对电蚀量的影响

电参数主要是指电压脉冲宽度 t_i、电流脉冲宽度 t_e、脉冲间隔 t_o、脉冲频率 f、峰值电流 $\hat{i}_e$、峰值电压 $\hat{u}$ 和极性等。

研究结果表明,在电火花加工过程中,无论正极或负极,都存在单个脉冲的蚀除量 q' 与单个脉冲能量 W_M 在一定范围内成正比的关系。某一段时间内的总蚀除量 q 约等于这段时间内各单个有效脉冲蚀除量的总和,故正、负极的蚀除速度与单个脉冲能量、脉冲频率成正比。用公式表示为

$$\left.\begin{aligned} q_a &= K_a W_M f \varphi t \\ q_c &= K_c W_M f \varphi t \end{aligned}\right\} \tag{2.1}$$

$$\left.\begin{aligned} v_a &= \frac{q_a}{t} = K_a W_M f \varphi \\ v_c &= \frac{q_c}{t} = K_c W_M f \varphi \end{aligned}\right\} \tag{2.2}$$

式中　　q_a、q_c—— 正极、负极在某段加工时间内的总蚀除量;

v_a、v_c—— 正极、负极的蚀除速度,亦即工件生产率或工具损耗速度;

W_M—— 单个脉冲能量;

f—— 脉冲频率;

t—— 加工时间;

K_a、K_c—— 与电极材料、脉冲参数、工作液等有关的工艺系数;

φ—— 有效脉冲利用率。

以上符号中,角标 a 表示正极,c 表示负极。

单个脉冲放电所释放的能量取决于极间放电电压、放电电流乘积对放电持续时间的积分,所以单个脉冲放电能量为

$$W_M = \int_0^{t_e} u(t) i(t) \mathrm{d}t \tag{2.3}$$

式中　　t_e—— 单个脉冲实际放电时间(s);

$u(t)$—— 放电间隙中随时间而变化的电压(V);

$i(t)$—— 放电间隙中随时间而变化的电流(A);

W_M—— 单个脉冲放电能量(J)。

由于火花放电间隙的电阻的非线性特性,击穿后间隙上的"火花维持电压"是一个与电极对材料及工作液种类有关的数值(如在煤油中用纯铜加工钢时约为 25 V,用石墨加工钢时稍大于 25 V)。火花维持电压与脉冲电压幅值、极间距离及放电电流大小等的关系不大,因而正负极的电蚀量正比于平均放电电流的大小和电流脉宽;对于矩形波脉冲电流,实际上正比于放电电流的幅值。在通常的晶体管脉冲电源中,脉冲电流近似为一矩形波,故纯铜电极加工钢时的单个脉冲能量为

$$W_M \approx 25 \hat{i}_e t_e \tag{2.4}$$

式中　　$\hat{i}_e$—— 脉冲电流幅值(A);

t_e—— 电流脉宽(μs)。

由此可见,提高电蚀量和生产率的途径在于:提高脉冲频率 f;增加单个脉冲能量 W_M,或者说增加平均放电电流 $\bar{i}_e$(对矩形脉冲即为峰值电流 $\hat{i}_e$) 和脉冲宽度 t_i;减小脉冲间隔 t_o;设法提高系数 K_a、K_c。当然,实际生产时要考虑到这些因素之间的相互制约关系

和对其他工艺指标的影响。例如,脉冲间隔时间过短,将产生电弧放电;随着单个脉冲能量的增加,加工表面粗糙度值也随之增大等等。

3.金属材料热学常数对电蚀量的影响

所谓热学常数,是指熔点、沸点(气化点)、热导率、比热容、熔化热、气化热等,表 2.2 列出了几种常见材料的热学物理常数。

每次脉冲放电时,通道内及正、负电极放电点都瞬时获得大量热能。而正、负电极放电点所获得的热能,除一部分由于热传导散失到电极其他部分和工作液中外,其余部分将依次消耗在:

① 使局部金属材料温度升高直至达到熔点,而每克金属材料升高 1℃(或 1 K)所需之热量即为该金属材料的比热容。

② 每克材料熔化所需之热量即为该金属的熔化热。

③ 使熔化的金属液体继续升温至沸点,每克材料升高 1℃ 所需之热量即为该熔融金属的比热容。

④ 使熔融金属气化,每克材料气化所需的热量称为该金属的气化热。

⑤ 使金属蒸气继续加热成过热蒸气,每克金属蒸气升高 1℃ 所需的热量为该蒸气的比热容。

表 2.2 常用材料的热学物理常数

热学物理常数	材　　料				
	铜	石墨	钢	钨	铝
熔点 T_r/℃	1 083	3 727	1 535	3 410	657
比热容 c/[J·(kg·K)$^{-1}$]	393.56	1 674.7	695.0	154.91	1 004.8
熔化热 q_r/(kJ·kg^{-1})	179.26	—	209.34	159.1	385.19
沸点 T_f/℃	2 595	4 830	3 000	5 930	2 450
气化热 q_q/(kJ·kg^{-1})	5 304.26	46 054.8	6 290.67	—	10 894.1
热导率 λ/[J·(cm·s·K)$^{-1}$]	3.998	0.800	0.816	1.700	2.378
热扩散率 a/(cm^2·s^{-1})	1.179	0.217	0.150	0.568	0.920
密度 ρ/(g·cm^{-3})	8.9	2.2	7.9	19.3	2.54

注:① 热导率为 0℃ 时的值;

② 热扩散率 $a = \lambda/c\rho$。

显然当脉冲放电能量相同时,金属的熔点、沸点、比热容、熔化热、气化热越高,遭受的电蚀量将越少,越难加工;另一方面,热导率越大的金属,由于较多地把瞬时产生的热量传导散失到其他部位,因而降低了本身的蚀除量。而且当单个脉冲能量一定时,脉冲电流幅值 $\hat{i}_e$ 越小,即脉冲宽度 t_i 越长,散失的热量也越多,从而影响电蚀量的减少;相反,若脉冲宽度 t_i 越短,脉冲电流幅值 $\hat{i}_e$ 越大,由于热量过于集中而来不及传导扩散,虽使散失的热量减少,但抛出的金属中气化部分比例增大,要多耗用不少气化热,电蚀量也会降低。因此,电极的蚀除量与电极材料的热导率和其他热学常数、放电持续时间、单个脉冲能量等有密切关系。

由此可见,当脉冲能量一定时,都会各有一个使工件电蚀量最大的最佳脉宽。由于各种金属材料的热学物理常数不同,故获得最大电蚀量的最佳脉宽也是不同的;另外,获得最大电蚀量的最佳脉宽还与脉冲电流幅值有相互匹配的关系,它将随脉冲电流幅值 $\hat{i}_e$ 的不同而变化。

图2.7示意地描绘了在相同放电电流情况下,铜和钢两种材料的电蚀量与脉宽的关系。从图中可见,当采用不同的工具、工件材料时,选择脉冲宽度在 t_i' 附近时,再加以正确选择极性,就既可以获得较高的生产率,又可以获得较低的工具损耗,有利于实现"高效低损耗"加工。

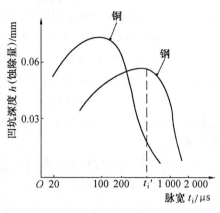

图2.7 不同材料加工时蚀除量与脉宽的关系

4.工作液对电蚀量的影响

在电火花加工过程中,工作液的作用是:

① 形成火花击穿放电通道,并在放电结束后迅速恢复间隙的绝缘状态;

② 对放电通道产生压缩作用;

③ 帮助电蚀产物的抛出和排除;

④ 对工具、工件产生冷却作用,因而对电蚀量也有较大的影响。

介电性能好、密度和黏度大的工作液,有利于压缩放电通道,提高放电的能量密度,强化电蚀产物的抛出效应,但黏度大不利于电蚀产物的排出,影响正常放电。目前电火花成形加工主要采用油类工作液,粗加工时采用的脉冲能量大、加工间隙也较大、爆炸排屑抛出能力强,故往往选用介电性能好、黏度较大的机油,而且机油的燃点较高,大能量加工时着火燃烧的可能性小;而在中、精加工时放电间隙比较小,排屑比较困难,故一般均选用黏度小、流动性好、渗透性好的煤油作为工作液。

由于煤油类工作液有味、容易燃烧,尤其在大能量粗加工时工作液高温分解产生的烟气很大,故寻找一种像水那样的流动性好、不产生碳黑、不燃烧、无色无味、价廉的工作液介质一直是人们努力的目标。水的绝缘性能和黏度较低,在同样加工条件下,和煤油相比,水的放电间隙较大、对通道的压缩作用差、蚀除量较少,且易锈蚀机床,但经过采用各种添加剂,可以改善其性能,且最新的研究成果表明,水基工作液在粗加工时的加工速度可大大高于煤油,但在大面积精加工中取代煤油还有一段距离。在电火花高速加工小孔、深孔的机床上,已广泛使用蒸馏水或自来水工作液。

5.影响电蚀量的一些其他因素

影响电蚀量的其他一些因素主要是加工过程的稳定性。加工过程不稳定将干扰甚至破坏正常的火花放电,使有效脉冲利用率降低。随着加工深度、加工面积的增加,或加工型面复杂程度的增加,都不利于电蚀产物的排出,影响加工稳定性,降低加工速度,严重时将造成结碳拉弧,使加工难以进行。为了改善排屑条件,提高加工速度和防止拉弧,常采用强迫冲油和工具电极定时抬刀等措施。加工过程的稳定性主要取决于伺服进给系统的优劣和加工参数是否选择恰当。

如果加工面积较小,而采用的加工电流较大,也会使局部电蚀产物浓度过高,放电点不容易分散转移,放电后的余热来不及传播扩散而积累起来,造成局部过热,形成电弧,破坏加工的稳定性。

电极材料对加工稳定性也有影响。用钢电极加工钢时不易稳定,因为钢的加工屑在放电间隙中易磁化,引起搭桥、短路。用纯铜、黄铜加工钢时则比较稳定。脉冲电源的波形及其前后沿陡度影响着输入能量的集中或分散程度,对电蚀量也有很大影响。

电火花加工过程中电极材料瞬时熔化或气化而抛出,如果抛出速度很高,就会冲击另一电极表面而使其蚀除量增大;如果抛出速度较低,则当喷射到另一电极表面时,会反粘和涂覆在电极表面,减少其蚀除量。此外,正极上碳黑膜的形成将起"保护"作用,大大降低正电极的损耗量。

2.3.2 电火花加工的加工速度和工具的损耗速度

电火花加工时,工具和工件同时遭到不同程度的电蚀,单位时间内工件的电蚀量称之为加工速度,亦即生产率;单位时间内工具的电蚀量称之为损耗速度,它们是一个问题的两个方面。

1. 加工速度

加工速度一般采用体积加工速度 v_w(mm³/min) 来表示,即被加工掉的体积 V 除以加工时间 t

$$v_w = \frac{V}{t} \tag{2.5}$$

有时为了测量方便,也采用质量加工速度 v_m 来表示,即被加工掉的质量 m 除以加工时间,单位为 g/min。

$$v_m = \frac{m}{t} \tag{2.6}$$

根据前面对电蚀量的讨论,提高加工速度的途径在于:提高脉冲频率 f;增加单个脉冲能量 W_M;设法提高工艺系数 K。同时还应考虑这些因素间的相互制约关系和对其他工艺指标的影响。

虽然提高脉冲频率可通过缩小脉冲停歇时间(脉冲间隔)来实现,但脉冲停歇时间过短,会使加工区工作液来不及消电离、排除电蚀产物及气泡,阻碍恢复其介电性能,以致形成破坏性的稳定电弧放电,使电火花加工过程不能正常进行。

增大单个脉冲能量可通过加大脉冲电流或增大脉冲宽度实现,增大单个脉冲能量可以提高加工速度,但也会使表面粗糙度变坏和降低加工精度,故一般只用于粗加工或半精加工。

提高工艺系数 K 的途径很多,例如,合理选用电极材料、电参数和工作液,改善工作液的循环过滤方式等,从而提高有效脉冲利用率 φ,达到提高工艺系数 K 的目的。

电火花成形加工的加工速度:粗加工(加工表面粗糙度 $Ra10 \sim 20~\mu m$)时可达 $200 \sim 1~000$ mm³/min,半精加工($Ra2.5 \sim 10~\mu m$)时降低到 $20 \sim 100$ mm³/min,精加工($Ra0.32 \sim$

2.5 μm) 时一般都在 10 mm³/min 以下,随着表面粗糙度值的减小,加工速度显著下降。加工速度与加工电流 i_e 有关。为了比较同类脉冲电源性能的优劣,常用每安培的加工速度 —— 称之为加工效率来衡量。性能较好的脉冲电源,对电火花成形粗加工,约每安培加工电流的加工速度为 10 mm³/min,即其加工效率应能达到约 10 mm³/(min·A)。

2. 工具相对损耗

在生产实际中用来衡量工具电极是否耐损耗,不只是看工具损耗速度 v_E,还要看同时能达到的加工速度 v_w,因此,采用相对损耗或称损耗比 θ 作为衡量工具电极耐损耗的指标,即

$$\theta = \frac{v_E}{v_w} \times 100\% \qquad (2.7)$$

式(2.7)中的加工速度和损耗速度若均以 mm³/min 为单位计算,则 θ 为体积相对损耗;如以 g/min 为单位计算,则 θ 为质量相对损耗。若为等截面的穿孔加工,则 θ 也可理解为长度损耗比。

在电火花加工过程中,降低工具电极的损耗具有重大意义,因此,一直是人们努力追求的目标。为了降低工具电极的相对损耗,必须很好地利用电火花加工过程中的各种效应,主要包括极性效应、吸附效应、传热效应等,这些效应又是相互影响、综合作用的。具体分析以下诸因素。

(1) 正确选择极性和脉宽

一般在短脉冲精加工时采用正极性加工(即工件接电源正极),而在长脉冲粗加工时则采用负极性加工。人们曾对不同脉冲宽度和加工极性的关系做过许多实验,得出了如图 2.8 所示的 1、2 两条试验曲线。试验用的工具电极为 φ6 mm 的纯铜,加工工件为钢,工作液为煤油,矩形波脉冲电源,加工电流峰值为 10 A。由图中曲线 1 可见,负极性加工时,纯铜电极的相对损耗随脉冲宽度的增加而减少,当脉冲宽度大于 120 μs 后,电极相对损耗将小于 1%,可以实现低损耗加工(相对损耗小于 1% 的加工)。如果采用正极性加工(曲线 2),不论采用哪一挡脉冲宽度,电极的相对损耗都难低于 10%。然而在脉宽小于 15 μs 的窄脉宽范围内,正极性加工的工具电极相对损耗比负极性加工小。在 1、2 两条曲线的交点处,

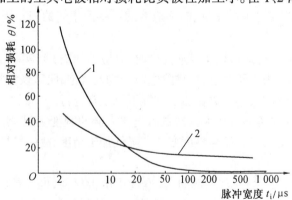

图 2.8　电极相对损耗与极性、脉宽的关系
1— 负极性加工(工件接负极);2— 正极性加工(工件接正极)

正、负极性的效果相同。

(2) 利用吸附效应

在用煤油之类的碳氢化合物作工作液时,在放电过程中将发生局部热分解,而产生大量的游离碳,它能和金属结合形成金属碳化物的微粒胶团。中性的胶团在电场作用下可能与其胶团的外层脱离,而成为带电荷的碳胶粒。电火花加工中的碳胶粒一般带负电荷,因此在电场作用下会向正极移动,并吸附在正极表面。如果电极表面瞬时温度达 400℃ 左右且能保持一定时间,即能形成一定强度和厚度的化学吸附碳层,称之为碳黑膜,由于碳的熔点和气化点很高,可对电极起到保护和补偿作用,从而实现"低损耗"加工。

由于碳黑膜只能在正极表面形成,因此,要利用碳黑膜的补偿作用来实现电极的低损耗,必须采用负极性加工。为了保持合适的温度场和吸附碳黑有足够长的时间,可增加脉冲宽度。实验表明,当峰值电流、脉冲间隔一定时,碳黑膜厚度随脉宽的增加而增厚;而当脉冲宽度和峰值电流一定时,碳黑膜厚度随脉冲间隔的增大而减薄。这是由于脉冲间隔加大,电极为正的时间相对变短,且引起放电间隙中介质消电离作用增强,放电通道分散,电极表面温度降低,使"吸附效应"减小。反之,随着脉冲间隔的减小,电极损耗随之降低。但过小的脉冲间隔将使放电间隙来不及消电离和使电蚀产物扩散,因而造成拉弧烧伤。因此,在负极性、粗加工、长脉宽($t_e \approx 500 \sim 1\,000\ \mu s$) 时,常选脉冲间隔 $t_o \approx 50\ \mu s$,不宜过短,不必过长。

除上述电参数外,影响"吸附效应"的还有冲、抽油。采用强迫冲、抽油,有利于间隙内电蚀产物的排除,使加工稳定;但强迫冲、抽油使吸附、镀覆效应减小,从而增加电极的损耗。因此在加工过程中采用冲、抽油时,要注意控制其冲、抽油压力,流速不要过大。

(3) 利用传热效应

对电极表面温度场分布的研究表明,电极表面放电点的瞬时温度不仅与瞬时放电的总热量(与放电能量成正比)有关,而且与放电通道的截面积有关,还与电极材料的导热性能有关。因此,在放电初期限制脉冲电流的增长率($\mathrm{d}i/\mathrm{d}t$) 对降低电极损耗是有利的,使电流密度和温度的增速不致太高,也就使电极表面有足够的时间传热、散热,使温度不致过高而遭受较大的损耗。脉冲电流增长率太高时,对在热冲击波作用下易脆裂的工具电极(如石墨)的损耗,影响尤为显著。另外,由于一般采用的工具电极的导热性能比工件好,如果采用较大的脉冲宽度和较小的脉冲电流进行加工,导热作用使电极表面温度较低而减少损耗,工件表面温度仍比较高而遭受蚀除。

(4) 要减少工具电极损耗,还应选用合适的材料

钨、钼的熔点和沸点较高,损耗小,但其机械加工性能不好,价格又贵,所以除线切割外很少采用。铜的熔点虽较低,但其导热性好,因此损耗也较少,又能制成各种精密、复杂电极,常用作中、小型腔加工用的工具电极。石墨电极不仅热学性能好,而且在长脉冲粗加工时能吸附游离的碳来补偿电极的损耗,所以相对损耗很低,目前已广泛用作型腔加工的电极。铜碳、铜钨、银钨合金等复合材料,不仅导热性好,而且熔点高,因而电极损耗小,但由于其价格较贵,制造成形比较困难,因而一般只在精密电火花加工时采用。

上述诸因素对电极损耗的影响是综合作用的,根据实际生产经验,在煤油中采用负极性粗加工时,脉冲电流幅值与放电脉冲宽度的比值($\hat{i}_e/t_e$) 满足如下条件时,可以获得低

损耗加工。

石墨加工钢：$\hat{i}_e/t_e \leqslant 0.1 \sim 0.2 \ \text{A}/\mu\text{s}$　$(t_e/\hat{i}_e \geqslant 10 \sim 5 \ \mu\text{s}/\text{A})$

铜加工钢：$\hat{i}_e/t_e \leqslant 0.06 \sim 0.12 \ \text{A}/\mu\text{s}$　$(t_e/\hat{i}_e \geqslant 16 \sim 8 \ \mu\text{s}/\text{A})$

钢加工钢：$\hat{i}_e/t_e \leqslant 0.04 \sim 0.08 \ \text{A}/\mu\text{s}$　$(t_e/\hat{i}_e \geqslant 25 \sim 12 \ \mu\text{s}/\text{A})$

以上低损耗条件的经验公式中没有包含脉冲间隔对电极损耗的影响，一般选择脉冲间隔 $t_o \approx 50 \ \mu\text{s}$ 即可，在生产中有很大的参考价值。在实际应用中，由于有的脉冲电源没有等脉冲功能，因此常以电压脉宽 t_i 代替 t_e，以便于参数的设定。

2.3.3　影响加工精度的主要因素

和通常的机械加工一样，机床本身的各种误差，以及工件和工具电极的定位、安装误差都会影响到加工精度，这里主要讨论与电火花加工工艺有关的因素。

影响加工精度的主要因素有：放电间隙的大小及其一致性；工具电极的损耗及其稳定性。电火花加工时，工具电极与工件之间存在着一定的放电间隙，如果加工过程中放电间隙能保持不变，则可以通过修正工具电极的尺寸对放电间隙和工件尺寸进行补偿，以获得较高的加工精度。然而，放电间隙的大小实际上是变化的，影响着加工精度。

放电间隙可用经验公式来表示为

$$S = K_u \hat{u}_i + K_R W_M^{0.4} + S_m \tag{2.8}$$

式中　　S——放电间隙(指单面放电间隙，μm)；

$\hat{u}_i$——开路电压(V)；

K_u——与工作液介电强度有关的常数，纯煤油时为 5×10^{-2}，含有电蚀产物后 K_u 增大；

K_R——常数，与加工材料有关。一般易熔金属的值较大，对铁，$K_R = 2.5 \times 10^2$；对硬质合金，$K_R = 1.4 \times 10^2$；对铜，$K_R = 2.3 \times 10^2$；

W_M——单个脉冲能量(J)；

S_m——考虑热膨胀、收缩、振动等影响的机械因素对间隙引起的误差，约为 $1 \sim 3 \ \mu\text{m}$。

除了间隙能否保持一致性外，间隙大小本身对加工精度也有影响，尤其是对复杂形状的加工表面，棱角部位电场强度分布不均，间隙越大，"仿形"作用越"模糊"，影响越严重。因此，为了减小加工误差，应该采用较弱小的加工规准，缩小放电间隙，这样不但能提高仿形精度，而且放电间隙越小，可能产生的间隙变化量也越小；另外，还必须尽可能使加工过程稳定。电参数对放电间隙的影响是非常显著的，精加工的放电间隙一般只有 0.01 mm(单面)，而在粗加工时则可达 0.5 mm 以上。

工具电极的损耗对尺寸精度和形状精度都有影响。电火花穿孔加工时，电极可以贯穿型孔而补偿电极的损耗，型腔加工时则无法采用这一方法，精密型腔加工时可采用更换电极的方法。

影响电火花加工形状精度的因素还有"二次放电"。二次放电是指已加工表面上由于电蚀产物(导电的碳黑和金属小屑)等的介入而再次进行的非正常放电，集中反映在加工深度方向产生斜度和加工棱角棱边变钝方面。

产生加工斜度的情况如图 2.9(a) 所示,由于工具电极下端部加工时间长,绝对损耗大,而电极入口处的放电间隙则由于电蚀产物的存在,随"二次放电"的几率增大而扩大,因而产生了加工斜度,俗称"喇叭口"。

电火花加工时,工具的尖角或凹角很难精确地复制在工件上,这是因为当工具为凹角时,工件上对应的尖角处放电蚀除的几率大,容易遭受腐蚀而成为圆角,如图 2.9(b) 所示。当工具为尖角时,一则由于放电间隙的等距性,工件上只能加工出以尖角顶点为圆心、放电间隙 S 为半径的圆弧;二则工具上的尖角本身因尖端放电蚀除的几率大而损耗成圆角,如图 2.9(c) 所示。采用低峰值电压、高频窄脉宽精加工,使放电间隙变小,圆角半径可以明显减小,因而提高了仿形精度,可以获得圆角半径小于 0.01 mm 的尖棱,这对于加工小模数精密齿轮等或需要清棱清角的冲模是很重要的。

目前,电火花加工的精度可达 0.01 ~ 0.05 mm。

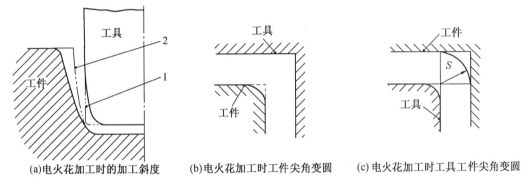

(a)电火花加工时的加工斜度　　(b)电火花加工时工件尖角变圆　　(c)电火花加工时工具工件尖角变圆

图 2.9　电火花加工时在垂直方向和水平方向的损耗

1— 电极无损耗时工具轮廓线;2— 电极有损耗而不考虑二次放电时的工件轮廓线

2.3.4　电火花加工的表面质量

电火花加工的表面质量主要包括表面粗糙度、表面变质层和表面力学性能三方面。

1.表面粗糙度

电火花加工表面和机械加工的表面不同,它是由无方向性的无数小坑和硬凸边所组成,特别有利于保存润滑油;而机械加工表面则存在着切削或磨削刀痕,具有方向性。两者相比,在相同的表面粗糙度和有润滑油的情况下,表面的润滑性能和耐磨损性能均比机械加工表面好。

与切削加工一样,电火花加工表面粗糙度通常用微观平面度的平均算术偏差 Ra 表示,也有用平面度的最大高度值 Ry 或 R_{max} 表示的。对表面粗糙度影响最大的是单个脉冲能量,因为脉冲能量大,每次脉冲放电的蚀除量也大,放电凹坑既大又深,从而使表面粗糙度恶化。表面粗糙度和脉冲能量之间的关系可用实验公式来表示为

$$R_{max} = K_R t_e^{0.3} i_e^{0.4} \tag{2.9}$$

式中　　R_{max}—— 实测的表面粗糙度(μm);

　　　　K_R—— 常数,铜加工钢时常取 2.3;

　　　　t_e—— 脉冲放电时间(μs);

$\hat{i}_e$—— 峰值电流(A)。

电火花加工的表面粗糙度和加工速度之间存在着很大的矛盾,例如,从 $Ra2.5~\mu m$ 提高到 $Ra1.25~\mu m$,加工速度要下降 10 倍多。按目前的工艺水平,较大面积的电火花成形加工要达到 $Ra0.32~\mu m$ 是比较困难的,但是采用平动或摇动加工工艺,可以大为改善。目前,电火花穿孔加工侧面的最佳表面粗糙度为 $Ra1.25~\sim~0.32~\mu m$,电火花成形加工加平动或摇动后最佳表面粗糙度为 $Ra0.63~\sim~0.04~\mu m$,而采用类似电火花磨削的加工方法,其表面粗糙度可达到 $Ra0.04~\sim~0.02~\mu m$,但加工速度很慢。因此,一般电火花加工到 $Ra2.5~\sim~0.63~\mu m$ 之后,采用研磨、抛光或电解抛光等其他方法改善其表面粗糙度比较经济。

工件材料对加工表面粗糙度也有影响,熔点高的材料(如硬质合金),在相同能量下加工的表面粗糙度要比熔点低的材料(如钢)好。当然,加工速度会相应下降。

精加工时,工具电极的表面粗糙度也将影响到加工粗糙度。由于石墨电极很难加工到非常光滑的表面,因此用石墨电极的加工表面粗糙度较差。

从式(2.9)可见,影响表面粗糙度的因素主要是脉冲宽度 t_e 与峰值电流 $\hat{i}_e$ 的乘积,亦即单个脉冲能量的大小。但实践中发现,即使单脉冲能量很小,但在电极面积较大时,R_{max} 很难低于 $2~\mu m$(约为 $Ra0.32~\mu m$),而且加工面积越大,可达到的最佳表面粗糙度越差。这是因为在煤油工作液中的工具和工件相当于电容器的两个极,具有"潜布电容"(寄生电容),相当于在放电间隙上并联了一个电容器,当小能量的单个脉冲到达工具和工件时,电能被此潜布电容器"吸收",只能起"充电"作用,而不会引起火花放电。只有经多个脉冲充电到较高的电压、积累了较多的电能后,才能引起击穿放电,形成较大的放电凹坑。

近年来国内外出现了"混粉加工"新工艺,可以加工出 $Ra0.05~\sim~0.1~\mu m$ 的光亮面。其办法是在煤油工作液中混入硅或铝等导电微粉,使工作液的电阻率降低,放电间隙成倍扩大,潜布(寄生)电容成倍减小;同时每次从工具到工件表面的放电通道,被微粉颗粒分割形成多个小的火花放电通道,到达工件表面的脉冲能量"分散"很小,相应的放电痕也就较小,可以稳定获得大面积的光亮表面,此法常称之为电火花"混粉镜面加工"。图 2.10(a)为电火花混粉镜面加工时在机床上附加的混粉搅拌及循环系统;图 2.10(b)为普通电火花加工后较厚的变质层及微裂纹,中部变质层较薄,下部混粉加工后变质层更薄,且表面平整、光亮;图 2.10(c)为较大平面混粉加工的样件;图 2.10(d)为鼠标器外壳模具混粉加工后的样件,可以看到手指和干电池的反光图像。

2. 表面变质层

电火花加工过程中,在火花放电的瞬时高温和工作液的快速冷却作用下,材料的表面层发生了很大变化,粗略地可把它分为熔化凝固层和热影响层,如图 2.6 所示。

(1)熔化凝固层

熔化凝固层位于工件表面最上层,它被放电时瞬时高温熔化、抛除未尽而又滞留下来,受工作液快速冷却而凝固。对于碳钢来说,熔化层在金相照片上呈现白色,故又称之为白层,它与基体金属完全不同,是一种树枝状的淬火铸造组织,与内层的结合也不甚牢固。它由马氏体大量晶粒极细的残余奥氏体和某些碳化物组成。

熔化层的厚度随脉冲能量的增大而变厚,大约为 $1~\sim~2$ 倍的 R_{max},但一般不超过 0.1 mm。

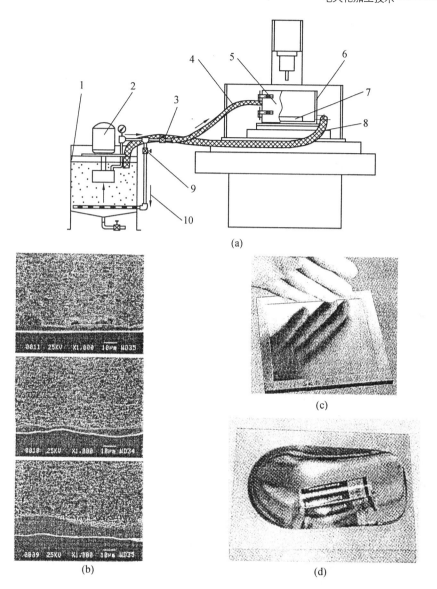

图 2.10 电火花混粉镜面加工装置和表面质量的比较及加工样件照片

1— 储液箱;2— 供液泵;3— 供液回路阀门;4— 供液管;5— 箱门;6— 工作液箱;
7— 工件;8— 回液管;9— 冲液回路阀门;10— 液流方向

（2）热影响层

热影响层介于熔化层和基体之间。热影响层的金属材料并没有熔化,只是受到瞬时高温的影响,使材料的金相组织发生了变化,它和基体材料之间并没有明显的界限。由于温度场分布和冷却速度的不同,对于淬火钢,热影响层包括再淬火区、高温回火区和低温回火区;对于未淬火钢,热影响层主要为淬火区。因此,淬火钢的热影响层厚度比未淬火钢大。

热影响层中靠近熔化凝固层部分,由于受到高温作用并迅速冷却,形成淬火区,其厚度与条件有关,一般为 2～3 倍的最大微观平面度。对于淬火钢,与淬火层相邻的部分受到温度的影响而形成高温、低温回火区,回火区的厚度约为最大微观平面度的 3～4 倍。

不同金属材料的热影响层金相组织结构是不同的,耐热合金钢的热影响层与基体差异不大。

(3) 显微裂纹

电火花加工表面由于受到瞬时高温作用并迅速冷却而产生拉应力,往往出现显微裂纹。实验表明,一般裂纹仅在熔化层内出现,只有在脉冲能量很大的情况下(粗加工时),才有可能扩展到热影响层。

脉冲能量对显微裂纹的影响是非常明显的,能量越大,显微裂纹越宽越深。脉冲能量很小时(例如,加工表面粗糙度优于 $Ra1.25~\mu m$ 时),一般不出现微裂纹。不同工件材料对裂纹的敏感性也不同,硬质合金等硬脆和热敏性材料容易产生裂纹。工件预先的热处理状态对裂纹产生的影响也很明显,加工淬火材料要比加工淬火后回火或退火的材料容易产生裂纹,因为淬火材料脆硬,原始内应力也较大。

3. 表面力学性能

(1) 显微硬度及耐磨性

电火花加工后表面层的硬度一般均比较高,但对某些淬火钢,也可能稍低于基体硬度。对于未淬火钢,特别是原来含碳量低的钢,热影响层的硬度都比基体材料高;对于淬火钢,热影响层中的再淬火区硬度稍高或接近于基体硬度,而回火区的硬度比基体低,高温回火区又比低温回火区的硬度低。因此,一般来说,电火花加工表面最外层的硬度比较高,耐磨性好。但对于滚动摩擦,由于是交变载荷,尤其是干摩擦,则因熔化凝固层和基体的结合不牢固,容易剥落而加速磨损。因此,有些要求高的模具需把电火花加工后的表面变质层事先研磨掉。

(2) 残余应力

电火花加工表面存在着由于瞬时先热膨胀后冷却收缩作用而形成的残余拉应力。残余拉应力的大小和分布,主要和材料在加工前的热处理状态及加工时的脉冲能量有关。因此,对表面层要求质量较高的工件,应尽量避免使用较大的加工规准。

(3) 耐疲劳性能

电火花加工表面存在着较大的拉应力,还可能存在显微裂纹,因此其耐疲劳性能比机械加工表面低许多倍。采用回火处理、喷丸处理等,有助于降低残余应力,或使残余拉应力转变为压应力,从而提高其耐疲劳性能。

试验表明,当电火花加工后的表面粗糙度较好,在 $Ra0.32 \sim 0.08~\mu m$ 范围内时,电火花加工表面的耐疲劳性能将与机械加工表面相近,这是因为电火花精微加工表面所使用的加工规准很小,熔化凝固层和热影响层均非常薄,不会出现显微裂纹,而且表面的残余拉应力也较小。

2.4　电火花加工用的脉冲电源

电火花加工用的脉冲电源的作用是把工频交流电压和电流转换成一定频率的单向脉冲电压和电流,以供给电极放电间隙所需要的能量来蚀除金属。脉冲电源对电火花加工的生产率、表面质量、加工精度、加工过程的稳定性和工具电极损耗等技术经济指标有很大的影响,应给予足够的重视。

2.4.1 对脉冲电源的要求及其分类

对电火花加工用脉冲电源总的要求是:

(1) 有较高的加工速度

在粗加工时要有较高的加工速度 v_w,其加工效率应大于 $10 \text{ mm}^3/(\text{min} \cdot \text{A})$;在精加工时也应有较高的加工速度,精加工时表面粗糙度值 Ra 应小于 $1.25 \text{ } \mu\text{m}$。

(2) 工具电极损耗低

粗加工时应实现电极低损耗(相对损耗 $\theta < 1\%$),中、精加工时也要使电极损耗尽可能低。

(3) 加工过程稳定性好

在给定的各种脉冲参数下能保持稳定加工,抗干扰能力强,不易产生电弧放电,可靠性高,操作方便。

(4) 工艺范围广

不仅能适应粗、中、精加工的要求,而且要适应不同工件材料的加工,以及采用不同工具电极材料进行加工的要求。

脉冲电源要全面满足上述各项要求是困难的,一般来说,对电火花加工脉冲电源的具体要求是:

① 所产生的脉冲应该是单向的,没有负半波或负半波很小,这样才能最大限度地利用极性效应,提高加工速度和减少工具电极的损耗。

② 脉冲电压波形的前后沿应该较陡,这样才能较快击穿放电间隙,减少电极间隙的变化及油污程度等对脉冲放电宽度和能量等参数的影响,使工艺过程较稳定。因此一般常采用矩形波脉冲电源,不采用梯形波,尤其不能采用正弦波。

③ 脉冲的主要参数,如峰值电流 $\hat{i}_e$、脉冲宽度 t_i、脉冲间隔 t_o 等应能在很宽的范围内调节,以满足粗、中、精加工的要求。

近年来随着微电子技术的发展,出现了可调节各种脉冲波形的电源,以适应不同加工工件材料和不同工具电极材料。

④ 脉冲电源不仅要考虑工作稳定可靠、成本低、寿命长、操作维修方便和体积小等问题,还要考虑节省电能,近年来无限流电阻的节能型电源已开始实用化。

关于电火花加工用脉冲电源的分类,目前尚无统一的规定。按其作用原理和所用的主要元件、脉冲波形等可分为多种类型,见表 2.3。

表 2.3 电火花加工用脉冲电源分类

分 类 依 据	脉冲电源的种类
按主回路中主要元件种类分	RC 线路弛张式,晶体管式,大功率集成器件式
按输出脉冲波形分	矩形波,梳状波分组脉冲,阶梯波,高低压复合脉冲
按间隙状态对脉冲参数的影响分	非独立式,独立式
按工作回路数目分	单回路,多回路

2.4.2　RC 线路脉冲电源

RC 线路脉冲电源的工作原理是利用电容器充电储存电能,而后瞬时放出,形成火花放电来蚀除金属。因为电容器时而充电,时而放电,一弛一张,故又称"弛张式"脉冲电源。

RC 线路是弛张式脉冲电源中最简单、最基本的一种,图 2.11(a)是它的工作原理图。它由两个回路组成:一个是充电回路,由直流电源 E、充电电阻 R(可调节充电速度,同时限流以防电流过大及转变为电弧放电,故又称为限流电阻)和电容器 C(储能元件)所组成;另一个回路是放电回路,由电容器 C、工具电极、工件和其间的放电间隙所组成。

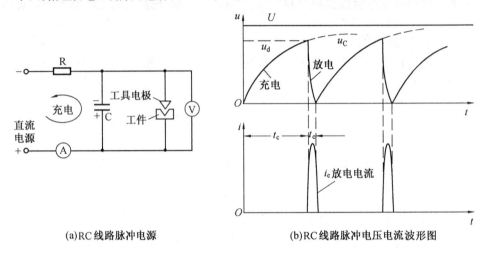

(a)RC 线路脉冲电源　　　　　　　(b)RC 线路脉冲电压电流波形图

图 2.11　RC 线路脉冲电压及其波形

当直流电源接通后,电流经限流电阻 R 向电容 C 充电,电容 C 两端的电压按指数曲线 $u_C = E(1 - e^{-\frac{1}{RC}})$ 上升,因为电容两端的电压就是工具电极和工件间隙两端的电压,因此当电容 C 两端的电压上升到等于工具电极和工件间隙的击穿电压 U_d 时,间隙就被击穿,电阻变得很小,电容器上储存的能量瞬时放出,按另一条指数曲线 $i = \frac{E}{r} e^{-\frac{1}{rc}}$(式中,$r$ 为放电回路的内阻,很小)形成较大的脉冲电流 i_e,见图 2.11(b)。电容上的能量释放后,电压下降到接近于零,间隙中的工作液又迅速恢复绝缘状态。此后电容器再次充电,又重复前述过程。如果间隙过大,则电容器上的电压 u_C 按指数曲线上升到直流电源电压 U。

RC 线路充电、放电时间常数及充放电周期、频率、平均功率等的计算,可参见电工学。

RC 线路脉冲电源的最大优点为:

① 结构简单,工作可靠,成本低。

② 利用电容放电,较易获得很大的瞬时峰值电流,有较大的排屑爆炸力,如表2.4所示。

③ 在小功率时可以获得很窄的脉宽(小于 0.1 μs)和很小的单个脉冲能量,可用作光整加工和精微加工。

表 2.4 电容量和峰值电流的关系

电容器容量 $C/\mu F$	充电电阻 R/Ω	充电时间 $t_c/\mu s$	放电瞬时峰值电流值 I_p/A
1	20	40	246
0.1	100	20	78
0.01	500	10	29

注:充电电压 100 V,放电回路的潜布电感值按 0.2 μH 计算。

RC 线路脉冲电源的缺点是:

① 电能利用效率很低,最大不超过 36%,因大部分电能经过电阻 R 时转化为热能损失掉了,这在大功率加工时是很不经济的(其实有限流电阻的晶体管脉冲电源的电能利用率也不高)。

② 生产效率低,因为电容器的充电时间 t_c 比放电时间 t_e 长 50 倍以上(图 2.11(b)),脉冲间歇系数太大。为此可改用晶体管控制的 RC 脉冲电源(Tr – RC 线路脉冲电源),利用晶体管导通时内阻较小,可流过较大电流对电容快速充电,原限流电阻可大大减小至当间隙短路时不致烧毁晶体管即可。其电路构成和电压、电流波形如图 2.12 所示,图(a) 中晶体管基极上用脉宽调制的电压控制其导通的平均时间,即平均当量电阻,可控制其充电时间,使充电时间大为缩短;图(b) 中对电容的充电曲线实际上还可以很陡。

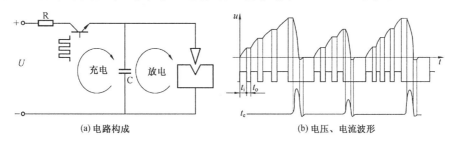

(a) 电路构成　　　　　　　　　(b) 电压、电流波形

图 2.12 晶体管控制的 RC 线路脉冲电源原理及其波形

③ 工艺参数不稳定,因为这类电源本身并不"独立"形成和发生脉冲,而是靠电极间隙中工作液的击穿和消电离使脉冲电流导通和切断,所以间隙大小、间隙中电蚀产物的污染程度及排出情况等都影响脉冲参数,因此脉冲频率、宽度、单个脉冲能量都不稳定,而且放电间隙经过限流电阻始终和直流电源直接联通,没有开关元件使之隔离开来,如果电阻 R 和电容 C 的参数匹配不好,随时都有放电的可能,并容易转为电弧放电。

RC 线路脉冲电源主要用于小功率的精微加工或简式电火花加工机床中。近年来用晶体管 Tr 代替限流电阻 R,以加速充电,如图 2.12 所示。

针对这些缺点,人们在实践中研制出了放电间隙和直流电源各自独立、互相隔离、能独立形成和发生脉冲的电源。它们可以大大减少电极间隙物理状态参数变化对 RC 线路脉冲电源的影响。这类电源为区别于前述弛张式脉冲电源,称之为独立式脉冲电源,最常用的为晶体管式脉冲电源。

2.4.3 晶体管式脉冲电源

晶体管式脉冲电源是利用功率晶体管串联在放电主回路中,作为开关元件而获得单向脉冲的。它具有脉冲频率高、脉冲参数容易调节、脉冲波形较好、易于实现多回路加工和自适应控制等自动化要求的优点,所以应用非常广泛,特别在中、小型脉冲电源中,都采用晶体管式电源。

目前晶体管的功率都还较小,每管导通时的电流常选在 5 A 左右,因此在晶体管脉冲电源中,都采用多管分组并联输出的方法来提高输出功率。近年来的 IGBT 大功率模块可达 50 ~ 100 A。

图 2.13 为自振式晶体管脉冲电源原理图,主振级 Z 为一不对称多谐振荡器,它发出一定脉冲宽度和停歇时间的矩形脉冲信号,经放大级 F 放大,最后推动末级功率晶体管导通或截止。末级晶体管起着"开"、"关"的作用。它导通时,直流电源电压 U 即加在加工间隙上,击穿工作液进行火花放电。当晶体管截止时,脉冲即行结束,工作液恢复绝缘,准备下一脉冲的到来。为了加大功率,可调节粗、中、精加工规准,整个功率级由几十只大功率高频晶体管分为若干路并联,精加工只用其中一或二路。为了防止在放电间隙短路时不致损坏晶体管,每只晶体管均串联有限流电阻 R,并可以在各管之间起均流作用。实际生产中常用 V – MOS 管作为大功率晶体管或 IGBT 模块,更大功率可用晶闸管(可控硅)。

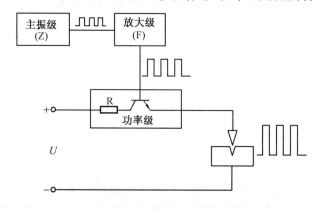

图 2.13 自振式晶体管脉冲电源原理图

近年来随着电火花加工技术的发展,为进一步提高有效脉冲利用率,达到高速、低耗、稳定加工及一些特殊需要,在晶体管式或晶闸管式脉冲电源的基础上,派生出不少新型电源和线路,如高低压复合脉冲电源、多回路脉冲电源和多功能电源等。

2.4.4 各种派生脉冲电源

1.高低压复合脉冲电源

复合回路及高低压复合脉冲电源示意图如图 2.14 所示。与放电间隙并联两个供电回路:一个为高压脉冲回路,其脉冲电压较高(300 V 左右),平均电流很小,主要起击穿间隙的作用,也就是预先为低压脉冲击穿加工间隙,因而也称为高压引燃回路;另一个是低压

脉冲回路,其脉冲电压比较低(60 ~ 80 V),电流
比较大,起着蚀除金属的作用,所以称为加工回
路。二极管 VD 用以阻止高压脉冲进入低压回
路,以免损坏低压回路中的元器件。所谓高低压
复合脉冲,就是在每个工作脉冲电压(60 ~ 80
V) 波形上再叠加一个小能量的高压脉冲(300 V
左右),使电极间隙先击穿引燃而后再放电加

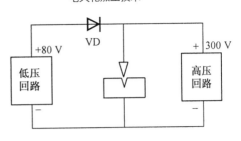

图 2.14   复合回路及高低压复合脉冲电源

工,大大提高了脉冲的击穿率和利用率,并使放电间隙变大,排屑良好,加工稳定,在"钢打
钢" 时显出很大的优越性。

　　近年来在生产实践中,在复合脉冲的
形式方面,除了高压脉冲和低压脉冲同时
触发加到放电间隙处之外,如图 2.15(a)
所示,还出现了两种高压脉冲比低压脉冲
提前一短时间 Δt 触发的形式。如图
2.15(b)、(c) 所示,此 Δt 时间约 1 ~ 2 μs。
实践表明,图 2.15(c) 的效果最好,因为高

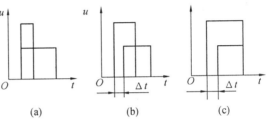

图 2.15   高低压复合脉冲的形式

压方波加到电极间隙处之后,往往也有一小段延时才能击穿,在高压击穿之前,低压脉冲
不起作用,而在精加工窄脉冲时,高压不提前,低压脉冲往往来不及起作用而成为空载脉
冲,为此,应使高压脉冲提前触发,与低压脉冲同时结束。

　　2. 多回路脉冲电源

　　所谓多回路脉冲电源,即在加工电源的功率级并联分割出相互隔离绝缘的多个输出
端,可以同时供给多个回路的放电加工,如图 2.16 所示。这样不依靠增大单个脉冲放电能
量,即不使表面粗糙度变差而可以提高生产率,这在大面积、多工具、多孔加工时很有必
要,如电机定、转子冲模及筛孔等穿孔加工和大型腔模加工。必须注意,多回路脉冲电源和
分割电极在电路上必须采用"射极输出",而不能采用集电极输出。

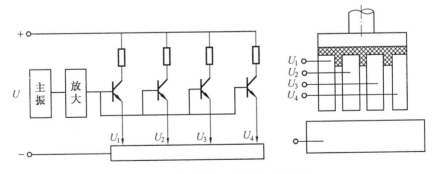

图 2.16   多回路脉冲电源和分割电极

　　多回路电源总的生产率并不与回路数目完全成正比增加,因为多回路电源加工时,电
极进给调节系统的工作状态变坏,当某一回路放电间隙短路时,电极回升,全部回路都得
停止工作。回路数越多,这种相互牵制干扰损失也越大,因此回路数必须选取得当,一般常
采用 2 ~ 4 个回路。加工越稳定,回路数可取得越多,如果使伺服进给系统适当"欠进给",

则也可加多回路数。多回路脉冲电源中,同样可以采用高低压复合脉冲回路。

3. 等脉冲电源

所谓等脉冲电源是指每个脉冲在介质击穿后所释放的单个脉冲能量相等。对于矩形波脉冲电源来说,由于每次放电过程的电流幅值基本相同,因而所谓等脉冲电源,也即意味着每个脉冲放电电流持续时间 t_e 相等。

前述的独立式、等频率脉冲电源,虽然电压脉冲宽度 t_i 和脉冲间隔 t_o 在加工过程中保持不变,但每次脉冲放电所释放的能量往往不相等。因为放电间隙大小和物理状态瞬间总是不断变化的,每个脉冲的击穿延时随机性很大,各不相等,结果使实际放电的脉冲电流宽度 t_e 发生变化,导致单个脉冲能量各不相同,使每个脉冲形成的凹坑大小不等。等脉冲电源能自动保持每个脉冲电流宽度 t_e 相等,用相同的单个脉冲能量进行加工,放电凹坑大小相同均匀,从而可以在保证一定表面粗糙度的情况下,进一步提高加工速度。

获得等脉冲电流宽度的方法,通常是在间隙加上直流电压后,利用火花击穿信号(击穿后电压突然降低)来控制脉冲电源中的一个能延时的单稳态电路,令它开始计时,并以此作为脉冲电流的起始时间。经单稳定电路延时 t_e 之后,发出信号关断导通着的功放管,使它中断脉冲输出,切断火花通道,从而完成一次电流脉宽为 t_e 的脉冲放电,同时并触发另一个单稳电路,使其经过一定的延时(脉冲间隔 t_o),发出下一个信号使功率管导通,开始第二个脉冲周期,这样所获得的极间放电电压和电流波形如图 2.17 所示,每次的脉冲电流宽度 t_e 都相等,而电压脉宽 t_i 则不一定相等。

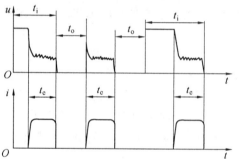

图 2.17 等脉冲电源的电压和电流波形

4. 高频分组脉冲电源和梳形波脉冲电源

高频分组脉冲电源波形和梳形波脉冲电源波形如图 2.18(还可参见图 3.8 和图 3.9)和图 2.19 所示。这两种波形在一定程度上都具有高频脉冲加工表面粗糙度值小和低频脉冲加工速度快的双重优点,得到了普遍的重视。梳形脉冲波与分组脉冲波不同之处在于,大脉宽期间电压不过零,始终加有较低的正电压,其作用为当中、精规准负极性精加工时,使正极工具能吸附碳黑膜,保护正极少被蚀除,获得更低的电极损耗。

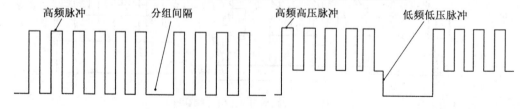

图 2.18 高频分组脉冲电源波形   图 2.19 梳形波脉冲电源波形

5. 自选加工规准电源和智能化、自适应控制电源

由于计算机、集成电路技术的发展,可以把不同材料、粗中精不同的电加工参数、规准做成曲线表格,作为数据库写入"只读存储器(EPROM)"集成于芯片内,并作为脉冲电源的一个组成部分。操作人员只要"输入"工具电极和工件材料及表面粗糙度等加工条件,通过计算机内部"查表",电源就可"输出"较佳的加工规准参数(脉宽、脉间、峰值电流、电压、极性等),成为具有自选加工规准的脉冲电源。

智能化、自适应控制脉冲电源还应有一个较完善的控制系统,能不同程度地代替人工监控和调节功能,即能根据某一给定目标(保证一定表面粗糙度下提高生产率)连续不断地检测放电加工状态,并与最佳模型(数学模型或经验模型)进行比较运算,然后按其计算结果控制有关参数,例如改变脉间、调节伺服进给速度、加速抬刀和冲、抽油等,以获得最佳加工效果。这类脉冲电源实际上已是一个自适应控制系统,它的参数是随加工条件和极间状态而变化的。当工件和工具材料、粗中精不同的加工规准、工作液的污染程度与排屑条件、加工深度及加工面积等条件变化时,自适应控制系统都能自动地、连续不断地调节有关脉冲参数(如脉间和进给、抬刀参数),防止电弧放电,并达到生产率最高的最佳稳定放电状态,成为电火花加工的"专家系统"。

由此可知,自适应控制电源已超出了一般脉冲电源的研究范围,实际上它已属于自动控制系统的研究领域。要实现脉冲电源的自适应控制,首要问题是极间放电状态的识别与检测;其次是建立电火花加工过程的预报模型,找出被控量与控制信号之间的关系,即建立所谓的"评价函数";然后根据系统的评价函数设计出相应的控制环节。

2.5　电火花加工的自动进给调节系统

2.5.1　自动进给调节系统的作用、技术要求和分类

电火花加工与切削加工不同,属于"不接触加工"。正常电火花加工时,工具和工件端面间有一放电间隙 S,见图2.20。S 过大,脉冲电压击不穿间隙间内的绝缘工作液,则不会产生火花放电,必须使电极工具向下进给,直到间隙 S 等于、小于某一值(一般 $S = 0.1 \sim 0.01$ mm,与加工规准有关),才能击穿和火花放电。在正常的电火花加工时,工件以 v_w 的速度不断被蚀除,间隙 S 将逐渐扩大,这时必须使电极工具以速度 v_d 向下补偿进给,以维持所需的放电间隙。如进给量 v_d 大于工件的蚀除速度 v_w,则间隙 S 将逐渐变小,当间隙过小时,必须减小进给速度 v_d。如果工具工件间一旦短路($S = 0$),则必须使工具以较大的速度 v_d 反向快速回退,消除短路状态。随后再重新向下进给,调节到所需的放电间隙。这是正常电火花加工所必须解决的问题。

由于火花放电间隙 S 很小,且与加工规准、加工面积、工件蚀除速度等有关,因此很难

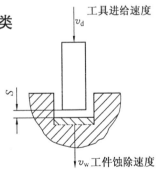

图2.20　放电间隙、蚀除速度和进给速度

靠人工进给,也不能像钻削那样采用"机动"、等速进给,而必须采用自动进给调节系统。这种不等速的自动进给调节系统也称为伺服进给系统。

自动进给调节系统的任务在于,维持一定的"平均"放电间隙 S,保证电火花加工正常而稳定地进行,以获得较好的加工效果。就原则而言,应使工具电极的进给速度 v_d 等于工件蚀除速度 v_w,但难点在于,v_w 并非常数,而随加工面积、加工深度、电火花放电的脉冲利用率等变化。具体可用间隙蚀除特性曲线和进给调节特性曲线来说明。

图 2.21 中,横坐标为放电间隙 S 值或对应的放电间隙平均电压 u_e,它与纵坐标的蚀除速度 v_w 有密切的关系。当间隙太大时,例如,在点 A 及点 A 之右,$S \geqslant 60\ \mu m$ 时,极间介质不易击穿,使火花放电率和蚀除速度 $v_w = 0$,只有在点 A 之左,$S < 60\ \mu m$ 后,火花放电概率和蚀除速度 v_w 才逐渐增大。当间隙太小时,又因电蚀产物难于及时排除,火花放电率减小、短路率增加,蚀除速度也将明显下降。当间隙短路即 $S = 0$ 时,火花率和蚀除速度都为零。因此,必有一最佳放电间隙 S_B 对应于最大蚀除速度点 B。将放电间隙的大小和工件蚀除速度做成曲线,如图 2.21 中上凸的曲线 Ⅰ,称为间隙蚀除特性曲线。

如果粗、精加工采用的规准不同,S 和 v_w 的对应值也不同。例如,精加工规准时,放电间隙 S 变小,最佳放电间隙 S_B 移向左边,最高点 B 移向左下方,曲线变低,成为另外一条

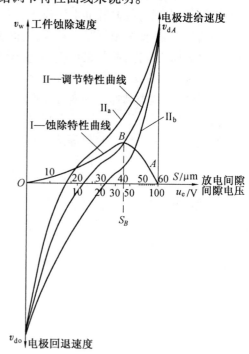

图 2.21　间隙蚀除特性与调节特性曲线

间隙蚀除特性曲线;如果加工面积变大或加工深度变深,则直线方向的工件蚀除速度必将变小,曲线也会变矮,但趋势是大体相同的。

自动进给调节系统的进给调节特性曲线见图 2.21 中倾斜曲线 Ⅱ,右边的纵坐标为电极进给(左下为回退)速度,横坐标仍为放电间隙 S 或对应的间隙平均电压 u_e。当间隙过大(例如,大于、等于 $60\ \mu m$ 为点 A 的开路电压)时,电极工具将以较大的空载速度 v_{dA} 向工件进给。随着放电间隙减小和火花率的提高,向下进给速度 v_d 也逐渐减小,直至为零。当间隙短路时,工具将反向以 v_{do} 高速回退。理论上,希望调节特性曲线 Ⅱ 相交于进给特性曲线 Ⅰ 的最高点 B 处,如图中所示。这要靠操作人员丰富的经验和精心调节才能实现,而且加工规准、加工面积等一变,调节特性曲线 Ⅱ 和间隙蚀除特性曲线 Ⅰ 就有变化,又需重新调节曲线 Ⅱ 使交于新的曲线 Ⅰ 的最高点 B 处。只有自动寻优系统、自适应控制系统、智能化加工系统,才能自动使曲线 Ⅱ 交曲线 Ⅰ 于最高处点 B,处于最佳放电状态。

实际上,通常电火花加工时,曲线 Ⅱ 很难相交于曲线 Ⅰ 最高点 B 处,常交于点 B 之左或右,如图 2.21 中 $Ⅱ_a$ 和 $Ⅱ_b$ 所示。但无论如何,整个调节系统将力图自动趋向处于两条曲线的交点处,因为只有在此交点上,进给速度等于蚀除速度($v_d = v_w$),才是稳定的工作

点和稳定的放电间隙(交点之右,进给速度大于蚀除速度,放电间隙将逐渐变小;反之,在交点之左,间隙将逐渐变大)。在设计和使用自动进给调节系统时,应根据粗中精不同加工规准、不同工件材料等不同间隙蚀除特性曲线的范围,能较易调节并使这两特性曲线的工作点交在最佳放电间隙 S_B 附近,以获得最高加工速度。此外,空载时(间隙在点 A 或更右),应以较快速度 v_{dA} 接近最高加工速度区(点 B 附近),一般 $v_{dA} = (5 \sim 15) v_{dB}$;间隙短路时,也应以较快速度 v_{do} 回退。一般认为,v_{do} 应大于 $200 \sim 300 \text{ mm/min}$,方可快速有效地消除短路。

理解上述间隙蚀除特性曲线和调节特性曲线的概念及工作状态,对合理选择加工规准、正确操作使用电火花机床和设计自动进给调节系统,都是很必要的。

以上对调节特性的分析,没有考虑进给系统在运动时的惯性滞后和外界的各种干扰,因此只是静态的。实际进给系统的机械质量、电路中的电容、电感都有惯性、滞后现象,往往产生"欠进给"和"过进给",甚至振荡。

对自动进给调节系统的一般要求如下:

(1) 有较广的速度调节跟踪范围

在电火花加工过程中,加工规准、加工面积等条件的变化,都会影响其进给速度,调节系统应有较宽的调节范围,以适应不同加工的需要。

(2) 有足够的灵敏度和快速性

放电加工的频率很高,放电间隙的状态瞬息万变,要求进给调节系统根据间隙状态的微弱信号能够相应地快速调节。为此,整个系统的不灵敏区、时间常数、可动部分的质量惯性要求较低,放大倍数应足够大,过渡过程应短。

(3) 有必要的稳定性

电蚀速度一般不高,加工进给速度也不必过大,一般每步 $1 \mu \text{m}$,所以应有很好的低速性能,均匀、稳定地进给,避免低速爬行,超调量要小,传动刚度应高,传动链中不得有明显间隙,抗干扰能力要强。

此外,自动进给装置还要求体积小、结构简单可靠及维修操作方便等。

目前电火花加工用的自动进给调节系统的种类很多,按执行元件,大致可分为:

电液压式(喷嘴 – 挡板式):企业中仍有应用,但已停止生产,因为它在加工中有噪声及漏油的缺点。

步进电动机:价廉,调速性能稍差,用于中小型电火花机床及数控线切割机床。

宽调速力矩电动机:价高,调速性能好,用于高性能电火花机床。

直流伺服电动机:用于大多数电火花成形加工机床,但逐步有被交流伺服电动机取代的趋势。

交流伺服电动机:无电刷,力矩大,寿命长,用于大、中型电火花成形加工机床。

直线电动机:近年来才用于电火花加工机床,无需丝杆螺母副,直接带动主轴或工作台作直线运动,速度快,惯性小,伺服性能好,但价高。

虽然它们的类型构造不同,但都是由下述几个基本环节组成的。

2.5.2 自动进给调节系统的基本组成部分

电火花加工用的进给调节和其他任何一个完善的调节装置一样,是由测量环节、比较环节、放大驱动环节、执行环节和调节对象等几个主要环节组成,图2.22是自动进给调节系统的基本组成方框图。实际上根据电火花加工机床的简繁或不同的完善程度,基本组成部分可能略有增减。

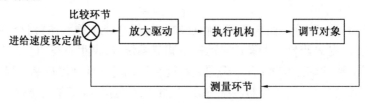

图 2.22 自动进给调节系统的基本组成方框图

1.测量环节

直接测量电极间隙及其变化是很困难的,都是采用测量与放电间隙成比例关系的电参数来间接反映放电间隙的大小。因为当间隙较大、开路时,间隙电压最大或接近脉冲电源的峰值电压;当间隙为零、短路时,间隙电压为0,虽不成正比,但有一定的相关性。

常用的信号检测方法有两种:一种是平均间隙电压测量法,见图2.23(a)。图中间隙电压经电阻 R_1 由电容器C充电滤波后,成为平均值,又经电位器 R_2 分压取其一部分,输出的 U 即为表征间隙平均电压的信号。图中充电时间常数 $R_1 C$ 应略大于放电时间常数 $R_2 C$。图2.23(b)是带整流桥的检测电路,其优点是工具、工件的正、负极性变换不会影响输出信号 U 的极性。

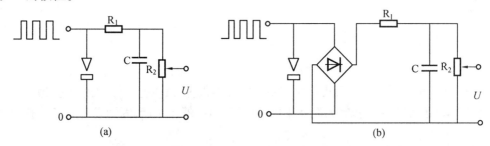

(a)   (b)

图 2.23 平均间隙电压检测电路

另一种是利用稳压管来测量脉冲电压峰值信号的平均值,称平均峰值电压检测法。如图2.24中的稳压管 VS 选用30～40 V的稳压值,它能阻止和滤除比其稳压值低的火花维持电压,只有当间隙上出现大于30～40 V的空载、峰值电压时,才能通过 VS 和二极管 VD 向电容 C 充电,滤波后经电阻 R 及电位器分压输出,突出了空载峰值电压的控制作用,常

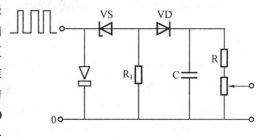

图 2.24 峰值电压检测电路

用于需加工稳定、尽量减少短路率、宁可欠进给的场合。

对于弛张式RC脉冲电源,一般常采用平均值检测法。对于独立式脉冲电源,则采用平均峰值电压检测法,因为在脉冲间歇期间,两极间电压总是为零,故平均电压很低,对极间距离变化的反映不及峰值电压灵敏。

除了检测瞬时(一段时间之内)的平均间隙电压作伺服控制之外,更合理的是检测间隙间的放电状态,它在稳定的间隙伺服控制的基础上可防止电弧放电。通常放电状态有空载、火花、短路三种,更完善的还有能检测、区分稳定电弧和不稳定电弧(电弧前兆)等共五种放电状态,见图2.25。

具体的检测原理为:根据空载有电压无电流、短路有电流无电压、火花有电压又有电流信号的特点,利用逻辑门电路,可以区别空载、短路、火花三种放电状态。再检测火花放电时高频分量的大、中、小,用电压比较器根据高频分量的门槛电压,可以区分火花、不稳定电弧和稳定电弧,用不同放电状态的门槛阀值,在实现最大进给速度前提下,防止电弧放电的自适应控制和智能化控制。

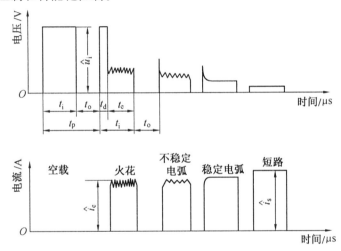

图2.25   电火花加工时的五种放电状态

2. 比较环节

比较环节用以根据进给速度(伺服参考电压)"设定值"来调节进给速度,以适应粗、中、精不同的加工规准。实质上是把从测量环节得来的信号和"给定值"的信号进行比较,再按此差值来控制加工过程。大多数比较环节常包含或合并在测量环节之中。

3. 放大驱动器

由测量环节获得的信号一般都很小,难于驱动执行元件,必须要有一个放大环节,通常称它为放大器。为了获得足够的驱动功率,放大器要有一定的放大倍数。然而,放大倍数过高也不好,它将会使系统产生过大的超调,即出现自激振荡现象,使工具电极反复时进时退,加工不稳定,这和扩音器放大倍数过高或话筒离嘴太近产生自激啸叫的原理是一样的。

常用的放大器主要是各类晶体管放大器件。以前液压主轴头的电液压放大器目前虽有应用,但已不再生产。

4.执行环节

执行环节也称执行机构,常采用不同类型的伺服电动机,它能根据控制信号的大小及时地调节工具电极的进给和回退速度,以保持合适的放电间隙,从而保证电火花加工的正常进行。由于它对自动调节系统有很大影响,通常要求它的机电时间常数尽可能小,以便能够快速反映间隙状态变化;机械传动间隙和摩擦力应当尽量小,以减少系统的不灵敏区;具有较宽的调速范围,以适应各种加工规准和工艺条件的变化。

5.调节对象

工具电极和工件之间的放电间隙就是调节对象。一般应控制放电间隙在 $0.1 \sim 0.01$ mm 之间。粗加工时放电间隙较大,精加工时则较小。

2.5.3　电液自动进给调节系统

在电液自动进给调节系统中,液压缸、活塞是执行机构,事实上它已和机床主轴连成一体。由于传动链短及液体的基本不可压缩性,所以传动链中无间隙、刚度大、不灵敏区小;又因为加工时进给速度很低,所以正、反向惯性很小,反应迅速,特别适合于电火花加工等的低速进给,故 20 世纪 80 年代前得到了广泛的应用,但由于液压系统易漏油污染环境,目前已逐渐被电 – 机械式的各种交直流伺服电动机所取代。

图 2.26 所示为曾广泛采用的 DYT – 2 型液压主轴头的喷嘴 – 挡板式电液压自动调节器的工作原理图。液压泵电动机 4 驱动叶片液压泵 3 从油箱中压出压力油,由溢流阀 2 保持恒定压力 p_0,经过滤器 6 后分两路,一路进入下油腔,另一路经节流孔 7 进入上油腔。上油腔油液可从喷嘴 8 与挡板 12 的间隙中流回油箱,使上油腔的压力 p_1 随此喷嘴与挡板间的间隙大小而变化。

电 – 机械转换器 9 主要由动圈(控制线圈)10 与静圈(励磁线圈)11 等组成。动圈处在励磁线圈的磁路中,与挡板 12 连成一体。改变输入动圈的电流,可使挡板随之移动,从而改变挡板与喷嘴间的间隙。当动圈两端电压为零时,此时动圈不受电磁力的作用,挡板由于弹簧片的作用处于最高位置 Ⅰ,喷嘴与挡板间开口为最大,使油液流经喷嘴的流量为最大,上油腔的压力降亦为最大,压力 p_1 下降到最小值。设

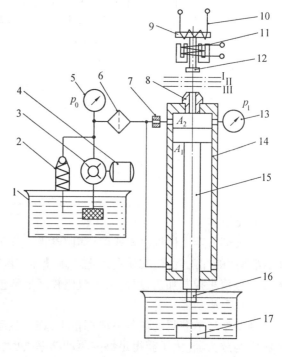

图 2.26　喷嘴 – 挡板式电液压自动调节器工作原理

1— 油箱;2— 溢流阀;3— 叶片液压泵;4— 电动机;

5、13— 压力表;6— 过滤器;7— 节流孔;8— 喷嘴;

9— 电 – 机械转换器;10— 动圈;11— 静圈;12— 挡板;

14— 液压缸;15— 活塞;16— 工具电极;17— 工件

A_2、A_1 分别为上、下油腔的工作面积,G 为活塞等执行机构移动部分的质量,这时 $p_0 A_1 > G + p_1 A_2$,活塞杆带动工具上升。当动圈电压为最大时,挡板下移处于最低位置 Ⅲ,喷嘴的出油口全部关闭,上、下油腔压强相等,使 $p_0 A_1 < G + p_0 A_2$,活塞上的向下作用力大于向上作用力,活塞杆下降。当挡板处于平衡位置 Ⅱ 时,$p_0 A_1 = G + p_1 A_2$,活塞处于静止状态。由此可见,主轴的移动是由电 - 机械转换器中控制线圈电流的大小来实现的。控制线圈电流的大小则由加工间隙的电压或电流信号来控制,因而实现了进给的自动调节。

2.5.4　电 - 机械式自动调节系统

电 - 机械式自动调节系统在 20 世纪 60 年代采用普通直流伺服电动机,由于其机械减速系统传动链长、惯性大、刚性差,因而灵敏度低,20 世纪 70 年代被电液自动调节系统所替代。20 世纪 80 年代以来,步进电动机和力矩电动机的电 - 机械式自动调节系统得到迅速发展。由于它们的低速性能好,可直接带动丝杠进退,因而传动链短、灵敏度高、体积小、结构简单,而且惯性小,有利于实现加工过程的自动控制和数字程序控制,因而在中、小型电火花机床中得到越来越广泛的应用。

图 2.27 是步进电动机自动调节系统的原理框图。检测电路对放电间隙进行检测并按比例衰减后,输出一个反映间隙大小的电压信号(短路为 0 V,开路为 10 V)。变频电路为一电压 - 频率($U - f$)转换器,将该电压信号放大并转换成 0 ~ 1 000 Hz 不同频率的脉冲串,送至进给与门 1 准备为环形分配器提供进给触发脉冲。同时,多谐振荡器发出每秒 2 000 步(2 kHz)以上恒频率的回退触发脉冲,送至回退与门 2 准备为环形分配器提供回退触发脉冲。根据放电间隙平均电压的大小,两种触发脉冲由判别电路通过双稳电路只能选其一种送至环形分配器,决定进给或是回退。当极间放电状态正常时,判别电路通过双稳电路打开进给与门 1;当极间放电状态异常(短路或形成有害的电弧)时,则判别电路通过双稳电路打开回退与门 2,分别驱动环形分配器正向或反向的相序,使步进电动机正向或反向转动,使主轴进给或退回。

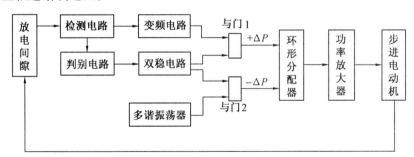

图 2.27　步进电动机自动调节系统的原理框图

近年来随着数控技术的发展,国内外的高档电火花加工机床均采用了高性能直流或交流伺服电动机,并采用直接拖动丝杠的传动方式,再配以光电码盘、光栅、磁尺等作为位置检测环节,因而大大提高了机床的进给精度、性能和自动化程度。

2.6　电火花加工机床

电火花加工在特种加工中是比较成熟的工艺,在民用、国防生产部门和科学研究中已经获得广泛应用,它相应的机床设备比较定型,并有较多专业工厂从事生产制造,供用户订货选用。电火花加工工艺及机床设备的类型较多,但按工艺过程中工具与工件相对运动的特点和用途等来分,大致可以分为六大类,其中应用最广、数量较多的是电火花穿孔成形加工机床和电火花线切割机床,总的分类如表2.1所列。本章先介绍电火花穿孔成形加工机床,而电火花线切割机床将在第3章介绍。

电火花穿孔成形加工机床主要由主机(包括自动调节系统的执行机构)、脉冲电源、自动进给调节系统、工作液净化及循环系统几部分组成。

1.机床总体部分

主机主要包括:主轴头、床身、立柱、工作台及工作液槽几部分,机床的整体布局,按机床型号的大小,可采用如图2.28所示结构,图2.28(a)为其组成部分,图2.28(b)为其外形。

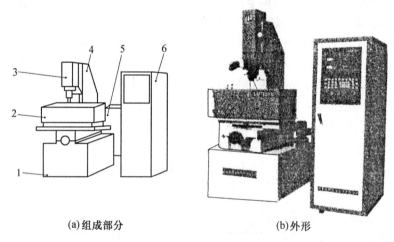

(a)组成部分　　　　　　　　　　(b)外形

图2.28　电火花穿孔成形加工机床

1— 床身;2— 工作液槽;3— 主轴头;4— 立柱;5— 工作液箱;6— 电源箱

床身和立柱是机床的主要结构件,要有足够的刚度。床身工作台面与立柱导轨面间应有一定的垂直度要求,还应有较好的精度保证,这就要求导轨具有良好的耐磨性和充分消除材料内应力等。

用作纵横向移动的工作台一般都带有坐标装置。常用的是靠刻度手轮来调整位置。随着要求加工精度的提高,可采用光学坐标读数装置、磁尺数显等装置。

近年来,由于工艺水平的提高及微机、数控技术的发展,已生产出三坐标伺服控制的以及主轴和工作台回转运动并加三向伺服控制的五坐标数控电火花机床,有的机床还带有工具电极库,可以自动更换工具电极,成为电火花加工中心。一般电火花加工机床的坐标位移脉冲当量为 $1~\mu m$。

2. 主轴头

主轴头是电火花成形机床中最关键的部件,是自动调节系统中的执行机构,对加工工艺指标的影响极大。对主轴头的要求是:结构简单、传动链短、传动间隙小、热变形小、具有足够的精度和刚度,以适应自动调节系统的惯性小、灵敏度好、能承受一定负载的要求。主轴头主要由进给系统、上下移动导向和水平面内防扭机构、电极装夹及其调节环节组成。

电 – 机械式液压主轴头的结构是:液压缸固定、活塞连同主轴上下移动(图 2.26)。由于液压系统易漏油有污染、液压泵有噪声、油箱占地面积大、液压进给难以数字控制化,因此随着步进电动机、力矩电动机和数控直流、交流伺服电动机的出现和技术进步,电火花机床中已越来越多地采用电 – 机械式主轴头。进给丝杠常由电动机直接带动,方形主轴头的导轨可采用矩形滚柱或滚针导轨。

3. 工具电极夹具

工具电极的装夹及其调节装置的形式很多,其作用是调节工具电极和工作台的垂直度以及调节工具电极在水平面内微量的扭转角。常用的有十字铰链式和球面铰链式。

4. 工作液循环过滤系统

工作液循环过滤系统包括工作液(煤油)箱、电动机、泵、过滤装置、工作液槽、油杯、管道、阀门以及测量仪表等。放电间隙中的电蚀产物除了靠自然扩散、定期抬刀和使工具电极附加振动等排除外,常采用强迫循环的办法加以排除,以免间隙中电蚀产物过多,引起已加工过的侧表面间"二次放电",影响加工精度,此外也可带走一部分热量。图 2.29 为工作液强迫循环的两种方式。图 2.29(a)、(b) 为冲油式,较易实现,排屑冲刷能力强,一般用得较多,但电蚀产物仍通过已加工区,仍可能引起二次放电,稍影响加工精度;图 2.29(c)、(d) 为抽油式,加工间隙中抽入新的工作液。在加工过程中,分解出来的气体(H_2、C_2H_2 等) 易积聚在抽油回路的死角处,遇电火花引燃会爆炸"放炮",因此一般用得较少。但在要求小间隙、精加工时也会采用这种方式。

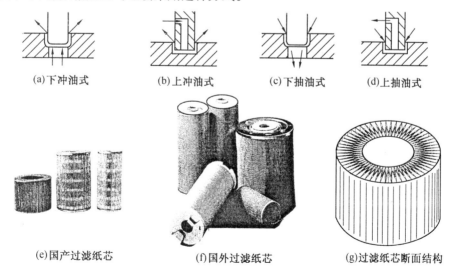

(a)下冲油式　　(b)上冲油式　　(c)下抽油式　　(d)上抽油式

(e)国产过滤纸芯　　(f)国外过滤纸芯　　(g)过滤纸芯断面结构

图 2.29　工作液强迫循环方式及过滤纸芯

为了不使工作液越用越脏,影响加工性能,必须加以净化、过滤。其具体方法有:

（1）自然沉淀法

自然沉淀法速度太慢、周期太长，只用于单件小用量或精微加工。

（2）介质过滤法

常用过滤纸、硅藻土等为过滤介质。其中以过滤纸效率较高、性能较好，已有专用纸过滤装置生产供应，见图 2.29(e)、(f)、(g)。

目前生产上应用的循环系统形式很多，常用的工作液循环过滤系统可以冲油，也可以抽油，目前国内已有多家专业工厂生产工作液过滤循环装置。

2.7　电火花穿孔成形加工

电火花穿孔成形加工是利用火花放电腐蚀金属的原理和工具电极对工件进行复制加工的工艺方法来实现的，其应用范围可归纳为：

电火花穿孔成形加工 $\begin{cases} \text{穿孔加工} \longrightarrow \text{冲模、粉末冶金模、挤压模、型孔零件、小孔、小异形孔、小深孔} \\ \text{型腔加工} \longrightarrow \text{型腔模（锻模、压铸模、塑料模、胶木模等）、型腔零件} \end{cases}$

2.7.1　冲模的电火花加工

冲模是生产上应用较多的一种模具，由于形状复杂和尺寸精度要求高，所以它的制造已成为生产上的关键技术之一。特别是凹模，应用一般的机械加工是困难的，在某些情况下甚至无法加工；而靠钳工加工则劳动量大，质量不易保证，还常因淬火变形而报废，采用电火花加工或线切割加工能较好地解决这些问题。冲模采用电火花加工工艺比机械加工有如下优点：

① 可以在工件淬火后进行加工，避免了热处理变形的影响。

② 冲模的配合间隙均匀，刃口耐磨，提高了模具质量。

③ 不受材料硬度的限制，可以加工硬质合金等冲模，扩大了模具材料的选用范围。

④ 中、小型复杂的凹模可以不用镶拼结构，而采用整体式，简化了模具的结构，提高了模具强度。

1.冲模的电火花加工工艺方法

凹模的尺寸精度主要靠工具电极来保证，因此，对工具电极的精度和表面粗糙度都应有一定的要求。如凹模的尺寸为 L_2，工具电极相应的尺寸为 L_1（图 2.30），单面火花间隙值为 S_L，则

$$L_2 = L_1 + 2S_L \tag{2.10}$$

其中火花间隙值 S_L 主要决定于脉冲参数与机床的精度，只要加工规准选择恰当，保证加工的稳定性，火花间隙值 S_L 的误差是很小的。因此，只要工具电极的尺寸精确，用它加工出的凹模也是比较精确的。

对冲模，配合间隙是一个很重要的质量指标，它的大小

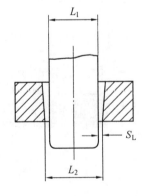

图 2.30　凹模的电火花加工

与均匀性都直接影响冲片的质量及模具的寿命,在加工中必须给予保证。达到配合间隙的方法有很多种,电火花穿孔加工常用"钢打钢"直接配合法。

此法是直接用钢凸模作为工具电极直接加工钢凹模。加工时将凹模刃口端朝下形成向上的"喇叭口",加工后将工件翻过来使"喇叭口"(此喇叭口有利于冲模落料)向下作为凹模,电极也倒过来把损耗部分切除或用低熔点合金浇固作为凸模。

配合间隙的大小靠调节脉冲参数、控制火花放电间隙来保证。这样,电火花加工后的凹模就可以不经任何修正而直接与凸模配合。这种方法可以获得均匀的配合间隙,具有模具质量高、电极制造方便以及钳工工作量少的优点。

但这种"钢打钢"时工具电极和工件都是磁性材料,在直流分量的作用下易产生磁性,电蚀下来的金属屑被吸附在电极放电间隙的磁场中而形成不稳定的二次放电,使加工过程很不稳定。近年来由于采用了具有附加 300 V 高压击穿(高低压复合回路)的脉冲电源,具有较大的放电间隙,情况有了很大改善。目前,电火花加工冲模时的单边间隙可小至0.02 mm,甚至达到0.01 mm,所以对一般的冲模加工,采用控制电极尺寸和火花间隙的方法可以保证冲模配合间隙的要求,故直接配合法在生产中已得到广泛的应用。

由于线切割加工机床性能不断提高和完善,可以很方便地加工出任何配合间隙的冲模,一次编程,可以加工出凹模、凸模、卸料板和固定板等,而且在有锥度切割功能的线切割机床上还可以切割出刃口斜度 β 和落料角 α。因此,近年来绝大多数凸、凹冲模都已采用线切割加工。

2. 工具电极

(1) 电极材料的选择

凸模一般选优质高碳钢T8A、T10A或铬钢Cr12、GCr15、硬质合金等,应注意凸、凹模不要选用同一种钢材型号,否则电火花加工时更不易稳定。

(2) 电极的设计

由于凹模的精度主要决定于工具电极的精度,因而对它有较为严格的要求,要求工具电极的尺寸精度和表面粗糙度比凹模高一级,一般精度不低于 IT7,表面粗糙度值小于 $Ra1.25\ \mu m$,且直线度、平面度和平行度在 100 mm 长度上不大于 0.01 mm。

工具电极应有足够的长度。加工硬质合金时,因电极损耗较大,更应适当加长。

工具电极的截面轮廓尺寸除考虑配合间隙外,还要比预定加工的型孔尺寸均匀地缩小一个加工时的火花放电间隙。

(3) 电极的制造

冲模电极的制造一般先经普通机械加工,然后成形磨削,一些不易磨削加工的材料,可在机械加工后,由钳工精修。现在直接用电火花线切割加工冲模电极已获得广泛应用。

3. 工件的准备

电火花加工前,工件(凹模)型孔部分要加工预孔,并留适当的电火花加工余量。余量的大小应能补偿电火花加工的定位、找正误差及机械加工误差。一般情况下,单边余量为0.3 ~ 1.5 mm 为宜,并力求均匀。对形状复杂的型孔,余量要适当加大。

4. 电规准的选择及转换

所谓电规准是指电火花加工过程中一组电参数,如极性、电压、电流、脉宽、脉间等。电规准选择正确与否，将直接影响着模具加工工艺指标。应根据工件的要求、电极和工件的材料、加工工艺指标和经济效果等因素来确定电规准，并在加工过程中及时转换。

冲模加工中，常选择粗、中、精三种规准。每一种又可分几挡。对粗规准的要求是：生产率高（不低于 50 mm³/min）；工具电极的损耗小。转换中规准之前的表面粗糙度应小于 Ra10 μm，否则将增加中、精加工的加工余量与加工时间；加工过程要稳定。所以，粗规准主要采用较大的电流，较长的脉冲宽度（t_1 = 50 ~ 500 μs），采用铜或石墨电极时电极相对损耗应低于 1%。

中规准用于过渡性加工，以减少精加工时的加工余量，缩短精加工时间，中规准采用的脉冲宽度一般为 10 ~ 100 μs。

精规准用来最终保证模具所要求的配合间隙、表面粗糙度、刃口斜度等质量指标，并在此前提下尽可能地提高其生产率，故应采用小的电流、高的频率、短的脉冲宽度（一般为 2 ~ 6 μs）。

粗规准和精规准的正确配合，可以适当地解决电火花加工时的质量和生产率之间的矛盾。可利用图 2.35 ~ 2.38 中的关系曲线正确选择粗、中、精加工规准。

2.7.2　型腔模的电火花加工

1. 型腔模电火花加工的工艺方法

型腔模包括锻模、压铸模、胶木膜、塑料模、挤压模等。它的加工比较困难，主要因为形状复杂，均是盲孔加工，金属蚀除量大，工作液循环和电蚀产物排除条件差，工具电极损耗后无法靠主轴进给补偿精度；其次是加工面积变化大，加工过程中电规准的变化范围也较大，并由于型腔复杂，电极损耗不均匀，对加工精度影响很大。因此，对型腔模的电火花加工，既要求加工速度高，又要求电极损耗低，并保证所要求的精度和表面粗糙度。

型腔模电火花加工主要有单电极平动法、多电极更换法和分解电极加工法等。

（1）单电极平动法

单电极平动法在型腔模电火花加工中应用最广泛。它可采用一个电极完成型腔的粗、中、精加工。首先采用低损耗（θ < 1%）、高生产率的粗规准进行加工，然后利用平动头作平面小圆运动，如图 2.31(a) 所示的型腔模，按照粗、中、精的顺序逐级改变电规准。与此同时，依次加大电极的平动量 Δ，以补偿前后两个加工规准之间型腔侧面放电间隙差和表面微观不平度差，实现型腔侧面仿型修光，完成整个型腔模的加工。如图 2.31(b) 所示，从左到右，即使圆柱电极，粗加工圆孔后孔壁粗糙，放电间隙较大，若采用平动工艺扩大电极中心轨迹，则由粗、中、精平动加工后，可使孔径扩大，孔壁变光，尺寸变精。

图 2.31(c) 自左至右表示平动加工的三种方式。图 2.31(d) 是 EDM - XYNC 型数控平动头，除作小圆平动外，还可作方形、棱形、X 形、十字形等平面运动，具有更多的工艺灵活性。

单电极平动法的最大优点是只需一个电极、一次装夹定位，便可改善侧面粗糙度，并达到 ± 0.05 mm 的加工精度，以方便排除电蚀产物。它的缺点是难以获得高精度的型腔模，特别是难以加工出清棱、清角的型腔。因为平动时，使电极上的每一个点都按平动头的偏心平动半径 Δ 作圆周运动（平动直径 = 2Δ），清角半径由偏心半径决定。此外，电极在

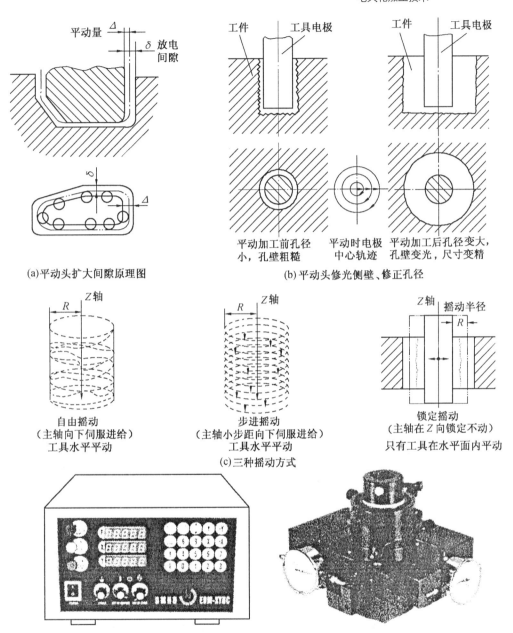

图 2.31　平动头扩大间隙原理、三种平动方式和平动头外形

粗加工中容易引起不平的表面龟裂状的积碳层,影响型腔表面粗糙度。为弥补这一缺点,可采用精度较高的重复定位夹具,将粗加工后的电极取下,经均匀修光后,重复定位装夹,再用平动头完成型腔的终加工,可消除上述缺陷。

采用多轴数控电火花加工机床时,可利用工作台按一定轨迹作微量移动来修光侧面,为区别于夹持在主轴头上的平动头的运动,通常将其称为摇动。由于摇动轨迹是靠数控系统产生的,所以具有更灵活多样的模式,除了小圆轨迹运动外,还有方形、十字形运动,因此更能适应复杂形状的侧面修光的需要,尤其可以做到尖角处的"清根",这是普通平动头所无法做到的。图 2.32(a) 为基本摇动模式,图 2.32(b) 为锥度摇动模式,工作台变半径圆形摇动,主轴上下数控联动,可以修光或加工出锥面、球面。由此可见,数控电火花加工机床更适合于单电极法加工。

另外,可以利用数控功能加工出以往普通机床难以或不易加工的零件。如利用简单电极配合侧向 x、y 方向进给运动、转动、分度等进行多轴控制,可加工侧向孔、复杂曲面、螺旋面、坐标孔、槽等,如图 2.32(c) 所示。

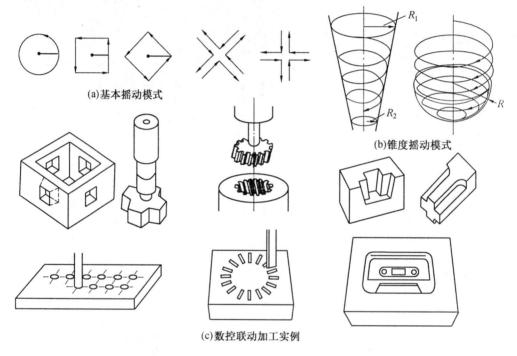

(a)基本摇动模式

(b)锥度摇动模式

(c)数控联动加工实例

图 2.32　几种典型的摇动模式和加工实例

R_1— 起始半径;R_2— 终了半径;R— 球面半径

目前我国生产的数控电火花机床有单轴数控(主轴 Z 向、垂直方向)、三轴数控(主轴 Z 向及水平轴 X、Y 方向)和四轴数控(主轴能数控回转及分度,称为 C 轴,加 Z、X、Y),如果在工作台上加双轴数控回转台附件(绕 X 轴转动的称 A 轴,绕 Y 轴转动的称 B 轴),这样就称为六轴数控机床了。如图 2.33 所示,其中 Z、X、Y 轴间的正、负都以主轴工具相对于工件来决定。如果主轴只能普通地旋转,没有数控分度功能,则不能称为 C 轴。近年来出现的"电火花数控铣削"采用简单电极(例如杆状电极) 展成法加工复杂表面技术,就是靠转动的电极工具(转动可以使电极损耗均匀和促进排屑)、工件间的数控运动和正确的编程来实现的,不必制造复杂的电极工具就可以加工复杂的模具或零件,大大缩短了生产周期,展示出数控技术的"柔性"和适应能力。

(2) 多电极更换法

多电极更换法是采用多个电极依次更换加工同一个型腔,每个电极加工时必须把上一规准的放电痕迹去掉。一般用两个电极进行粗、精加工就可满足要求;当型腔模的精度

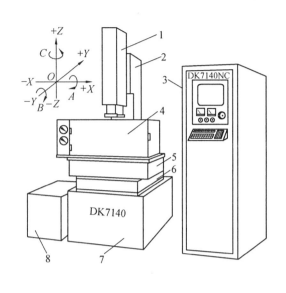

(a) 数控电火花机床六个数控轴   (b)电火花数控铣削样件

图 2.33 六轴数控电火花加工机床的各数控轴和电火花铣削工艺

和表面质量要求很高时,才采用三个或更多个电极进行加工,但要求多个电极的一致性好、制造精度高;另外,更换电极时要求重复定位、装夹精度高,因此一般只用于精密型腔的加工,例如,盒式磁带、收录机、电视机等机壳的模具,都是用多个电极加工出来的。

（3）分解电极法

分解电极法是单电极平动加工法和多电极更换加工法的综合应用。它工艺灵活性强,仿形精度高,适用于尖角、窄缝、沉孔、深槽多的复杂型腔模具加工。根据型腔的几何形状,把电极分解成主型腔和副型腔电极分别制造。先加工出主型腔,后用副型腔电极加工尖角、窄缝等部位的副型腔。此方法的优点是可以根据主、副型腔不同的加工条件,选择不同的加工规准,有利于提高加工速度和改善加工表面质量,同时还可以简化电极制造,便于修整电极。缺点是更换电极时主型腔和副型腔电极之间要求有精确的定位。

近年来国外已广泛采用像加工中心那样具有电极库的 3 ~ 5 坐标数控电火花机床,事先把复杂型腔分解为简单表面和相应的简单电极,编制好程序,加工过程中自动更换电极和转换规准,实现复杂型腔的加工。同时配合一套高精度快速装卸工夹具系统(如 3R 或 EROWA 系统),可以大大提高电极的装夹定位精度,使采用分解电极法加工的模具精度大为提高。

2. 型腔模加工用工具电极

（1）电极材料的选择

为了提高型腔模的加工精度,在电极方面,首先是寻找耐蚀性高的电极材料,如纯铜、铜－钨合金、银－钨合金以及石墨电极等。由于铜－钨合金和银－钨合金的成本高,机械加工比较困难,故较少采用,常用纯铜和石墨,这两种材料的共同特点是在宽脉冲粗加工时都能实现低损耗。

纯铜有如下优点：

① 不容易产生电弧，在较困难的条件下也能稳定加工；

② 精加工比石墨电极损耗小；

③ 采用精微加工能达到优于 $Ra1.25\ \mu m$ 的表面粗糙度；

④ 经锻造后还可做其他型腔加工用的电极，材料利用率高。

但其机械加工性能不如石墨好。

石墨电极的优点是：

① 机械加工成形容易，容易修正。

② 电火花加工的性能也很好，在宽脉冲大电流情况下具有更小的电极损耗。

石墨电极的缺点是容易产生电弧烧伤现象，因此在加工时应配合有短路快速切断装置；精加工时电极损耗较大，表面粗糙度只能达到 $Ra2.5\ \mu m$。对石墨电极材料的要求是颗粒小、组织细密、强度高和导电性好，最好是三向压实烧结的石墨，具有各向同性。

（2）电极的设计

加工型腔模时，工具电极的尺寸一方面与模具的大小、形状、复杂程度有关，而且与电极材料及加工电流、深度、余量、间隙等因素有关。当采用平动法加工时，还应考虑所选用的平动量。电极的加工表面应比工件表面小一个放电间隙，具体设计可参阅有关的专业书籍。

（3）排气孔和冲油孔设计

型腔加工均为盲孔加工，排气、排屑状况将直接影响加工速度、稳定性和表面质量。在不易排屑的拐角、窄缝处应开有冲油孔；在蚀除面积较大及电极端部有凹入的部位开排气孔。冲油孔和排气孔的直径一般为 $\phi1 \sim \phi2\ mm$。若孔过大，则加工后残留的凸起太大，不易清除。孔的数目应以不产生蚀除物堆积为宜。孔距为 $20 \sim 40\ mm$ 左右，孔的位置要适当错开。

3. 工作液强迫循环的应用

型腔加工是盲孔加工，电蚀产物的排除比较困难，电火花加工时，产生的大量气体如果不能及时排除，积累起来就会产生"放炮"现象。采用排气孔，使电蚀产物及气体从孔中排出。当型腔较浅时尚可满足工艺要求，但当型腔小而较深时，光靠电极上的排气孔，不足以使电蚀产物、气体及时排出，往往需要采用强迫冲油。这时电极上应开有冲油孔。

采用的冲油压力一般为 $20\ kPa$ 左右，可随深度的增加而有所增加。冲油对电极损耗有影响，随着冲油压力的增加，电极损耗也增加。这是因为冲油压力增加后，对电极表面的冲刷力也增加，因而使电蚀产物不易反粘到电极表面，以补偿其损耗。同时由于游离碳浓度随冲油而降低，因而影响了黑膜的生成。如果流场不均，电极局部冲刷和反粘不均，黑膜厚度不同，严重影响加工精度。因此冲油压力和流速不宜过高。

电极损耗将影响型腔模的加工精度，故要求很高的锻模（如精锻齿轮的锻模）。通常不采用冲油而用定时抬刀的方法来排除电蚀产物，以保证加工精度，但生产率有所降低。

4. 电规准的选择、转换，平动量的分配

粗加工时，要求高生产率和低电极损耗比，这时应优先考虑采用较宽的脉冲宽度（例如在 $400\ \mu s$ 以上），然后选择合适的脉冲峰值电流，并应注意加工面积和加工电流之间的配合关系。通常石墨打钢时,最高电流密度为 3 ～ 5 A/cm^2,纯铜打钢时可稍大些。

中规准与粗规准之间并没有明显的界限,应按具体加工对象划分。一般选用脉冲宽度 t_i 为 20 ～ 400 μs、电流峰值 $\hat{i}_e$ 为 10 ～ 25 A 进行中加工。

精加工、窄脉宽时,电极损耗率较大,一般为 10% ～ 20%,不过加工留量很小,通常单边不超过 0.1 ～ 0.2 mm,故绝对损耗量不大。表面粗糙度应优于 $Ra2.5\ \mu m$,一般都选用窄脉宽(t_i = 2 ～ 20 μs)、小峰值电流($\hat{i}_e$ < 10 A)进行加工。

加工规准转换的挡数,应根据所加工型腔的精度、形状复杂程度和尺寸大小等具体条件确定。每次规准转换后的进给深度应等于或稍大于上挡规准形成的 R_{max} 表面粗糙度值的一半,或当加工表面刚好达到本挡规准对应的表面粗糙度时,就应及时转换规准。既达到修光目的,又可使各挡的金属蚀除量最少,得到尽可能高的加工速度和低电极损耗。

平动量的分配是单电极平动加工法的一个关键问题,主要取决于被加工表面由粗变细的修光量,此外还和电极损耗、平动头原始偏心量、主轴进给运动的精度等有关。一般而言,中规准加工平动量为总平动量的 75% ～ 80%,中规准加工后,型腔基本成形,只留很少余量用于精规准修光。原则上每次平动或摇动的扩大量应等于或稍小于上次加工后遗留下来的最大表面粗糙度(不平度)值 $R_{max}(\mu m)$,至少应修去上次留下 $R_{max}(\mu m)$ 的 1/2,本次平动(摇动)修光后,又残留下一个新的不平度 R_{max},有待于下次平动(摇动)修去其 1/2 ～ 1/3。具体电规准、参数的选择可参见图 2.34。

图 2.34 为铜"+"加工钢"-"时,表面粗糙度与脉冲宽度和脉冲峰值电流的关系曲线。图中纵坐标为加工后钢的表面粗糙度 Ra 和 R_{max},横坐标为脉冲宽度,图中由下而上的曲线按脉冲峰值电流大小排列。

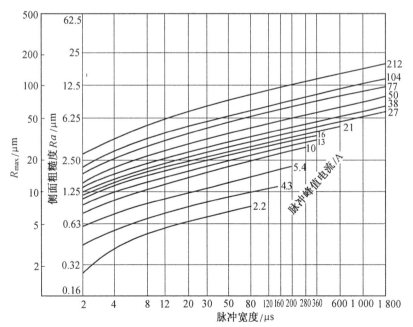

图 2.34 铜"+"、钢"-"时表面粗糙度与脉冲宽度和脉冲峰值电流的关系曲线

5. 电火花加工工艺参数曲线图表

不管是电火花穿孔或型腔加工,都可应用电火花加工工艺参数曲线图表来正确选择各挡的加工规准,主要选择脉冲宽度和脉冲峰值电流。因为穿孔和型腔加工的主要工艺指标均为:表面粗糙度、精度(侧面放电间隙)、生产率(蚀除速度)和电极损耗率。其主要脉冲参数为:极性、脉宽、脉间、峰值电流、峰值电压。对加工过程起重大影响的主要因素有电极工具、工件材料、冲抽油、抬刀、平动等情况,当然它们相互影响,错综复杂。

为了能正确选择电火花加工规准,使之有章可循,人们事先根据电极工具工件材料、加工极性、脉宽、峰值电流等主要参数对表面粗糙度、放电间隙、蚀除速度和电极损耗率等的影响,做成如图 2.34 ~ 2.37 所示的工艺参数曲线图表,并可按此图表来选择电火花穿孔和型腔的加工规准。图 2.34 ~ 2.37 中,纵坐标分别为侧面粗糙度、单边侧面放电间隙、蚀除速度和电极损耗率等加工指标;横坐标均为加工参数脉冲宽度;图中的曲线均按加工参数脉冲峰值电流的大小由下而上排列。用石墨电极加工钢时,同样也有类似曲线图可供选择参考,详见参考文献[2] 和[9]。

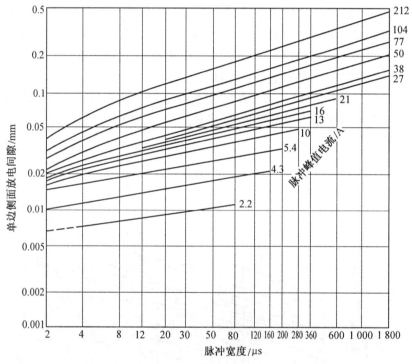

图 2.35 铜 "+"、钢 "-" 时单边侧面放电间隙与脉冲宽度和脉冲峰值电流的关系曲线

选择电规准的顺序应根据主要矛盾来决定。例如,粗加工型腔模具时,其电极损耗率必须低于 1%,则应按图 2.37 要求的电极损耗率来选择粗加工时的脉冲宽度 t_i 和脉冲峰值电流 $\hat{\imath}$,这时把生产率、粗糙度等放在次要地位来考虑。型腔精加工时,则又需按表面粗糙度(图 2.34 的曲线)来选择 t_i 及 $\hat{\imath}$。

又如加工精密小模数齿轮冲模时,除了侧面粗糙度外,主要还应考虑选择合适的放电间隙,以保证所规定的冲模配合间隙,这样就需根据图 2.34 和图 2.35 来选择 t_i 与 $\hat{\imath}$。

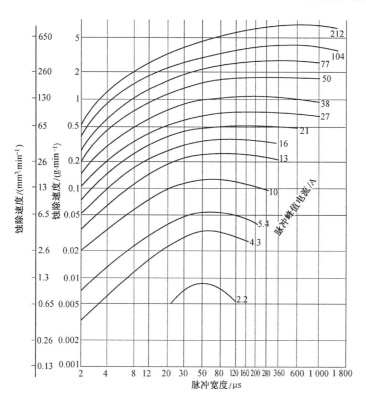

图 2.36　铜"+"、钢"−"时工件蚀除速度与脉冲宽度和脉冲峰值电流的关系曲线

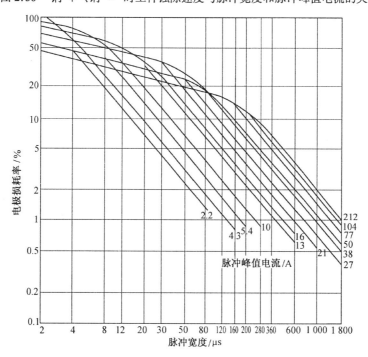

图 2.37　铜"+"、钢"−"时电极损耗率与脉冲宽度和脉冲峰值电流的关系曲线

如果是加工预孔或去除断丝锥等精度要求不高的加工,则可按图 2.36 选取可获最高生产率的 t_i 及 $\hat{i}$。

脉冲间隔时间 t_o 的选择:粗加工、长脉宽时取脉宽的 1/5 ~ 1/10,约 50 ~ 100 μs;精加工时取脉宽的 2 ~ 5 倍。脉间大时,生产率低,但过小时,则加工不稳定,易拉弧。

加工面积小时不宜选择过大的峰值电流,否则放电集中,易于拉弧。一般小面积时以保持 3 ~ 5 A/cm^2,大面积时保持 1 ~ 3 A/cm^2 的视在电流密度合适。为此在粗加工刚开始时可能实际加工面积很小,应暂时减少峰值电流或加大脉冲间隔,以防止拉弧。

2.7.3　小孔电火花加工

小孔加工也是电火花穿孔成形加工的一种应用。小孔加工的特点是:

① 加工面积小,深度大,直径一般为 $\phi0.05$ ~ $\phi2$ mm,深径比达 20 以上。

② 小孔加工常为盲孔加工,排屑困难。

小孔加工由于工具电极截面积小,容易变形,不易散热,排屑又困难,因此电极损耗大。

工具电极应选择刚性好、容易矫直、加工稳定性好和损耗小的材料,如铜钨合金丝、钨丝、钼丝、铜丝等。加工时为了避免电极弯曲变形和振动,还需设置工具电极的导向装置。

为了改善小孔加工时的排屑条件,使加工过程稳定,常采用电磁振动头,使工具电极丝沿轴向振动,或采用超声波振动头,使工具电极端面有轴向高频振动,进行电火花超声波复合加工,可以大大提高生产率。如果所加工的小孔直径较大,允许采用空心电极(如空心不锈钢管或铜管),则可以用较高的压力向管内强迫冲油,加工速度将会显著提高。

2.7.4　小深孔的高速电火花加工

电火花高速小孔加工工艺是近十余年来新发展起来的。其工作原理的要点有(图2.38):一是采用中空的管状电极;二是管中通高压工作液冲走电蚀产物;三是加工时电极做回转运动,可使端面损耗均匀,不致受高压、高速工作液的反作用力而偏斜,相反,高压流动的工作液在小孔孔壁按螺旋线轨迹流出孔外,像静压轴承那样,使工具电极管"悬浮"在孔心,不易产生短路,可加工出直线度和圆柱度很好的小深孔。

加工时工具电极做轴向进给运动。管电极中通入 1 ~ 5 MPa 的高压工作液(自来水、去离子水、蒸馏水、乳化液或煤油),见图 2.38。由于高压工作液能迅速将电极产物排除,能强化火花放电的蚀除作用,因此这一加工方法的最大特点是加工速度高,一般小孔加工速度可达 20 ~ 60 mm/min,比普通钻削小孔的速度还

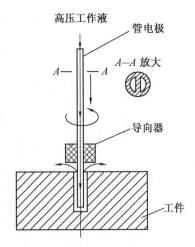

图2.38　电火花高速小孔加工原理示意图

快。这种加工方法最适合加工直径为 0.3 ~ 3 mm 的小孔,且深径比可超过 300。

用一般空心管状电极加工小孔,容易在工件上留下毛刺料心,阻碍工作液的高速流通,且过长过细时会歪斜,以致引起短路。为此高速加工小深孔电火花加工时采用专业厂特殊冷拔的双孔管状电极,其截面上有两个半月形的孔,如图 2.38 中 A—A 放大截面图形所示,这样在电极转动时,工件孔中不会留下毛刺料芯。

表 2.5 列出了电火花高速加工深小孔实例数据。

表 2.5　电火花高速加工深小孔实例数据

工件材料	YC8 (硬质合金)	1Cr18Ni9Ti	钢 45	Cr12	导电陶瓷
电极直径 /mm	1	1	0.5	0.5	1
加工深度 /mm	80	36	30	50	52
加工时间	12 min	38 s	32 s	1 min 50 s	28 min
加工速度 / (mm·min^{-1})	67	56	58.1	27.3	1.86

我国加工出的样品中有一例是加工直径为 $\phi 1$ mm、深达 1 m 的深孔零件,且孔的尺寸精度和圆柱度均很好。用这种方法还可以在斜面和曲面上打孔。图 2.39 是这类高速电火花小深孔加工机床的外形,现已应用于加工线切割零件的穿丝预孔、喷嘴以及耐热合金等难加工材料的小、深、斜孔加工,并且会日益扩大其应用领域。

图 2.39　高速电火花加工小孔机床外形

2.7.5　异形小孔的电火花加工

电火花既能加工圆形小孔,又能加工多种异形小孔。

微细而又复杂的异形小孔的加工情况与圆形小孔加工基本一样,关键是异形电极的制造,其次是异形电极的装夹和找正。

制造异形小孔电极主要有下面几种方法:

(1)冷拔整体电极法

采用电火花线切割加工工艺并配合钳工修磨制成异形电极的硬质合金拉丝模,然后用该模具拉制成 Y 形、十字形等异形截面的电极。这种方法效率高,适用于较大批量生产。

(2)电火花线切割加工整体电极法

利用精密电火花线切割加工制成整体异形电极。这种方法的制造周期短,精度和刚度较好,适用于单件、小批试制。

(3)电火花反拷加工整体电极法

用这种方法"在线"制造的电极,定位装夹方便且误差小,但生产效率较低,适用于单件、小批试制。

苏州电加工机床研究所已研制出商品化的异形小孔专用电火花加工机床,图2.40(a)为其外形。此机床可用钟表游丝作为扁电极,通过电极的转角和工件的位移点位制数控系统,可以组合加工出化纤喷丝板Y形、十字形、工字形、米字形等各种小异形孔,图2.40(b)中为加工出的各种典型小异形孔。

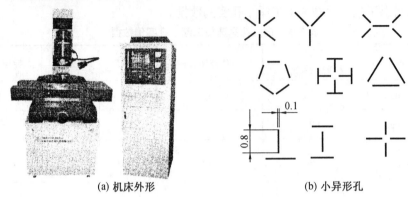

(a) 机床外形   (b) 小异形孔

图2.40 异形小孔专用电火花加工机床外形及小异形孔

2.8 其他电火花加工和短电弧加工

随着生产的发展,电火花加工领域不断扩大,除了电火花穿孔成形加工、电火花线切割加工外,还出现了许多其他方式的电火花加工方法。主要包括:

(1) 工具电极相对工件采用不同组合运动方式的电火花加工方法

如电火花磨削、电火花共轭回转加工、电火花展成铣削加工、电火花双轴回转展成法磨削等。随着计算机技术和数控技术的发展,出现的微机控制的五坐标数控电火花机床把上述各种运动方式和成形、穿孔加工组合在一起。

(2) 工具电极和工件在气体介质中进行放电的电火花加工方法

如金属电火花表面强化、电火花刻字等。

(3) 工件为非金属材料的加工方法

如半导体与高阻抗材料聚晶金刚石、立方氮化硼的加工等。

表2.6为其他电火花加工方法的图示及说明。

表2.6 其他电火花加工方法的图示及说明

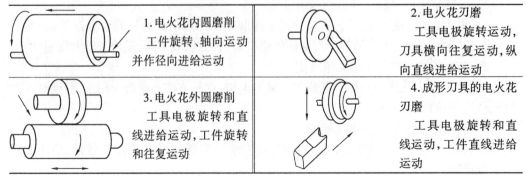

续表 2.6

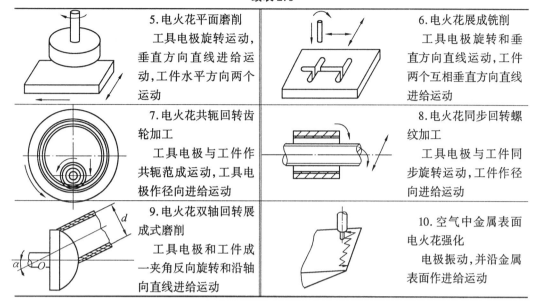

5.电火花平面磨削 工具电极旋转运动,垂直方向直线进给运动,工件水平方向两个运动	6.电火花展成铣削 工具电极旋转和垂直方向直线运动,工件两个互相垂直方向直线进给运动
7.电火花共轭回转齿轮加工 工具电极与工件作共轭范成运动,工具电极作径向进给运动	8.电火花同步回转螺纹加工 工具电极与工件同步旋转运动,工件作径向进给运动
9.电火花双轴回转展成式磨削 工具电极和工件成一夹角反向旋转和沿轴向直线进给运动	10.空气中金属表面电火花强化 电极振动,并沿金属表面作进给运动

2.8.1 电火花小孔磨削

在生产中往往遇到一些较深、较小的孔,而且精度和表面粗糙度要求较高,工件材料(如磁钢、硬质合金、耐热合金等)的机械加工性能很差。采用研磨方法加工这些小孔生产率太低,采用内圆磨床磨削也很困难。因为内圆磨削小孔时砂轮轴很细,刚度很差,砂轮转速也很难达到要求,因而磨削效率下降,表面粗糙度值变大。例如,磨 $\phi 1.5$ mm 的内孔,砂轮外径为 1 mm,取线速度为 15 m/s,则砂轮的转速为 3×10^5 r/min 左右,制造这样高速的磨头比较困难。采用电火花磨削或镗磨能较好地解决这些问题。

电火花磨削可在穿孔、成形机床上附加一套磨头来实现,使工具电极作旋转运动,如工件也附加一旋转运动,则磨得的孔可更圆。也有设计成专用电火花磨床或电火花坐标磨孔机床的,也可用磨床、铣床、钻床改装,工具电极作往复运动,同时还回转。在坐标磨孔机床中,工具还作公转,工件的孔距和孔径靠坐标数控系统来保证。这种办法操作比较方便,但机床结构复杂、制造精度要求高。

电火花镗磨与磨削不同之点是只有工件的旋转运动、电极的往复运动和进给运动,而电极工具没有回转运动。图 2.41 所示为电火花镗磨加工小深孔示意图。工件 5 装夹在三爪自定心卡盘 6 上,由电动机带动旋转,电极丝 2 由螺钉 3 拉紧,并保证与孔的旋转中心线相平行,固定在弓形架 8 上。为了保证被加工孔的直线度和表面粗糙度,工件(或电极丝)还作往复运动,这是由工作台 9 作往复运动

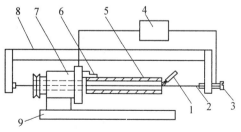

图 2.41 电火花镗磨示意图

1—工作液管;2—电极丝(工具电极);3—螺钉;
4—脉冲电源;5—工件;6—三爪自定心卡盘;
7—主轴及皮带轮;8—弓形架;9—工作台

来实现的。加工用的工作液由工作液管 1 浇注供给。

电火花镗磨虽然生产率较低,但比较容易实现,而且加工精度高,表面粗糙度值小,小孔的圆度可达 0.003 ~ 0.005 mm,表面粗糙度小于 $Ra0.32$ μm,故生产中应用较多。目前已经用来加工小孔径的弹簧夹头,可以先淬火,后开缝,再磨孔,特别是镶有硬质合金的小型弹簧夹头(图 2.42(a))和内径在 1 mm 以下、圆度在 0.01 mm 以内的钻套,还用来磨削加工粉末冶金用压模,这类压模材料多为硬质合金。图 2.42(b) 所示为硬质合金粉末冶金压模,其内孔圆度小于 0.003 mm。另外,大部分深的通孔(如冷挤压模的深孔、液压件的深孔等)采用电火花镗磨,均取得了较好的效果。

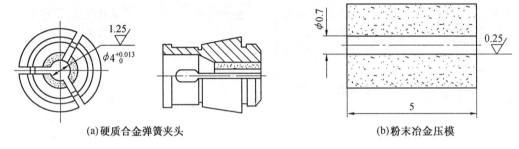

(a)硬质合金弹簧夹头　　　　　　　　　　　(b)粉末冶金压模

图 2.42　电火花磨削内孔

2.8.2　电火花磨削外表面

电火花磨削外表面是相对于磨削内孔而言,通常是指磨削外圆和平面,在相应的通用或专用电火花磨床上进行。

1.轧辊电火花外圆磨床

近十年来出现的所谓"电容爆"、短电弧电火花磨削机床,常用来粗加工磨削、整平各种轧辊和水泥磨辊。本质上是一种粗加工规准的 RC 线路,由于电阻 R 值较小,电容 C 的容量较大,故有很大的瞬时放电峰值电流和放电爆炸抛出力,有较高的粗加工生产力。也可用转动的圆片形电极来切割下料。因工具电极和工件表面相对线速度很高,可以拉断电弧,故可用直流电源加工。

另一种是轧辊表面电火花毛化工艺及机床,用来使已磨光的轧辊表面电火花加工出具有无数小凹坑的毛化表面,使轧制的钢板在冲压拉伸时表面可以存润滑油;并在喷漆、刷油漆时对底漆有很强的附着力,这对汽车外观是很重要的。图 2.43 为此类毛化机床的示意图,用多块铜或石墨作工具电极,多回路加工。根据粗、中、精规准,轧辊表面粗糙度可为 $Ra4$ ~ 0.4 μm。由于轧辊在轧制钢板过程中会受力变形弯曲,因此轧辊的实际形状应是两端直径稍小、中间稍大的腰鼓形,这样才能轧出厚薄均匀而又毛化了的钢板。

2.电火花铲磨硬质合金小模数齿轮滚刀

采用电火花铲磨硬质合金小模数齿轮滚刀的齿形,已用于齿形的粗加工和半精加工,使生产率提高 3 ~ 5 倍,成本降低 4 倍左右。

电火花铲磨时,工作液是浇注到加工间隙中去的,所以要考虑油雾可能引起的燃烧问题,因此一般采用黏度较大、燃点较高的 5 号锭子油,加工表面粗糙度略好而生产率稍低,

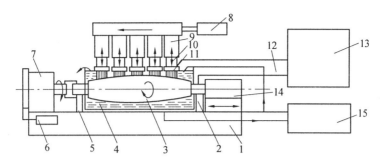

图 2.43 轧辊电火花毛化加工机床的构成

1—床身;2、5—轧辊支承;3—磨光后待毛化的轧辊;4—加工用的工作液煤油;6—轧辊回转驱动电动机;7—轧辊
回转驱动变速箱;8—横向进给电动机(加工中往复移动);9—主伺服头(辅助头在反面,有两个横梁);10—主轴伺
服进给运动;11—纯铜块工具电极;12—馈电线;13—加工用的脉冲电源;14—轴向挡盖;15—加工液过滤装置

但能避免油雾所引起的燃烧着火问题,所以比较安全。

2.8.3 电火花共轭同步回转加工精密螺纹和复杂表面

过去在淬火钢或硬质合金上电火花加工内螺纹,是按图
2.44 所示方法,利用导向螺母使工具电极在旋转的同时作轴向
进给。此方法生产率极低,而且只能加工出带锥度的粗糙螺纹
孔。南京江南光学仪器厂创造了新的螺纹加工方法,并研制了
JN – 2 型、JN – 8 型内、外螺纹加工机床等,获得了国家发明二
等奖,已用于精密内、外螺纹环规、内锥螺纹、内变模数齿轮等的
制造。

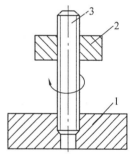

图 2.44 旧法电火花加工
螺纹

1—工件;2—导向螺母;3—工具

电火花加工精密内螺纹的新方法综合了电火花加工和机械
加工方面的经验,采用工件与电极"逐点对应"的同向同步旋转、
工件作径向进给来实现(类似用滚压法加工螺纹),如图 2.45 所
示。工件预孔按螺纹内径制作,工具电极的螺纹尺寸及其精度按
工件图样的要求制作,但电极外径应稍小于工件预孔 $\phi 0.3 \sim \phi 2$ mm。加工时,电极穿过工
件预孔,保持两者轴线平行,然后使电极和工件以相同的方向和相同的转速旋转(图
2.45(a)),同时工件相对于工具电极径向切入进给(图 2.45(b)),从而复制出所要求的内
螺纹。图 2.45(c) 为 1、$1'$,2、$2'$,3、$3'$,4、$4'$ 逐点对应的原理,保证加工时不会"乱扣"。为了补
偿电极的损耗,在精加工规准转换前,电极轴向移动一个相当于工件厚度的螺距倍数值。
这种加工方法的优点是:

① 由于电极贯穿工件,且两轴线始终保持平行,因此加工出来的内螺纹没有如前述
通常用电火花攻螺纹方法所产生的喇叭口;

② 因为电极外径小于工件内径,而且放电加工一直只在局部区域进行,加上电极与
工件同步旋转时对工作液的搅拌作用,非常有利于电蚀产物的排除,所以能得到好的几何
精度和表面粗糙度,维持高的稳定性;

③ 可降低对电极设计和制造的要求。对电极中径和外径尺寸精度无严格要求。另外,
由于电极外径小于工件内径,使得在同向同步回转中,电极与工件电蚀加工区域的线速度

不等,存在微量差动,对电极螺纹表面局部的微量缺损有均匀化的作用,故减轻了对加工质量的影响,而且可以改善加工后的表面粗糙度。

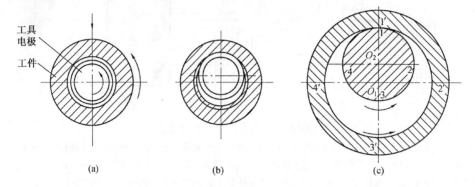

图 2.45   电火花共轭同步回转加工内螺纹逐点对应原理的示意图

用上述工艺方法设计和制造的电火花精密内螺纹机床,可加工 M5 ~ M55 mm 的多种牙形和不同螺距的精密内螺纹,螺纹中径误差小于 0.004 mm,也可精加工 $\phi4 ~ \phi55$ mm 的圆柱通孔,圆度小于 0.002 mm,其表面精糙度可达 $Ra0.063\ \mu m$。

由于采用了同向同步旋转加工法,对螺纹的中径尺寸没有什么高的要求,但对整个工具电极有效长度内的螺距精度、中径圆度、锥度和牙形精度都应给予保证,工具电极螺纹表面粗糙度小于 $Ra2.5\ \mu m$,螺纹外径对两端中心孔的径向圆跳动不超过 0.005 mm。一般电极外径比工件内径小 0.3 ~ 2 mm。这个差值越小越好。差值越小,齿形误差就越小,电极的相对损耗也越小,但必须保证装夹后电极与工件不短路,而且在加工过程中和装夹调节时,进给和退回有足够的活动余地,不致使工具电极和工件相碰。

工具电极材料使用纯铜或黄铜,纯铜电极比黄铜电极损耗小,但在相同电规准下,黄铜电极可得到较好的表面粗糙度和加工稳定性。

一般情况下,电规准的选择应采用正极性加工,峰值电压为 70 ~ 75 V,脉冲宽度为 16 ~ 20 μs。加工接近完成前改用精规准,此时可将脉冲宽度减小至 2 ~ 8 μs,同时逐步降低电压,最后采用 RC 线路弛张式电源加工,以获得较好的表面粗糙度。

电火花共轭回转加工的应用范围日益扩大。目前主要应用于以下几方面:

① 各类螺纹环规及塞规加工,特别适于硬质合金材料及内螺纹的加工。

② 精密的内、外齿轮加工,特别适用于非标准内齿轮加工,见图 2.46(a)、(b)。

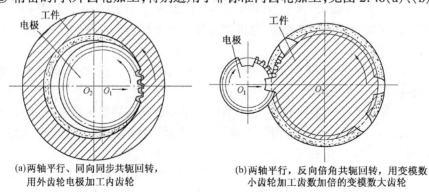

(a)两轴平行、同向同步共轭回转,   (b)两轴平行,反向倍角共轭回转,用变模数
用外齿轮电极加工内齿轮   小齿轮加工齿数加倍的变模数大齿轮

图 2.46   电火花共轭回转加工精密内齿轮和变模数非标齿轮

③ 精密的内外锥螺纹、内锥面油槽等的加工,见图2.47(a)、(b)、(c)。

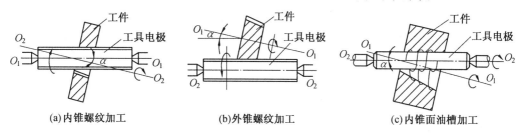

(a)内锥螺纹加工　　　　　(b)外锥螺纹加工　　　　　(c)内锥面油槽加工

图2.47　用圆柱螺纹工具电极电火花同步回转共轭法加工内、外锥螺纹或油槽

④ 圆柱和圆锥形静压轴承油腔的高精度成形加工,见图2.48(a)、(b)、(c)。

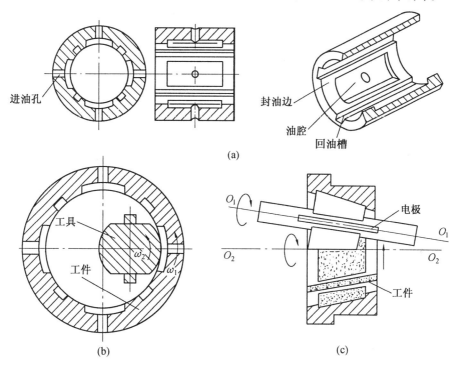

图2.48　静压轴承和电火花共轭倍角同步回转加工原理

⑤ 梳刀、精密斜齿条的加工见图2.49。

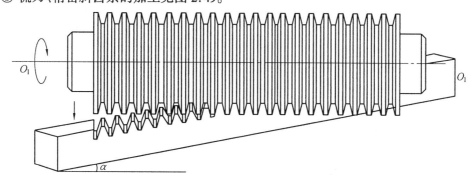

图2.49　电火花加工精密斜齿条或梳刀

2.8.4　电火花双轴回转展成法磨削凹凸球面、球头

加工光学透镜、眼镜等用的凹凸球面注塑模,近年来常用以压注聚碳酸酯等透明塑料,广泛用于放大镜、玩具望远镜、中低档照相机、中低档眼镜加工中。这类凹凸球面和球头等很容易用双轴回转展成法电火花磨削来加工。图 2.50 为其加工原理示意图。工件和空心管状工具电极各作正、反方向旋转,工具电极的旋转轴心线与水平的工件轴心线调节成 α 角,工具电极沿其回转轴心线向工件伺服进给,即可逐步加工出精确的凹球面来(图2.50(a))。如果将 α 夹角调节成较小的角度,即可加工出较大 R 曲率半径的凹球面甚至平面。在图 2.51 中,球面曲率半径 R、管状工具电极的中径 d、球面的直径 D 和两轴的夹角 α 有如下关系:

在直角三角形 OAB 中　　$\sin \alpha = \dfrac{AB}{OA} = \dfrac{d/2}{R} = \dfrac{d}{2R}$

在直角三角形 ACD 中　　$\cos \alpha = \dfrac{CD}{AC} = \dfrac{D/2}{d} = \dfrac{D}{2d}$

所以得

球面曲率半径 $$R = \frac{d}{2\sin \alpha} \tag{2.14}$$

球面直径 $$D = 2d\cos \alpha \tag{2.15}$$

由式(2.13)可见,如果 α 角调节得很小,则可以加工出很大曲率半径的球面;如果 $\alpha = 0$,则两回转轴平行,可加工出光洁平整的平面,见图 2.50(b);如果 α 转向相反的方向,就可以加工出凸球面(图2.50(c));如果 α 角更大,则可以加工出球头(图2.50(d))。

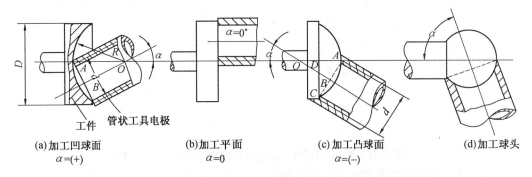

(a)加工凹球面　　(b)加工平面　　(c)加工凸球面　　(d)加工球头
$\alpha=(+)$　　　　$\alpha=0$　　　　$\alpha=(-)$

图 2.50　电火花双轴回转展成法加工凹凸球面、球头和平面

R— 球面曲率半径;D— 球面直径;d— 管状工具电极中径;α— 工件与工具电极轴心线夹角

上述加工原理和铣刀盘飞刀旋风铣削球面、球头以及用碗状砂轮磨削球面、球头的原理是一样的,但是用管电极电火花加工的工艺适应性很强,"柔性"很高,而且可以自动补偿工具电极的损耗,对加工精度没有影响。

前南京江南光学仪器厂总工程师孙昌树领导设计研制了双轴回转展成式电火花加工球面机床,可方便地磨削加工精密内外球面、球头和平面,其结构示意如图 2.51。回转的工具电极主轴可以摆动 0 ~ 90°,回转的工件主轴可在 X、Y 平面内移动进给。此机床加工的球面尺寸公差能控制在 0.004 mm 以内,而加工表面粗糙度值能达到 $Ra0.4$ μm 以下。

由于采用火花放电加工,要求加工过程中工具电极与工件始终保持一个恒定的加工

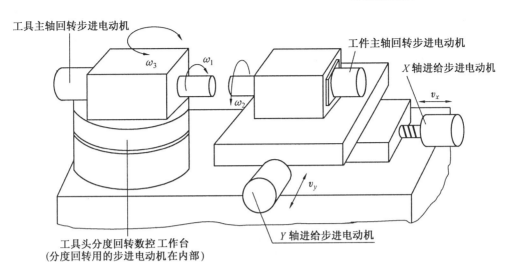

图 2.51   双轴回转展成式电火花球面加工机床结构示意图

间隙。在粗、中加工时,放电间隙约为 0.01 ~ 0.03 mm,而精加工时,其放电间隙约为 0.005 ~ 0.008 mm。如果保证不了上述条件,不但不能稳定加工,还经常处于空载、短路状态,甚至造成工具电极和工件擦伤或烧伤。因此保证机床部件的制造精度是十分必要的。

2.8.5   聚晶金刚石等高阻抗材料的电火花加工(电火花磨削)

聚晶金刚石被广泛用作拉丝模、刀具、磨轮等材料。它的硬度稍次于天然金刚石。金刚石虽是碳的同素异构体,但天然金刚石几乎不导电。聚晶金刚石是将人造金刚石微粉用铜、铁粉等导电材料作为黏结剂,搅拌、混合后加压烧结而成,根据导电黏结剂的不同比例,烧结后的聚晶金刚石具有不同的电阻率,因此整体仍有一定的导电性能,可以用电火花加工。

电火花加工聚晶金刚石的要点是:

① 采用 400 ~ 500 V 较高的峰值电压,以克服较大的电阻率,使其有较大的放电间隙,易于排屑;

② 采用较大的峰值电流,一般瞬时电流需在 50 A 以上。为此,可以采用 RC 线路脉冲电源,电容放电时可输出较大的峰值电流,增加爆炸抛出力。

电火花加工聚晶金刚石的原理是靠火花放电时的高温将导电的黏结剂熔化、气化蚀除掉,同时电火花高温使金刚石微粉"碳化"成为可加工的石墨,也可能因黏结剂被蚀除掉后而整个金刚石微粒自行脱落下来。有些导电的工程陶瓷及立方氮化硼材料等也可用类似的原理进行电火花加工。

2.8.6   空气中金属表面电火花强化和刻字

1. 空气中电火花强化工艺

电火花表面强化也称电火花表面合金化,是在空气中进行的。图 2.52 是金属电火花表面强化器的加工原理示意图。在工具电极和工件之间接上 RC₂ 直流电源,由于振动器 L 的作用,使电极与工件之间的放电间隙频繁变化,工具电极与工件间不断产生火花放电,从而实现对金属表面的强化。

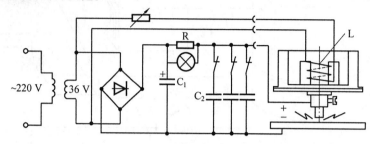

图 2.52　金属电火花表面强化器加工原理图

电火花强化过程如图 2.53 所示。当电极与工件之间距离较大时,如图 2.53(a) 所示,电源经过电阻 R 对电容器 C 充电,同时工具电极在振动器的带动下向工件运动。当间隙接近到某一距离时,间隙中的空气被击穿,产生火花放电(图 2.53(b)),使电极和工件材料局部熔化,甚至气化。当电极继续接近工件并与工件接触时(图 2.53(c)),在接触点处流过短路电流,使该处继续加热,并以适当压力压向工件,使熔化了的材料相互黏结、扩散形成熔渗层。图 2.53(d) 为电极在振动作用下离开工件的情况,由于工件的热容量比电极大,使靠近工件的熔化层首先急剧冷凝,从而使工具电极的材料黏结,覆盖在工件上,如此反复,即成为电火花表面强化工艺。

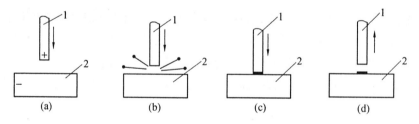

图 2.53　电火花表面强化过程原理示意图
1— 工具电极;2— 工件

电火花表面强化层具有如下特性:

① 当采用硬质合金作电极材料时,硬度可达 1 100 ~ 1 400 HV(约 70 HRC 以上)或更高;

② 当使用铬锰、钨铬钴合金、硬质合金作工具电极强化 45 钢时,其耐磨性比原表层提高 2 ~ 5 倍;

③ 用石墨作电极材料强化 45 钢,用食盐水作腐蚀性试验时,其耐腐蚀性提高 90%;用 WC、CrMn 作电极强化不锈钢时,耐蚀性提高 3 ~ 5 倍;

④ 耐热性大大提高,提高了工件使用寿命;

⑤ 疲劳强度提高 2 倍左右;

⑥ 硬化层厚度视强化时间的长短,约为 0.01 ~ 0.3 mm。

电火花强化工艺方法简单、经济、效果好,因此广泛应用于模具、刃具、量具、凸轮、导轨、水轮机和涡轮机叶片的表面强化。

2.电火花刻字工艺及装置

电火花表面强化的原理也可用于产品上的刻字、打印记。过去有些产品上的规格、商标等印记都是靠涂蜡及仿形铣刻字,然后用硫酸等酸洗腐蚀,有的靠用钢印打字,工序多,生产率低,劳动条件差。国内外在刃具、量具、轴承等产品上用电火花刻字、打印记均取得很好的效果。一般有两种办法:一种是把产品商标、图案、规格、型号、出厂年月日等用铜片或铁片做成字头图形,作为工具电极,如图 2.54 那样,工具一边振动,一边与工件间火花放电,电蚀产物镀覆在工件表面形成印记,打一个印记的时间为 0.5 ~ 1 s;另一种不用现成字头而用钼丝或钨丝电极,按缩放尺或靠模仿形刻字,每件时间稍长,为 2 ~ 5 s。如果不需字形美观整齐,可以不用缩放尺而使用手刻字的电笔。图 2.55 中用钨丝接负极,工件接正极,可以刻出黑色字迹。若工件是镀黑或表面发蓝处理过的,则可把工件接负极,钨丝接正极,可以刻出银白色的字迹。

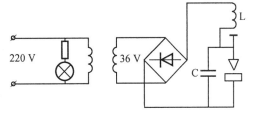

图 2.54 电火花刻字打印装置线路
L— 振动器线圈,$\phi 0.5$ mm 漆包线 350 匝,铁心截面约 0.5 cm^2;C— 纸介电容,0 ~ 0.1 μF,200 V

2.8.7 短电弧加工

短电弧加工,又称短电弧切削加工。它是近二十年逐步发展起来的一种电加工新技术,是一种介于电火花和电弧之间的放电状态,其脉冲宽度为毫秒级,峰值电流较大(100 ~ 5 000 A),每次放电常是电火花和短电弧混合放电。它与电火花加工中有害的稳定电弧不同,与电弧焊中的连接电弧也不同。短电弧加工时因排屑、冷却效果良好,单个脉冲能量很大,故具有很高的加工生产率(金属去除率)。在大型轧辊、水泥磨辊、立磨辊、渣浆泵叶轮等修理、再制造行业中逐渐获得广泛应用。

1.短电弧加工的特点和使用范围

短电弧加工是指在一定比例带压力气液混合物工作介质的作用下,利用两个电极之间产生的受激发短电弧放电群组或混合有火花放电群组,来蚀除金属或非金属导电材料的一种电加工方法,是一种新型的强焰流、电子流、离子流、弧流混合放电加工方法,属于特种加工行业电加工技术范畴。

短电弧加工和电火花加工相比,都是脉冲性的放电;都是在电场作用下,局部、瞬时使金属熔化和气化而遭受蚀除;其不同之处是短电弧的脉冲宽度、脉冲电流、单个脉冲能量和平均能量远比电火花要大得多,因此具有很高的材料去除率,但难以获得较好的加工精度、表面粗糙度和表面质量。

短电弧加工的主要特点是:

(1) 生产率很高,加工精度和表面质量较差

短电弧加工的每分钟金属去除量可达 900 ~ 1 500 g,换算成钢体积蚀量可达每分钟去除 112 ~ 187 cm^3,比电火花加工的最大去除率(5 g/min)要大 100 ~ 300 倍。但加工精度低于 IT8 ~ IT12,表面粗糙度值大于 $Rz200$ ~ 500 μm,表面热影响层大于 60 ~ 1 000 μm。

（2）工具电极和工件间必须有较大的相对运动

相对运动的目的是拉断电弧放电,使之成为短电弧放电,不致使放电点集中而烧伤工具电极和工件,同时加速电蚀产物排出和冷却加工表面。一般圆片、圆盘形工具电极因其直径、质量小,可用较高的转速,线速度 $v \geqslant 10$ m/s;工件因直径、质量大,只能低速转动或移动,线速度 $v = 0 \sim 1.6$ m/s,两者应保证相对运动速度 $v \geqslant 2$ m/s。

（3）加工时工具电极和工件间必须浇注一定压力的气液混合工作介质

因为短电弧加工时平均电流很大,在 1 000 ～ 5 000 A 甚至更高,故必须用一定压力的风冷及水冷带走热量和切断短电板放电。

2. 短电弧加工技术的主要使用范围

短电弧加工主要用于高生产率加工各类水泥磨辊、立磨辊、渣浆泵叶轮、大型冷轧工作辊、高速线材辊及其他大型工件上的高强度、高硬度的难加工金属材料,如电焊、等离子堆焊后的表面金属材料。例如,在对水泥磨辊、煤磨辊及其他各种钢轧辊的表面进行修复(磨辊和轧辊表面磨损后,一般都用碳弧气刨清理表面缺陷层,再用堆焊方法对凹坑和尺寸不足的地方进行修补)后,由于修补表面工作层硬度高达 HRC59 ～ 62,用传统车削、铣削很难加工,磨削则生产率太低,而短电弧加工则可以高效率对此类大型磨辊、轧辊外圆表面进行修复、再制造加工。

3. 短电弧加工的基本工艺参数

（1）极性

实践证明,工件应接电源正极,称正极性加工。否则生产率降低,而工具损耗率大。

（2）工作电压

短电弧加工工作电压一般为 6 ～ 60 V。当 $U \leqslant 12$ V 时,为弱短电弧和电火花放电的混合状态,用于小面积低规准的加工;当 12 V $< U <$ 60 V 时,为强短电弧放电加工状态,用于大面积高去除率的加工。

（3）工作电流

工作电流一般为 1 000 ～ 5 000 A,低规准和小面积时,为 100 ～ 1 000 A。

（4）工具电极与工件间相对运动速度

工具电极与工件间相对运动速度为拉断电弧不至于形成长电弧或连续电弧,以及使电蚀产物排屑良好,工具电极与工件之间应有相对移动速度 $v \geqslant 2 \sim 10$ m/s。如果工具电极和工件间的移动速度过低或为 0,则除非加大水、气介质的冲刷作用,否则放电点不转移会烧伤工具工件表面,并与两极间熔化的金属热粘连而可能无法加工。

（5）工具损耗率

在正常的短电弧加工情况下,工具电极的损耗率为 1% ～ 10%。

（6）加工波形及火花颜色

加工时的电压和电流波形为瞬变的脉宽较短的电火花放电和脉宽较长的短电弧放电波形。此外,放电加工时没有 25 V 左右的火花维持电压,但可能有多个通道同时放电。其原因是,短电弧加工回路内设有限流电阻,不像用晶体管电火花加工脉冲电源那样,因为放电电路中有限流电阻,故放电间隙击穿后 60 V 以上的空载电压下降为 25 V 左右的火花维持电压,很难再击穿第二点同时放电,因此放电间隙内只有一个放电通道。而短电弧加工的放电间隙内可能存在多个放电点同时放电,这也是短电弧加工比电火花加工效率高的原因之一。

(7) 短电弧加工的火花颜色

一般像电火花加工那样,呈橘红色或橘黄色为好,如果喷射出的火花呈电焊时的亮白色或蓝白色,则表示局部、瞬时温度过高,易于烧伤工具、工件表面,不利于加工。

(8) 工作介质

一般使用一定压力和比例的液体和气体混合物为工作介质。为了防锈和防腐(防止变质发臭),在水中加入5%的乳化油和5%的硼砂溶液。在小面积和无水污染加工表面的情况下,短电弧也可以干式加工,用压缩空气或其他压力气体(如氮气、氩气、氦气、二氧化碳气体、混合气体等,可根据工作需要确定压力气体)强力吹刷加工间隙,排除电蚀产物而使其不粘结在加工表面上。

4. 短电弧加工机床

短电弧加工机床是国内外一种新型的具有独特功能的高效强电流加工机床,能够对硬度大于 HRC45 的导电难加工材料进行高效去除加工,单边切削此类材料切深可达 15 mm 以上,每分钟金属去除量可达 900 g 以上,被加工件表面影响层为 0.05 ～ 1 mm(马氏体组织),其母材化学成分不变,加工噪声低于 80 dB(A),工件表面粗糙度可达 $Ra100 \sim 25 \mu m$,尺寸精度可达 IT12。短电弧加工机床主要由短电弧加工用电源、阴极装置、水气混合装置、机床主体等部分组成,简图见图 2.55。此类机床有专用短电弧加工机床、改装短电弧加工机床和衍生品短电弧加工机床三个系列。

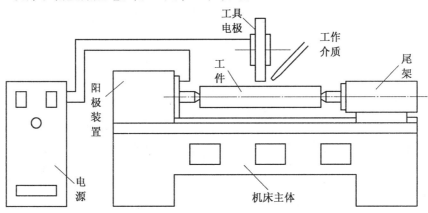

图 2.55　短电弧加工机床结构简图

随着数控技术的发展,数控技术也逐步应用到短电弧加工机床中,使其参数更为准确,操作更方便、灵活。数控短电弧加工机床结构简图见图 2.56。

(1) 短电弧加工用电源

短电弧加工用的电源是短电弧加工机床的核心部件,可以是直流电源,也可以是脉冲电源,由于功率较大,常使用直流电源。短电弧加工用的直流电源的主电路是三相交流电经变压器变压降至 6 ～ 60 V 或 12 ～ 48 V 等的可调低电压,然后用引弧电抗器和6个大功率二极管桥式整流成每秒 100 次的波脉动直流电源,再加入电压、电流表、指示灯等辅助

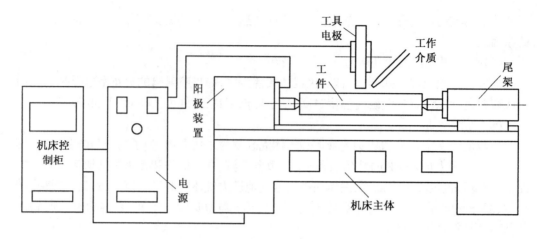

图 2.56　数控短电弧加工机床结构简图

电路。

（2）短电弧加工用的阴极装置

在加工过程中阴极装置可能是转动、直线往复运动或静止不动的。短电弧加工时工具电极应接负极。当工具电极是较高速转动的圆片轮盘或圆盘型组合体、圆刷等，体积较大时，又称作短电弧加工机床的阴极装置。也可将工具电极阴极装置做成手提便携式，如手电钻、手砂轮那样，简称环流工具，如图 2.57 所示。

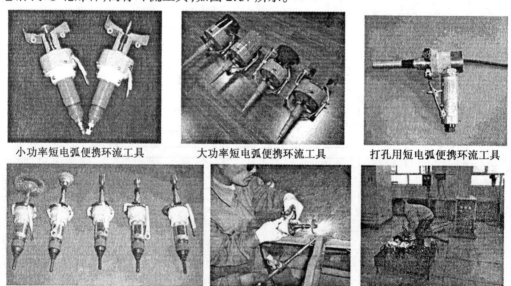

图 2.57　短电弧便携环流工具

实践经验表明，当工具线速度 $v \leqslant 2\ \mathrm{m/s}$ 时，工具材料常用石墨或铜粉烧结石墨；当速度 $2\ \mathrm{m/s} < v \leqslant 10\ \mathrm{m/s}$ 时，工作材料不宜选用石墨，而应采用金属铁、高速钢、硬质合金等材料。

（3）短电弧加工时的水气混合装

水气混合装置的作用是使一定压力的水和一定压力的压缩空气按一定比列混合后烧注入加工间隙，用以冲走电蚀产物和冷却工具、工件表面，也有助于防止长电弧和加速消电流。常用的水气混合装置如图 2.58 所示。

 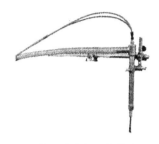

内混式水气混合装置Ⅰ　　　　　　　　外混式水气混合装置Ⅱ

图 2.58　短电弧加工时的水气混合装置

（4）短电弧加工机床主体

短电弧加工可用于外圆、内圆、平面、切割下料和开坡口等的高效率加工，除了采用专用机床设备外，也可利用现在车、磨、铣、镗、刨床等改装。同时，也可实现短电弧加工技术与车、磨、铣、镗、刨床等的机电组合加工。

近十年来，新疆短电弧科技开发有限公司先后开发研制生产出了 DHC 系列的短电弧加工机床，如表 2.7 所示。

表 2.7　短电弧加工机床的主要型号

型号名称	工作电压 /V	工作电流 /A	回转直径 /mm	工件长度 /mm	工作介质	阴极装置
DHC6330	12 ~ 48	3 000	630	630 – 3 000	水、气	Ⅰ、Ⅱ 型
DHC6340	12 ~ 48	4 000	630	630 – 3 000	水、气	Ⅰ、Ⅱ 型
DHC6350	12 ~ 48	5 000	630	630 – 3 000	水、气	Ⅰ、Ⅱ 型
DHC8040	12 ~ 48	4 000	800	800 – 4 000	水、气	Ⅰ、Ⅱ 型
DHC8050	12 ~ 48	5 000	800	800 – 4 000	水、气	Ⅰ、Ⅱ 型
DHC8080	18 ~ 42	8 000	800	800 – 4 000	水、气	Ⅰ、Ⅱ 型
DHC10060	18 ~ 42	6 000	1 000	1 000 – 5 000	水、气	Ⅰ、Ⅱ 型
DHC12550	12 ~ 48	5 000	1 250	1 250 – 6 000	水、气	Ⅰ、Ⅱ 型
DHC16040	12 ~ 48	4 000	1 600	1 600 – 8 000	水、气	Ⅰ、Ⅱ 型
DHC16050	12 ~ 48	5 000	1 600	1 600 – 8 000	水、气	Ⅰ、Ⅱ 型
DHC16060	18 ~ 42	6 000	1 600	1 600 – 8 000	水、气	Ⅰ、Ⅱ 型
DHC16090	18 ~ 42	9 000	1 600	1 600 – 8 000	水、气	Ⅰ、Ⅱ 型
DHC160100	18 ~ 42	10 000	1 600	1 600 – 8 000	水、气	Ⅰ、Ⅱ 型

除表 2.7 中主要型号外，还有轻小型和成组短电弧加工机床，是专门用于高速线材轧

辊、冷轧工辊、无缝钢管顶头等工件稍小但硬度很高的高效加工机床。特点是采用单台短电弧电源拖动多台短电弧加工机床,对工艺接近批量较大的特种材料进行高效切削加工,机床采用简易数控系统,省时、省力,工人劳动强度大大降低。该机床加工效率比现行的金刚石磨削或立方碳化硼车削加工提高效率15倍以上,主要用于难加工材料零件的粗加工和半粗加工,是冶金轧辊进行理想的高效电加工机床。

5. 短电弧加工的规准选择和应用实例

(1) 表面质量修整及相关加工规准的选择

① 粗规准:大切深时,表面粗糙度无法计量,主要目的是实现高效切削,即一次切深单边可达 10 ~ 25 mm 的特硬、超强、高耐磨性导电材料短电弧加工粗加工。

② 半精规准:中切深时,表面粗糙度无法计量,主要目的是实现高效切削,即一次切深单边可达 8 ~ 15 mm 的特硬、超强、高耐磨性导电材料短电弧加工粗加工。

③ 精规准:小切深时,表面粗糙度可达 $Ra50$ μm,主要目的是实现高效切削后的表面修光处理加工,即一次切深单边可达 1 ~ 2 mm 的特硬、超强、高耐磨性导电材料短电弧加工精加工。

2. 不同被加工材料的加工规准及最佳切削深度的选择

① 钨合金材料如碳化钨一般选半精规准或精规准,电压 $U = 12 ~ 24$ V,电流 $i = 100 ~ 1\,000$ A,单边切深 $t \leqslant 2$ mm。超量加工也可以,但容易产生裂纹。

② 铸造低合金钢材料一般选粗规准或半精规准,电压 $U = 24 ~ 30$ V,电流 $1\,000 ~ 3\,000$ A,单边切深 $t \geqslant 8$ mm。切深小,容易产生粘结。

③ 铸造高合金钢材料一般选粗规准或半精规准,电压 $U = 24 ~ 30$ V,电流 $i = 1\,000 ~ 2\,600$ A,单边切深 $t \geqslant 10 ~ 15$ mm。

④ 堆焊高合金钢材料一般选粗规准或半精规准,电压 $U = 24 ~ 36$ V,电流 $i = 1\,000 ~ 3\,000$ A,单边切深 $t \geqslant 12 ~ 18$ mm。

⑤ 轧辊钢材料一般选粗规准或半精规准,电压 $U = 24 ~ 30$ V,电流 $i = 1\,000 ~ 2\,200$ A,单边切深 $t \geqslant 8$ mm。

(2) 短电弧加工应用实例

短电弧加工技术实现了超硬、超强度、高韧性导电材料的高效加工,解决了传统加工所不能满足的对大型设备中新型特种材料高镍铬钼钒合金钢、碳化钨等特硬、超强度、高韧性、高红硬性、高耐磨性、严重冷作硬化等导电材料高效加工的难题。为水泥磨辊、立磨辊套、大型轧辊、磨煤辊的修复加工提供了一种实用的高效的加工技术方法。

2004 年,DHZ16040CG 短电弧加工机床(图 2.59)在首钢长白机械厂进行了生产运行。在对水泥磨辊表面疲劳层的修复加工中,发挥了明显的技术优势,加工效率显著高于其他硬面加工机床,加工精度明显提高。在对硬度达 HRC59 ~ 62、厚度达 80 ~ 90 m 的表面疲劳层的加工以及加工后堆焊修复层加工过程中,该机床运行稳定,加工噪音低于 79 dB,加工深度达 28 mm,材料去除率达每分钟 900 ~ 1\,500 g,加工质量可以达到半精加工要求,有效地解决了水泥磨辊修复加工的技术难题。

2005 年 5 月 ~ 2009 年 5 月,DHZ17040ZT 和 DHC25040ZT 短电弧加工设备在成都利君公司应用(图 2.60)。该设备可高效加工各种水泥磨辊、立磨辊套等。加工后的工件表面质

图 2.59　DHZ16040CG 短电弧加工机床正在加工水泥磨辊

量有利于后续堆焊工作的进行和短电弧加工设备的应用,为用户提供了良好的磨辊加工
机床装备、加工工艺和国际先进的磨辊加工技术手段。

图 2.60　DHZ17040ZT 和 DHC25040ZT 短电弧加工设备

思考题与习题

2.1　试述两金属电极在:

(1) 真空中;

(2) 空气中;

(3) 纯水(蒸馏水或去离子水)中;

(4) 线切割乳化液中;

(5) 煤油中火花放电时;

其宏观、微观过程和电蚀产物有何相同、相异之处?

2.2　有没有可能或在什么情况下可以用工频交流电源作为电火花加工的脉冲电源?在什么情况下可用直流电源作为电火花加工用的脉冲直流电源?

提示:轧辊电火花对磨、齿轮电火花跑合时,在不考虑电极相对损耗的情况下,可采用工频交流电源;在电火花磨削、切割下料等工具、工件间有高速相对运动时,可用直流电源代替脉冲电源,为什么?

2.3　电火花加工时的自动进给系统和车、钻、磨削切削加工时的自动进给系统,在原理上、本质上有何不同?为什么会引起这种不同?

2.4　电火花共轭同步回转加工和电火花磨削在原理上有何不同?工具和工件上的瞬时放电点之间有无相对移动?加工内螺纹时为什么不会"乱扣"?用铜螺杆作工具电极,在内孔中用平动法加工内螺纹,在原理上和共轭同步回转法有何异同?

2.5　电火花加工时,什么叫作间隙蚀除特性曲线?粗、中、精加工时,间隙蚀除特性曲线有何不同?脉冲电源的空载电压不一样时(例如 80 V、100 V、300 V 三种不同的空载电压),间隙特性曲线有何不同?试定性、半定量地作图分析之。

2.6　在电火花机床上用 $\phi10$ mm 的纯铜杆加工 $\phi10$ mm 的铁杆,加工时两杆的中心线偏距 5 mm,选用 $t_i = 200$ μs;$\hat{i} = 5.4$ A,各用正极性和负极性加工进给 10 min,试画出加工后两杆的形状、尺寸,电极侧面间隙大小和表面粗糙度值。

提示:利用电火花加工工艺参数曲线图表来测算。

2.7　用纯铜电极电火花加工一个纪念章浅型腔花纹模具,工件为模具钢。设花纹模电极的面积为 10 mm × 20 mm = 200 mm^2,花纹的深度为 0.8 mm,要求加工出模具的深度为 1 mm,表面粗糙度为 $Ra0.63$ μm,分粗、中、精三次加工,试选择每次的加工极性、电规准脉宽 t_i、峰值电流 $\hat{i}_e$、加工余量及加工时间并列成一表。

提示:用电火花加工工艺参数曲线图表来计算。

2.8　短电弧加工与电火花加工相比,有何异同及特点?

第3章
电火花线切割加工技术

电火花线切割加工(Wire Cut EDM,简称 WEDM)是在电火花加工基础上于 20 世纪 50 年代末最早在前苏联发展起来的一种新的工艺形式,是用线状电极(钼丝或铜丝)靠火花放电对工件进行切割,故称为电火花线切割,有时简称线切割。它在国内外已获得广泛的应用,目前国内的线切割机床已占电加工机床的 70% 以上。

3.1 电火花线切割加工的原理、特点和应用范围

3.1.1 电火花线切割加工的原理

电火花线切割加工的基本原理是利用移动的细金属导线(铜丝或钼丝)作电极,对工件进行脉冲火花放电、切割成形。

根据电极丝的运行速度,电火花线切割机床通常分为两大类:一类是双向快走丝(俗称高速走丝)电火花线切割机床(WEDM – HS),这类机床的电极丝作高速往复运动,多次放电,反复利用,一般走丝速度为 8 ~ 10 m/s,这是我国生产和使用的主要机种,也是我国独创的电火花线切割加工模式,其特点是机床结构简单、价格便宜,但性能稍差,近年来这类高速走丝机床已改进成电极丝可以多级变速、多次切割的中走丝电火花线切割机床;另一类是单向慢走丝(或称低速走丝)电火花线切割机床(WEDM – LS),这类机床的电极丝作低速单向运动,一次放电后即废弃,一般走丝速度低于 0.2 m/s,这是国外生产和使用的主要机种,目前我国也已生产和逐步更多地采用这类具有较高加工性能的单向慢走丝机床。

图 3.1(a)、(b)为双向高速走丝电火花线切割工艺及装置的示意图。利用细钼丝 4 作工具电极进行切割,储丝筒 7 使钼丝作正反向交替移动,加工能源由脉冲电源 3 供给。在电极丝和工件之间浇注工作液介质,工作台在水平面两个坐标方向各自按预定的控制程

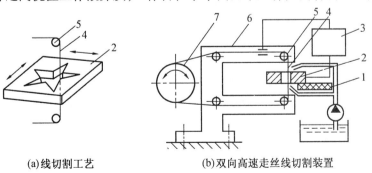

(a)线切割工艺　　　　　　　(b)双向高速走丝线切割装置

图 3.1　电火花线切割原理

1—绝缘底板;2—工件;3—脉冲电源;4—钼丝;5—导向轮;6—丝架;7—储丝筒

序,根据火花间隙大小作伺服进给移动,从而合成各种曲线轨迹,把工件切割成形。

电火花线切割机床按控制方式过去曾有靠模仿型控制和光电跟踪控制,但现在都采用数字程序控制;按加工尺寸范围可分为大、中、小型,还可分为普通型与专用型等。目前国内外的线切割机床采用不同水平的微机数控系统,从单片机、单板机到微型计算机系统,一般都还有自动编程功能。

3.1.2　线切割加工的特点

电火花线切割加工过程的工艺和机理,与电火花穿孔成形加工相比,既有共性,又有特性。

1.电火花线切割加工与电火花成形加工的共性

① 线切割加工的电压、电流波形与电火花加工的基本相似。单个脉冲也有多种形式的放电状态,如开路、正常火花放电、短路等。

② 线切割加工的加工机理、生产率、表面粗糙度等工艺规律,材料的可加工性等也都与电火花加工的基本相似,可以加工硬质合金等一切导电材料。

2.线切割加工相对于电火花加工的不同特点

① 由于电极工具是直径较小的细丝,故脉冲宽度、平均电流等不能太大,加工工艺参数的范围较小,属中、精正极性电火花加工,工件常接脉冲电源正极,基本上不用负极性加工。

② 采用水或水基工作液,不会引燃起火,容易实现安全无人运转,但由于工作液的电阻率远比煤油小,因而在开路状态下,仍有明显的电解电流。电解效应稍有益于改善加工表面粗糙度,但易使工件切缝口颜色变黑,影响外观。

③ 一般没有稳定电弧放电状态。因为电极丝与工件始终有相对运动,尤其是快速走丝电火花线切割加工,因此,线切割加工的间隙状态可以认为是由正常火花放电、开路和短路这三种状态组成,但往往在单个脉冲内有多种放电状态,有瞬时"微开路"、"微短路"现象。

④ 双向快速走丝线切割时,电极丝与工件之间存在着"疏松接触"式轻压放电现象。近年来的研究结果表明,当柔性电极丝与工件接近到通常认为的放电间隙(例如 8 ~ 10 μm)时,并不发生火花放电,甚至当电极丝已接触到工件,从显微镜中已看不到电极间隙时,也常仍看不到火花,只有当工件将电极丝顶弯且偏移一定距离(几微米到几十微米)时,才发生正常的火花放电。亦即每进给 1 μm,放电间隙并不减小 1 μm,而是钼丝增加一点张力,向工件增加一点侧向压力,只有电极丝和工件之间保持一定的轻微接触压力,才会形成火花放电。可以认为,在电极丝和工件之间存在着某种电化学产生的绝缘薄膜介质,当电极丝被顶弯所造成的压力和电极丝相对工件的移动摩擦使这种介质减薄到可被击穿的程度,才发生火花放电。放电发生之后产生的爆炸力可能使电极丝局部振动而瞬时脱离接触,但宏观上仍是轻压放电。

⑤ 省掉了成形的工具电极,大大降低了成形工具电极的设计和制造费用,用简单的工具电极,靠数控技术实现复杂的切割轨迹,缩短了生产准备时间,加工周期短,这不仅对新产品的试制很有意义,对大批生产也增加了快速性、工艺适应能力和柔性。

⑥ 由于电极丝比较细,可以加工微细异形孔、窄缝和二维或多维复杂形状的工件。

由于切缝很窄,且只对工件材料进行"套料"加工,实际金属去除量很少,材料的利用率很高,这对加工、节约贵重金属有重要意义。

⑦ 由于采用移动的长电极丝进行加工,使单位长度电极丝的损耗较小,从而对加工精度的影响比较小,特别在低速走丝线切割加工时,电极丝一次性使用,电极丝损耗对加工精度的影响更小。

正是电火花线切割加工有许多突出的长处,因而在国内外发展都较快,已获得了广泛的应用。

3.1.3　线切割加工的应用范围

线切割加工为新产品试制、精密零件加工及模具制造开辟了一条新的工艺途径,主要应用于以下几个方面。

(1) 加工模具

适用于各种形状的冲模。线切割时,调整不同的间隙补偿量,只需一次编程就可以切割凸模、凸模固定板、凹模及卸料板等。模具配合间隙、加工精度通常都能达到 0.01 ~ 0.02 mm(快走丝机)和 0.002 ~ 0.005 mm(慢走丝机)的要求。此外,还可加工挤压模、粉末冶金模、弯曲模、塑压模等,也可加工带锥度的模具。

(2) 切割电火花成形加工用的电极

一般穿孔加工用的电极和带锥度型腔加工用的电极,以及铜钨、银钨合金之类的电极材料,用线切割加工特别经济。同时线切割也适用于加工微细复杂形状的电极。

(3) 切割零件

在试制新产品时,用线切割在坯料上直接割出零件,例如,试制切割特殊微电机硅钢片定转子铁心,由于不需另行制造模具,可大大缩短制造周期、降低成本。另外,修改设计、变更加工程序比较方便,加工薄件时还可多片叠在一起加工。在零件制造方面,可用于加工品种多、数量少的零件,特殊难加工材料的零件,材料试验样件,各种型孔、型面、特殊齿轮、凸轮、样板、成型刀具。有些具有锥度切割的线切割机床,可以加工出"天圆地方"等上下异形面的零件。同时还可进行微细加工,切割异形槽和标准缺陷的加工等。

3.2　电火花线切割加工设备

电火花线切割加工设备包括双向快走丝、中走丝和单向慢走丝机床,主要由机床本体、脉冲电源、控制系统、工作液循环系统和机床附件等几部分组成。图 3.2 和图 3.3 分别为高速和低速走丝线切割加工设备组成图。本节以讲述高速走丝线切割为主。由于线切割的控制系统比较重要,且内容较多,故另列为 3.3 节讲述。

3.2.1　机床本体

机床本体由床身、坐标工作台、运丝机构、丝架、工作液箱、附件和夹具等几部分组成。

1.床身部分

床身一般为铸件,是坐标工作台、绕丝机构及丝架的支承和固定基础。通常采用箱式

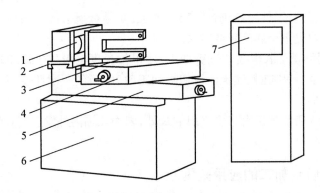

图 3.2　双向高速走丝线切割加工设备组成

1—卷丝筒;2—走丝溜板;3—丝架;4—上滑板;

5—下滑板;6—床身;7—电源、控制柜

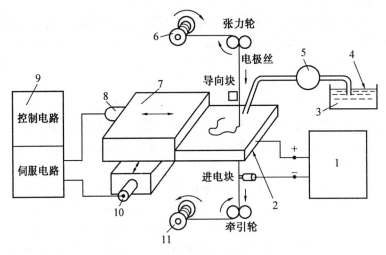

图 3.3　单向低速走丝线切割加工设备组成

1—脉冲电源;2—工件;3—工作液箱;4—去离子水;5—泵;6—新丝放丝卷筒;

7—工作台;8—X 轴电动机;9—数控装置;10—Y 轴电动机;11—废丝卷筒

结构,应有足够的强度和刚度。床身内部安置电源和工作液箱,考虑电源的发热和工作液泵的振动,有些机床将电源和工作液箱移出床身外另行安放。

2.坐标工作台部分

电火花线切割机床最终都是通过坐标工作台与电极丝的相对运动来完成对零件加工的。为保证机床精度,对导轨的精度、刚度和耐磨性有较高的要求。一般都采用"十"字滑板、滚动导轨和丝杆传动副将电动机的旋转运动变为工作台的直线运动,通过 X、Y 两个坐标方向各自的进给移动,可合成获得各种平面图形曲线轨迹。为保证工作台的定位精度和灵敏度,传动丝杆和螺母之间必须消除间隙。

3.走丝机构

走丝系统使电极丝以一定的速度运动并保持一定的张力。在双向高速走丝机床上,一定长度的电极丝平整地卷绕在储丝筒上(图 3.2),丝张力与排绕时的拉紧力有关(为提高加工精度,近年已研制出恒张力装置),储丝筒通过联轴节与驱动电动机相连。为了重复使用电极丝,电动机由专门的换向装置控制作正反向交替运转。走丝速度等于储丝筒周边的线速度,通常为 8～10 m/s。在运动过程中,电极丝由丝架支撑,并依靠导轮保持电极丝与工作台垂直或在锥度切割时倾斜一定的几何角度。

单向低速走丝系统如图 3.4 所示,自未使用的金属丝筒 2(绕有 1～10 kg 金属丝)靠卷丝轮 1 使金属丝以较低的速度(通常在 0.2 m/s 以下)移动。为了提供一定的张力(2～25 N),在走丝路径中装有一个机械式或电磁式张力机构 4 和 5。为实现断丝时能自动停车并报警,走丝系统中通常还装有断丝检测微动开关。用过的电极丝集中到卷丝筒上或送到专门的收集器中。

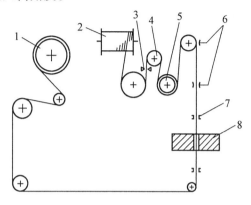

图 3.4 单向低速走丝系统示意图

1—废丝卷丝筒;2—未使用的金属丝筒;3—拉丝模;4—张力电动机;5—电极丝张力调节轴;6—电极丝退火装置;7—导向器;8—工件

为了减轻电极丝的振动,加工时应使其跨度尽可能小(按工件厚度调整),通常在工件的上下采用蓝宝石 V 形导向器或圆孔金刚石导向器,其附近装有进电部分,工作液一般通过进电区和导向器再进入加工区,可使全部电极丝的通电部分都能冷却。近代的机床上还装有靠高压水射流冲刷引导的自动穿丝机构,能使电极丝经一个导向器穿过工件上的穿丝孔而被传送到另一个导向器,必要时也能自动切断并再穿丝,为无人连续切割创造了条件。

4.锥度切割装置

为了切割有落料角的冲模和某些有锥度(斜度)的内外表面,近来大部分线切割机床具有锥度切割功能。实现锥度切割的方法有多种,下面只介绍两种。

(1)偏移式丝架

主要用在高速走丝线切割机床上实现锥度切割,其工作原理如图 3.5 所示。

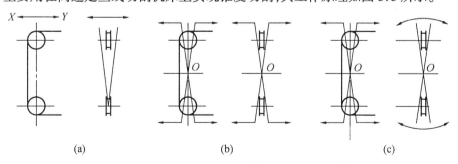

图 3.5 偏移式丝架实现锥度加工的方法

图 3.5(a)为上(或下)丝臂平移法,上(或下)丝臂沿 X、Y 方向平移,用此法时锥度不宜过大,否则钼丝易拉断,导轮易磨损,工件上有一定的加工圆角。图 3.5(b)为上、下丝臂同时绕一定中心移动的方法,如果模具刃口放在中心"O"上,则加工圆角近似为电极丝半

径。用此法时加工锥度也不宜过大。图 3.5(c) 中上、下丝臂分别沿导轨径向平动和轴向摆动,用此法时加工锥度不影响导轮磨损,最大切割锥度通常可达 5° 以上。

　　(2) 双坐标联动装置

　　在单向低速走丝线切割机床上广泛采用此类装置,它主要依靠上导向器作纵横两轴(称 U、V 轴)驱动,与工作台的 X、Y 轴在一起构成四数控轴同时控制(图 3.6),这种方式的自由度很大,依靠功能丰富的软件,可以实现上下异形截面形状的加工。最大的倾斜角度 θ 一般为 ± 5°,有的甚至可达 30° ~ 50°(与工件厚度有关)。

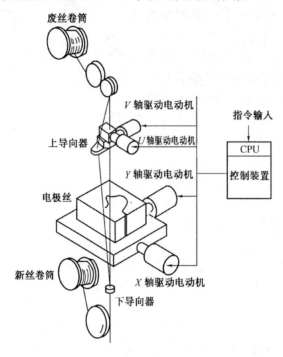

图 3.6　四轴联动锥度切割装置

　　在锥度加工时,保持导向间距(上下导向器与电极丝接触点之间的直线距离)一定,是获得高精度的主要因素,为此有的机床具有 Z 轴设置功能,并且一般采用圆孔形式的无方向性导向器。

3.2.2　脉冲电源

　　电火花线切割加工脉冲电源与电火花成形加工所用的电源在原理上相同,不过受加工表面粗糙度和电极丝允许承载电流的限制,线切割加工脉冲电源的脉宽较窄(2 ~ 60 μs),单个脉冲能量、平均电流(1 ~ 5 A)一般较小,所以线切割加工总是采用正极性加工。脉冲电源的形式种类较多,如晶体管矩形波脉冲电源、高频分组脉冲电源、并联电容型脉冲电源和低损耗电源等,快、慢走丝线切割机床的脉冲电源也有所不同。

　　1. 晶体管矩形波脉冲电源

　　晶体管矩形波脉冲电源的工作方式与电火花成形加工类同,如图 3.7 所示,控制功率管 VT 的基极以形成电压脉宽 t_i、电流脉宽 t_e 和脉冲间隔 t_o,限流电阻 R_1、R_2 决定峰值电流

$\hat{i}_e$。晶体管矩形波脉冲电源广泛用于高速走丝线切割机床。因为低速走丝时排屑条件差,要求采用0.1 μs的窄脉宽和500 A以上的高峰值电流,这样势必要采用高速大电流的开关元件(如 IGBT 模块),电源装置的体积也较大。

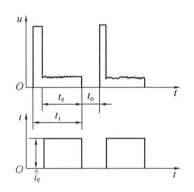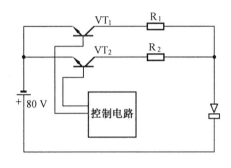

图 3.7　晶体管矩形波脉冲电压、电流波形及其脉冲电源

2.高频分组脉冲电源

高频分组脉冲波形如图 3.8 所示,它是矩形波派生的一种波形,即把较高频率的小脉宽 t_i 和小脉间 t_o 的矩形波脉冲分组成为大脉宽 T_i 和大脉间 T_o 输出。

普通矩形波脉冲电源对提高切割速度和减小表面粗糙度值这两项工艺指标是互相矛盾的,亦即要提高切割速度,则表面粗糙度值变大;若要求表面粗糙度值小,则切割速度下

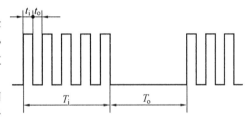

图 3.8　高频分组脉冲波形

降很多。而高频分组脉冲波形在一定程度上能解决这两者的矛盾,在相同工艺条件下,可获得较好的加工工艺效果,因而得到了越来越广泛的应用。

图 3.9 为高频分组脉冲电源的电路原理框图。图中的高频脉冲发生器、分组脉冲发生器和与门电路生成高频分组脉冲波形,然后经脉冲放大和功率输出,把高频分组脉冲能量输送到放电间隙。一般取

$$t_o \geqslant t_i, \quad T_i = (4 \sim 6)t_1 \qquad T_o \leqslant T_i$$

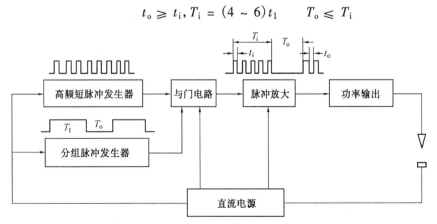

图 3.9　高频分组脉冲电源的电路原理框图

3. 并联电容型脉冲电源

这是实现短放电时间高峰值电流的一种方法,常用于早期的低速走丝线切割机床中。这种带晶体管控制的电容器放电电路如图3.10所示。近年来随着大规模集成电路和功率器件的发展,在慢走丝线切割电源中已采用高速开关大功率集成模块 IGBT,它能形成 0.1 μs 级和 500～1 000 A 的窄脉冲和大峰值电流。

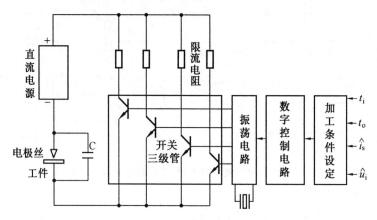

图 3.10　并联电容型脉冲电源

图 3.10 电源工作时的电压、电流波形图如图 3.11 所示。按照晶体管的开关状态,电容器两端的电压波形呈现一种阶梯形状。利用晶体管开通时间 t_i 和截止时间 t_o 的不同组合,可以改变充电电压波形的前沿。而且,一旦放电电流发生,可使晶体管变为截止状态,阻止直流电源供给电流。在这种电路中,依靠调整晶体管的通断时间、限流电阻的个数及电容器的容量,可控制放电的重复频率,而每次放电的能量由直流电源的电压及电容器的容量决定。

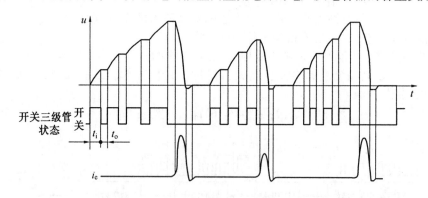

图 3.11　并联电容型电路的电压、电流波形

4. 低损耗电源

一般认为,减小放电电流的上升率,可降低电极丝的损耗,这样不但可以提高加工精度,还可提高重复使用电极丝的寿命,这对快速走丝线切割加工是很有意义的。前阶梯波脉冲电源就属于这一类,其放电电流波形如图 3.12 所示。一般前阶梯波是由矩形波组合而成

图 3.12　前阶梯波放电电流波形

的,它可由几路起始脉冲放电时间顺序延迟的矩形波叠加而成。

此外,在矩形波电源放电主回路中串入一定值的电感,可得到前后沿变缓的波形,也能减少电极丝的损耗。

5. 节能型脉冲电源

为了提高电能利用率,近年来除用电感元件 L 来代替限流电阻,避免了发热损耗外,还把 L 中剩余的电能反输给电源。图 3.13 为线切割节能型脉冲电源的主回路和波形图。

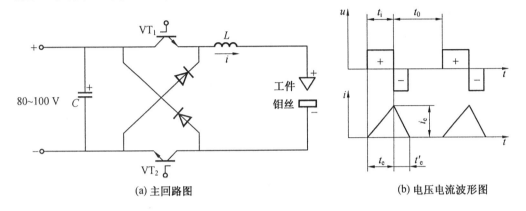

(a) 主回路图　　　　　　　　　　(b) 电压电流波形图

图 3.13　线切割节能型脉冲电源主回路和波形图

图 3.13(a) 中,80 ~ 100 V(+) 的电压和电流经过大功率开关元件 VT_1(常用 V – MOS 管或 IGBT),由电感元件 L 限制电流的突变,再流过工件和钼丝的放电间隙,最后经大功率开关元件 VT_2 流回电源(–)。由于用电感 L(扼流线圈)代替了限流电阻,当主回路中流过如图 3.13(b) 中的矩形波电压脉宽 t_i 时,其电流波形由零按斜线升至 $\hat{i}_e$ 最大值(峰值)。当 VT_1、VT_2 瞬时关断截止时,电感 L 中电流不能突然截止而继续流动,通过放电间隙和两个二极管回输给电容器和直流电源,逐渐减小为零。把储存在电感 L 中的能量释放出来加以利用,进一步节约了能量。

由图 3.13(b) 对照电压和电流波形可见,VT_1、VT_2 导通时,电感 L 为正向矩形波;放电间隙中流过的电流由小增大,上升沿为一斜线,因此钼丝的损耗很小。当 VT_1、VT_2 截止时,由于电感是一储能惯性元件,其上的电压由正变为负,流过的电流不能突变为零,而是按原方向流动逐渐减小为零,这一小段"续流"期间,电感把储存的电能经放电间隙和两个二极管返输给电源,电流波形为锯齿形,更加快切割速度,提高电能利用率,降低钼丝损耗。

这类电源的节能效果可达 80% 以上,控制柜不发热,可少用或不用冷却风扇,钼丝损耗很低,切割 20 万 mm^2,钼丝损耗仅 0.5 μm;当加工电流为 5.3 A 时,切割速度为 130 mm^2/min;当切割速度为 50 mm^2/min 时,表面粗糙度 $Ra \leqslant 2.0 \mu m$。此电源已由苏州三光科技有限公司获得发明专利。

3.2.3　工作液循环系统

在线切割加工中,工作液对加工工艺指标的影响很大,如对切割速度、表面粗糙度、加工精度等都有影响。低速走丝线切割机床大多采用去离子水作工作液,只有在特殊精加工时,才采用绝缘性能较高的煤油。高速走丝线切割机床使用的工作液是专用乳化液,目前商品化供应的乳化液有 DX - 1、DX - 2、DX - 3 等多种,各有其特点,有的适于快速加工,有的适于大厚度切割,也有的是在原来工作液中添加某些化学成分来改善其切割表面粗糙度或增加防锈能力等,但它们都含有一定成分的油脂和化学添加剂,会产生油污、发黑,刺激皮肤和呼吸系统,直接排放会污染环境。现南京、苏州等地已生产出新一代环保型水基工作液,不含油脂,透明、干净,切割指标都优于过去的的乳化液,废液、废渣也可以再利用。

工作液循环装置一般由工作液泵、液箱、过滤器、管道和流量控制阀等组成。对高速走丝机床,通常采用浇注式供液方式,而对低速走丝机床,近年来有些采用浸泡式供液方式。

3.3　电火花线切割控制系统和编程技术

3.3.1　线切割控制系统

控制系统是进行电火花线切割加工的重要环节。控制系统的稳定性、可靠性、控制精度及自动化程度都直接影响到加工工艺指标和工人的劳动强度。

在电火花线切割加工过程中,控制系统的主要作用是:① 按加工要求自动控制电极丝相对工件的运动轨迹;② 同时自动控制伺服进给速度,使电极丝和工件保持一个平均间隙,避免开路和短路,实现对工件的形状和尺寸加工。亦即当控制系统使电极丝相对于工件按一定轨迹运动的同时,还应该实现伺服进给速度的自动控制,以维持正常的放电间隙和稳定切割加工。前者轨迹控制靠数控编程和数控系统,后者是根据放电间隙大小与放电状态由伺服进给系统自动控制,使进给速度与工件材料的蚀除速度相平衡。

电火花线切割机床控制系统的具体功能包括:

(1) 轨迹控制

轨迹控制即精确控制电极丝相对于工件的运动轨迹,以获得所需的形状和尺寸。

(2) 加工控制

加工控制主要包括对伺服进给速度、电源装置、走丝机构、工作液系统以及其他的机床操作控制。此外,断电记忆、故障报警、超程安全控制及自诊断功能等也是重要方面。

电火花线切割机床的轨迹控制系统曾经历过靠模仿形控制、光电跟踪仿形控制,现在已普遍采用数字程序控制,并已发展到微型计算机直接控制阶段。

数字程序控制(NC 控制):电火花线切割的控制原理是把图样上工件的形状和尺寸编制成程序指令,一般通过键盘或直接传输给电子计算机,计算机根据输入指令控制驱动电动机,由驱动电机带动精密丝杆,使工件相对于电极丝作轨迹运动。图 3.14 所示为数字程序控制过程框图。

数字程序控制方式与靠模仿形和光电跟踪仿形控制不同,它无需制作精密的模板或描绘精确的放大图,而是根据图样形状尺寸,经编程后用计算机进行直接控制加工。只要机床的进给精度比较高,就可以加工出高精度的零件,而且生产准备时间短,机床占地面积少。目前双向高速走丝电火花线切割机床的数控系统大多采用较简单的步进电动机开环系统,而单向低速走丝线切割机床的数控系统则大多是直流或交流伺服电动机加码盘

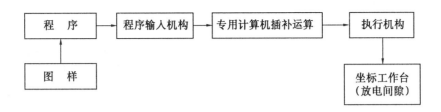

图 3.14　数字程序控制过程框图

的半闭环系统,或用光栅位置反馈的全闭环数控系统。

1. 轨迹控制原理

常见的工程图形都可分解为直线和圆弧或及其组合。用数字控制技术来控制直线和圆弧轨迹的方法,有逐点比较法、数字积分法和最小偏差法等。每种插补方法各有其特点。高速走线数控线切割大多采用简单易行的逐点比较法。此法的线切割数控系统,X、Y 两个方向不能同时进给,只能按直线的斜度或圆弧的曲率来交替地、一步 1 μm 地分步"插补"进给。采用逐点比较法时,X 或 Y 每进给一步,每次插补过程都要进行以下四个节拍:

第一拍:偏差判别。其目的是判别目前的加工坐标点对规定几何轨迹的偏离位置,然后决定拖板的走向。一般用 F 代表偏差值。$F = 0$,表示加工点恰好在线(轨迹)上;$F > 0$,加工点在线的上方或左方;$F < 0$,加工点在线的下方或右方。以此来决定第二拍进给的轴向和正、负方向。

第二拍:进给。根据 F 偏差值命令坐标工作台沿 $+ X$ 向或 $- X$ 向;或 $+ Y$ 向或 $- Y$ 向进给一步,向规定的轨迹靠拢,缩小偏差。

第三拍:偏差计算。按照偏差计算公式,计算和比较进给一步后新的坐标点对规定轨迹新的偏差 F 值,作为下一步判别走向的依据。

第四拍:终点判断。根据计数长度判断是否到达程序规定的加工终点。若到达终点,则停止插补和进给,否则再回到第一拍。如此不断地重复上述循环过程,就能一步一步地加工出所要求的轨迹和轮廓形状。

在用单板机、单片机或系统计算机构成的线切割数控系统中,进给的快慢,是根据放电间隙的大小,采样后由压 – 频转换、变频电路得来的进给脉冲信号,用它向 CPU 申请中断。CPU 每接受一次中断申请,就按上述四个节拍运行一个循环,决定 X 或 Y 方向进给一步,然后通过并行 I/O 接口芯片,经过放大,驱动步进电动机带动工作台进给 1 μm。

2. 加工控制功能

线切割加工控制和自动化操作方面的功能很多,并有不断增强的趋势,这对节省准备工作量、提高加工质量很有好处,主要有下列几种。

(1) 进给速度控制

能根据加工间隙的平均电压或放电状态的变化,通过取样、变频电路,不定期地向计算机发出中断申请,暂停插补运算,自动调整伺服进给速度,保持某一平均放电间隙,使加工稳定,提高切割速度和加工精度。

(2) 短路回退

经常记忆电极丝经过的路线,一旦发生短路时,减小加工规准并沿原来的轨迹快速回退一小段距离,消除短路,防止断丝。

(3) 间隙补偿

线切割加工数控系统所控制的是电极丝中心移动的轨迹,它有一定的切缝宽度。因此,加工有配合间隙冲模的凸模时,电极丝中心轨迹应向原图形之外偏移,进行"间隙补偿",以补偿放电间隙和电极丝的半径,加工凹模时,电极丝中心轨迹应向图形之内"间隙补偿"。

(4) 图形的缩放、旋转和平移

利用图形的任意缩放功能可以加工出任意比例的相似图形;利用任意角度的旋转功能可使齿轮、电机定转子等类零件的编程大大简化,只要编一个齿形的程序,通过"旋转功能"就可切割出整个齿轮;而平移功能则同样极大地简化了跳步模具的编程。

(5) 适应控制

在工件切割厚度变化的场合,改变规准之后,能自动改变伺服进给速度或电参数(包括加工电流、脉冲宽度、间隔),不用人工调节就能自动进行高效率、高精度的稳定加工。

(6) 自动找中心

使孔中的电极丝由软控制向 X 方向进给至与孔壁短路,然后反向进给并记录进给至再次短路时的步数,再反向进给此步数的 1/2 并暂停,此暂停位置处于经过孔中心的 Y 轴上。此后电级丝再向上沿 Y 轴进给,短路向下进给并记录至再次短路的进给步数,最后反向向上进给步数的 1/2,电极丝即处于孔的中心。自动找正后停止在孔中心处。

(7) 信息显示

可动态显示程序号、计数长度等轨迹参数,较完善地采用计算机 CRT 屏幕显示,还可以显示电规准参数、切割轨迹图形和切割速度、切割时间等。

此外,线切割加工控制系统还具有故障安全(断电记忆等) 和自诊断等功能。上海大量电子设备有限公司研制生产的线切割机床,采用红外遥控替代加工中的键盘操作,还开发出一种超短行程往复走丝模式的新型走丝和放电加工系统,可切割出无黑白条纹、色泽均匀、接近慢走丝切割表面的工件。

3.3.2　线切割数控编程要点

线切割机床的控制系统是按照人的"命令"去控制机床加工的。因此必须事先把要切割的图形,用机器所能接受的"语言"编排好"命令",以便输入控制系统。这项工作叫作数控线切割编程,简称编程。

为了便于机器接受"命令",必须按照一定的格式来编制线切割机床的数控程序。目前高速走丝线切割机床一般采用 3B(个别扩充为 4B 或 5B) 数控程序格式,而低速走丝线切割机床通常采用国际上通用的 ISO(国际标准化组织) 或 EIA(美国电子工业协会) 数控程序格式。为了便于国际交流和标准化,我国电加工学会和特种加工行业协会建议我国生产的线切割控制系统逐步采用 ISO 数控程序格式代码。

已往数控线切割机床在加工之前应先按工件的形状和尺寸编出程序,将此程序打出穿孔纸带,再由纸带进行数控线切割加工。近年来的自动编程机可不用纸带而直接将编出的程序传输给线切割机床。

以下是我国双向高速走丝线切割机床应用较广的3B程序的编程要点。

常见的图形都是由直线和圆弧组成的,任何复杂的图形,只要分解为直线和圆弧就可依次分别编程。编程时需用的参数有五个:切割的起点或终点坐标 X、Y 值;切割时的计数长度 J(切割长度在 X 轴或 Y 轴上的投影长度);切割时的计数方向 G;切割轨迹的类型,称为加工指令 Z。

1.3B 程序格式

我国快走丝数控线切割机床采用统一的五指令3B程序格式,为

BXBYBJGZ

其中　B——分隔符,用它来区分、隔离 X、Y 和 J 等数码。即第1个 B 后为 X 坐标值,第2个 B 后为 Y 坐标值,第3个 B 后为计数长度 J。B 后的数字如为0(零),则此0可以不写。

　　X、Y——直线的终点或圆弧起点的坐标值,编程时均取绝对值,以 μm 为单位,最多为6位数。

　　J——计数长度,亦以 μm 为单位,最多为6位数。

　　G——计数方向,分 G_X 或 G_Y,即可按 X 方向或 Y 方向计数,工作台在该方向每走1 μm,即计数累减1,当累减到计数长度 J=0 时,这段程序即加工完毕。

　　Z——加工指令,即轨迹的类型,分为直线 L 与圆弧 R 两大类。直线又按走向和终点所在象限而分为 L_1、L_2、L_3、L_4 四种;圆弧又按第一步进入的象限及走向的顺、逆圆而分为顺圆 SR_1、SR_2、SR_3、SR_4 及逆圆 NR_1、NR_2、NR_3、NR_4 共八种,如图 3.15 所示。

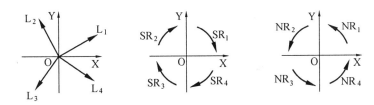

图 3.15　直线和圆弧的加工指令

2.直线的编程要点

① 把直线的起点作为坐标的原点。

② 把直线的终点坐标值作为 X、Y,均取绝对值,单位为 μm,最多为6位。因 X、Y 的比值表示直线的斜度,故亦可用公约数将 X、Y 缩小整倍数。

③ 计数长度 J,按计数方向 G_X 或 G_Y 取该直线在 X 轴或 Y 轴上的投影值,即取 X 值或 Y 值,以 μm 为单位,最多为6位。决定计数长度时,要和选计数方向一并考虑。

④ 计数方向的选取原则,应取此程序最后一步的轴向为计数方向。不能预知时,一般选取与终点处的走向较平行的轴向作为计数方向,这样可减小编程误差与加工误差。对直线而言,取 X、Y 中较大的绝对值和轴向作为计数长度 J 和计数方向。

⑤ 加工指令按直线走向和终点所在象限不同而分为 L_1、L_2、L_3、L_4，其中与 + X 轴重合的直线算作 L_1，与 + Y 轴重合的算作 L_2，与 – X 轴重合的算作 L_3，以此类推。与 X、Y 轴重合的直线，编程时 X、Y 均可作 0 计，且在 B 后可不写。

3. 圆弧的编程要点

① 把圆弧的圆心作为坐标原点。

② 把圆弧的起点坐标值作为 X、Y，均取绝对值，单位为 μm，最多为 6 位。

③ 计数长度 J 按计数方向取 X 轴或 Y 轴上的投影值，以 μm 为单位，最多为 6 位。如果圆弧较长，跨越两个以上象限，则分别取计数方向 X 轴(或 Y 轴)上各个象限投影值的绝对值相累加，作为该方向总的计数长度，也要和选计数方向一并考虑。

④ 计数方向同样也取与该圆弧终点时走向较平行的轴向作为计数方向，以减少编程和加工误差。对圆弧来说，取终点坐标中绝对值较小的轴向作为计数方向(与直线编程相反)。最好应取最后一步的轴向为计数方向。

⑤ 加工指令对圆弧而言，按其第一步所进入的象限可分为 R_1、R_2、R_3、R_4；按切割走向又可分为顺圆 S 和逆圆 N，于是共有 8 种指令，即 SR_1、SR_2、SR_3、SR_4、NR_1、NR_2、NR_3、NR_4，见图 3.14。

4. 整个工件的编程举例

设要切割图 3.16 所示的轨迹，该图形由三条直线和一条圆弧组成，故分四条程序编制(从点 A 开始，暂不考虑切入路线的程序)。

① 加工直线 $\overline{AB}$。坐标原点取 A 点，$\overline{AB}$ 与 ± X 轴重合，X、Y 均可作 0 计(按 X = 40000，Y = 0，也可编程为：B40000 B0 B40000 G_XL_1)，故程序为

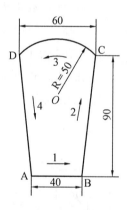

图 3.16   编程图形

$$BBB40000G_XL_1$$

② 加工斜线 $\overline{BC}$。坐标原点取在 B 点，终点 C 的坐标值是 X = 10000，Y = 90000，故程序为

$$B1B9B90000G_YL_1$$

③ 加工圆弧 $\overset{\frown}{CD}$。坐标原点应取在圆心 O，这时起点 C 的坐标可用勾股弦定律算得为 X = 30000，Y = 40000，故程序为

$$B30000\ B40000\ B60000\ G_XNR_1$$

④ 加工斜线 $\overline{DA}$。坐标原点取 D 点，终点 A 的坐标为 X = 10000，Y = 90000，程序为

$$B1B9B90000G_YL_4$$

整个工件的程序见表 3.1。

表 3.1　程序表

程序	B	X	B	Y	B	J	G	Z
1	B		B		B	40000	G_X	L_1
2	B	1	B	9	B	90000	G_Y	L_1
3	B	30000	B	40000	B	60000	G_X	NR_1
4	B	1	B	9	B	90000	G_Y	L_4
5	停　机　代　码							D

　　近年来用微机自动编程,可将整个程序清单通过接口电路用打印机打印出来,或用穿孔机打出纸带,大部分可由计算机编程后直接输入线切割机或直接控制线切割机床加工,省去穿孔纸带。

　　实际线切割加工和编程时,要考虑钼丝半径 r 和单面放电间隙 S 的影响。对于切割孔和凹体,应将编程轨迹偏移减小 $(r+S)$ 距离,对于凸体,则应偏移增大 $(r+S)$ 距离。详见参考文献[12]。

3.3.3　ISO 代码的手工编程方法

1. ISO 代码程序段的格式

对线切割加工而言,某一图段(直线或圆弧)的程序为

N××××G××X××××××Y××××××I××××××J×××××

其中,N 表示程序段号,××××为 1~4 位数字序号。

　　G 表示准备功能,其后的 2 位数××表示各种不同的功能,如:

G00　　　表示点定位,即快速移动到某给定点

G01　　　表示直线(斜线)插补

G02　　　表示顺圆插补

G03　　　表示逆圆插补

G04　　　表示暂停

G40　　　表示丝径(轨迹)补偿(偏移)取消

G41、G42　表示丝经向左、右补偿偏移(沿钼丝的进给方向看)

G90　　　表示选择绝对坐标方式输入

G91　　　表示选择增量(相对)坐标方式输入

G92　　　为工作坐标系设定。即将加工时绝对坐标原点(程序原点)设定在距钼丝中心现在位置一定距离处。如

G92X5000Y20000

表示以坐标原点为准,钼丝中心起始点坐标值为:X = 5 mm, Y = 20 mm。坐标系设定程序,只设定程序坐标原点,当执行这条程序时,钼丝仍在原位置,并不产生运动。

　　X、Y　表示直线或圆弧终点坐标值,以 μm 为单位,最多为 6 位数。

　　I、J　表示圆弧的圆心对圆弧起点的坐标值,以 μm 为单位,最多为 6 位数。

此外,程序结束后还应有辅助功能,常用的有 M00 程序停止;M01 选择停止;M02 程序结束。当准备功能 G××和上一程序段相同时,则该段的 G××可省略不写。

2.ISO 代码按终点坐标有两种表达(输入)方式

(1) 绝对坐标方式,代码为 G90

线:以图形中某一适当点为坐标原点,用 ±X、±Y 表示终点的绝对坐标值(图 3.17(a))。

圆:以图形中某一适当点作坐标原点,用 ±X、±Y 表示某段圆弧终点的绝对坐标值,用 I、J 表示圆心对圆弧起点的坐标值(图 3.17(b))。

(2) 增量(相对)坐标方式,代码为 G91

线:以线起点为坐标原点,用 ±X、±Y 来表达线的终点对起点的坐标值。

圆:以圆弧的起点为坐标原点,用 ±X、±Y 来表示圆弧终点对起点的坐标值,用 I、J 来表示圆心对圆弧起点的坐标值(图 3.17(c))。

编程中采用哪种坐标方式,原则上都可以,但在具体情况下却有方便与否之区别,它与被加工零件图样的尺寸标注方法有关。

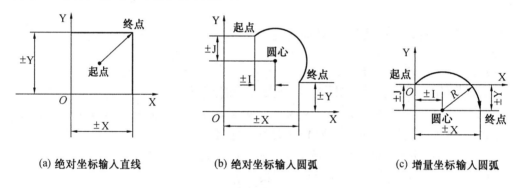

(a) 绝对坐标输入直线　　　　(b) 绝对坐标输入圆弧　　　　(c) 增量坐标输入圆弧

图 3.17　ISO 数控代码终点输入方式

3.线切割用 ISO 代码手工编程实例

例3.1　要加工如图3.18(a)、(b)所示由 4 条直线和一个半圆组成的型孔或凹模,穿丝孔中钼丝中心①的坐标为(5,20),按顺时针切割。

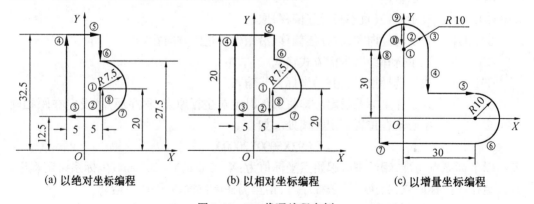

(a) 以绝对坐标编程　　　　(b) 以相对坐标编程　　　　(c) 以增量坐标编程

图 3.18　ISO 代码编程实例

(1) 以绝对坐标方式(G90)输入进行编程(图 3.18(a))

N1	G92	X5000	Y20000	给定起始点圆心①的绝对坐标
N2	G01	X5000	Y12500	直线②终点的绝对坐标
N3		X - 5000	Y12500	直线③终点的绝对坐标
N4		X - 5000	Y32500	直线④终点的绝对坐标
N5		X5000	Y32500	直线⑤终点的绝对坐标
N6		X5000	Y27500	直线⑥终点的绝对坐标
N7	G02	X5000	Y12500 I0J - 7500	X、Y之值为顺圆弧⑦终点的绝对坐标,I、J之值为圆心对圆弧起点的相对坐标
N8	G01	X5000	Y20000	直线⑧终点的绝对坐标
N9	M02			程序结束

(2) 以增量(相对)坐标方式(G91)输入编程(图 3.18(b))

N1	G92	X5000 Y20000	给定起始点圆心①的绝对坐标
N2	G01	X0 Y - 7500	直线②终点对起始点①的相对坐标
N3		X - 10000 Y0	直线③终点对直线②终点的相对坐标
N4		X0 Y20000	直线④终点对直线③终点的相对坐标
N5		X10000 Y0	直线⑤终点对直线④终点的相对坐标
N6		X0 Y - 5000	直线⑥终点对直线⑤终点的相对坐标
N7	G02	X0Y - 15000 I0 J - 7500	X、Y之值为顺圆弧⑦终点对圆弧起点的相对坐标值,I、J之值为圆心对圆弧起点的相对坐标
N8	G01	X0Y7500	直线⑧终点对圆弧⑧终点的相对坐标
N9	M02		程序结束

从上面例子可以发现,采用增量(相对)坐标方式输入程序的数据可简短些,但必须先算出各点的相对坐标值。

例3.2 如图 3.18(c)所示图形,用增量(相对)坐标方式输入,可编程序如下:电极丝在穿丝孔中心,加工起点为①(0,30),顺时针方向切割。

N1	G92	X0	Y30000	给定起始点圆心①的绝对坐标
N2	G01	X0	Y10000	直线②对起始点①的相对坐标
N3	G02	X10000	Y - 10000 I0 J - 10000	X、Y之值为顺圆弧③终点对圆弧起点(即直线②终点)的相对坐标
N4	G01	X0	Y - 20000	直线④终点对圆弧③终点的相对坐标
N5		X20000 Y0		直线⑤终点对其起点即直线④终点的相对坐标
N6	G02	X0	Y - 20000 I0 J - 10000	X、Y之值为顺圆⑥终点对圆弧起点(即直线⑤终点的相对坐标)
N7	G01	X - 40000 Y0		直线⑦终点对其起点即圆弧⑥终点的相对坐标
N8		X0	Y40000	直线⑧终点对直线⑦终点的相对坐标
N9	G02	X10000	Y10000 I10000 J0	X、Y之值为顺圆⑨终点对圆弧起点的相对坐标

N10　G01　　X0　　　　　Y－10000　　直线⑩终点对圆弧⑨终点的相对坐标

如需将线切割的 3B 格式程序转换成 ISO 代码程序或相反将 ISO 代码转换成 3B 格式程序,可用人工完成,也可通过计算机的软件来自动转换。读者可作为练习题写出 3B 程序和 ISO 代码相互转换的规律。

3.3.4　自动编程

数控线切割编程是根据图样提供的数据,经过分析和计算,编写出线切割机床能接受的程序单。数控编程可分为人工编程和自动编程两类。人工编程通常是根据图纸把图形分解成直线段和圆弧段,并且把每段的起点、终点,中心线的交点、切点的坐标一一定出,按这些直线的起点、终点,圆弧的中心、半径、起点、终点坐标进行编程,如上节所述。当零件的形状复杂或具有非圆曲线时,人工编程的工作量大,并容易出错。

为了快速和可靠地编程,利用电子计算机进行自动编程是必然趋势。自动编程使用专用的数控语言及各种输入手段,向计算机输入必要的形状和尺寸数据,利用专门的应用软件即可求得各交、切点坐标及编写数控加工程序所需的数据,编写出数控加工程序,并可由打印机打出加工程序单,由穿孔机穿出数控纸带,或直接将程序传输给线切割机床。即使是数学知识不多的人也照样能简单地进行这项工作。

近年来已出现了可输出两种格式(ISO 和 3B)的自动编程机。

值得指出,一些 CNC 线切割机床本身已具有多种自动编程机的功能,或做到控制机与编程机合二为一,在控制加工的同时,可以"脱机"进行自动编程。例如国外的低速走丝线切割机床及近来我国生产的一些高速走丝线切割机都有类似的功能。

目前我国高速走丝线切割加工的自动编程机,有根据编程语言来编程的,有根据菜单采用人机对话来编程的。后者易学,但繁琐;前者简练,但事先需记忆大量的编程语言、语句,适合于专业编程人员。

为了使编程人员免除记忆枯燥繁琐的编程语言等麻烦,我国苏州科技人员开发出 YH 型等绘图式编程技术,只需根据待加工的零件图形,按照机械制图的步骤,在计算机屏幕上绘出零件图形,计算机内部的软件即可自动计算出各个交点,并转换成 3B 或 ISO 代码线切割程序,非常简捷方便。以后又有北航－海尔、重庆 HGD 等线切割自动编程系统。

对一些毛笔字体或熊猫、大象等工艺美术品复杂曲线图案的编程,可以用数字化仪靠描图法把图形直接输入计算机,更简便的是用扫描仪直接对图形扫描输入计算机,再经内部的软件处理,编译成线切割程序。这些绘图式和扫描仪等直接输入图形的编程系统,目前都已有商品出售。图 3.19 是用扫描仪直接输入图形编程切割出的工件。为了避免多次穿丝,对复杂图形编程时,必须把图形处理成"一笔画"。

图 3.19　用扫描仪直接输入图形编程切割出的工件图形

3.4 影响线切割工艺指标的因素

3.4.1 线切割加工的主要工艺指标

1.切割速度

在保持一定的表面粗糙度的切割过程中,单位时间内电极丝中心线在工件上切过的面积总和称为切割速度,单位为 mm^2/min。最高切割速度是指在不计切割方向和表面粗糙度等条件下,所能达到的切割速度。通常高速走丝线切割速度为 $50 \sim 100\ mm^2/min$,慢速走丝线切割速度为 $100 \sim 150\ mm^2/min$,它与加工电流大小有关,为比较不同输出电流脉冲电源的切割效果,将每安培电流的切割速度称为切割效率,一般切割效率为 $20\ mm^2/(min \cdot A)$。

2.表面粗糙度

和电火花加工表面粗糙度一样,我国和欧洲常用轮廓算术平均偏差 $Ra(\mu m)$ 来表示,而日本常用 $R_{max}(\mu m)$ 来表示。高速走丝线切割一般的表面粗糙度为 $Ra5 \sim 2.5\ \mu m$,最佳也只有 $Ra1\ \mu m$ 左右。低速走丝线切割一般可达 $Ra1.25\ \mu m$,最佳可达 $Ra0.2\ \mu m$ 或更小。

用双向高速走丝方式切割钢工件时,在切割出表面的进出口两端附近,往往有黑白相间交错的条纹,仔细观察时能看出黑的微凹,白的微凸,电极丝每正、反向换向一次,便有一条黑白条纹,见图 3.20(a)。这是由于工作液出入口处的供应状况和蚀除物的排除情况不同所造成的。如图 3.20(b),电极丝入口处工作液供应充分,冷却条件好,蚀除量大但蚀除物不易排出,工作液在放电间隙中受高温热裂分解出的碳黑和钢中的碳微粒,被移动的钼丝带入间隙,致使放电产生的碳黑等物质凝聚附着在该处加工表面上,使该处呈黑色。而在出口处工作液少,冷却条件差,但因靠近出口排除蚀除物的条件好,又因工作液少,蚀除量小,在放电产物中碳黑也较少,且放电常在小气泡等气体中发生,因此表面呈白色,由于在气体中放电间隙比在液体中的放电间隙小,所以电极丝入口处的放电间隙比出口处大,如图 3.20(c)所示。

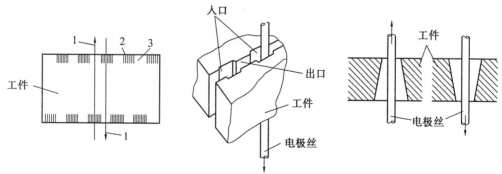

(a) 电极丝往复运动产生的黑白条纹　(b) 电极丝入口和出口处的宽度　(c) 电极丝不同走向处的剖面图

图 3.20　线切割表面黑白条纹及其切缝形状

1—电极丝运动方向;2—微凹的黑色部分;3—微凸的白色部分

双向高速走丝独有的黑白条纹,对工件的加工精度和表面粗糙度都造成不良的影响。

3.电极丝损耗量

对高速走丝机床,用电极丝在切割 10 000 mm² 面积后电极丝直径的减少量来衡量电极丝的损耗率。一般每切割 10 000 mm² 后,钼丝直径减小不应大于 0.01 mm。

4.加工精度

加工精度是指所加工工件的尺寸精度、形状精度(如直线度、平面度、圆度等)和位置精度(如平行度、垂直度、倾斜度等)的总称。往复快速走丝线切割的可控加工精度为 0.01 ~ 0.02 mm,单向低速走丝线切割可达 0.005 ~ 0.002 mm。

影响电火花加工工艺指标的各种因素,在第二章中已有所论述,此处就电火花线切割工艺的一些特殊问题作一补充。

3.4.2　电参数的影响

1.脉冲宽度 t_i

通常 t_i 加大时加工速度提高而表面粗糙度变差。一般 $t_i = 2 \sim 60$ μs,在分组脉冲及光整加工时,t_i 可小至 0.5 μs 以下。

2.脉冲间隔 t_o

t_o 减小时平均电流增大,切割速度加快,但 t_o 不能过小,以免引起电弧和断丝。一般取 $t_o = (4 \sim 8) t_i$。在刚切入或大厚度加工时,应取较大的 t_o 值,以避免断丝。

3.开路电压 $\hat{u}_i$

改变该值会引起放电峰值电流和放电加工间隙的改变。$\hat{u}_i$ 提高,加工间隙增大,排屑变易,提高了切割速度和加工稳定性,但易造成电极丝振动,通常 $\hat{u}_i$ 的提高需通过专业电工才能实现,它会增加电源中限流电阻的发热损耗,还会使丝损加大。

4.放电峰值电流 $\hat{i}_e$

放电峰值电流是决定单脉冲能量的主要因素之一。$\hat{i}_e$ 增大时,切割速度提高,表面粗糙度变差,电极丝损耗比加大甚至断丝。一般 $\hat{i}_e$ 小于 40 A,平均电流小于 5 A。低速走丝线切割加工时,因脉宽很窄,小于 1 μs,电极丝又较粗,故 $\hat{i}_e$ 有时大于 100 A 甚至 500 A。

5.放电波形

在相同工艺条件下,高频分组脉冲常能获得较好的加工效果。电流波形前沿上升较缓慢时,电极丝损耗较少。但当脉宽很窄时,必须要有陡的前沿才能进行有效加工。

3.4.3　非电参数的影响

1.电极丝及其移动速度对工艺指标的影响

对于高速走丝线切割,广泛采用 φ0.06 ~ 0.20 mm 的钼丝,因它耐损耗、抗拉强度高、丝质不易变脆且较少断丝。提高电极丝的张力可减轻丝振的影响,从而提高精度和切割速度。丝张力的波动对加工稳定性影响很大,产生波动的原因是:导轮、导轮轴承磨损偏摆、跳动;电极丝在卷丝筒上缠绕松紧不均;正反运动时张力不一样;工作一段时间后电极丝伸长、张力下降。采用恒张力装置可以在一定程度上改善丝张力的波动。电极丝的直径决定了切缝宽度和允许的峰值电流。最高切割速度一般都是用较粗的丝实现的。在切割小模数齿轮等复杂零件时，采用细丝才能获得精细的形状和很小的圆角半径。随着走丝速度的提高，在一定范围内，加工速度也提高。提高走丝速度有利于电极丝把工作液带入较大厚度的工件放电间隙中，有利于电蚀产物的排除和放电加工的稳定。但走丝速度过高，将加大机械振动，降低精度和切割速度，表面粗糙度也恶化，并易造成断丝，一般以小于 10 m/s 为宜。对于低速走丝线切割机床，电极丝的材料和直径有较大的选择范围。高生产率时可用 0.3 mm 以下的镀锌黄铜丝，允许较大的峰值电流和有较大的气化爆炸力。精微加工时可用 0.03 mm 以上的钼丝。由于电极丝单方向运动、一次性使用、张力均匀、振动较小，所以加工稳定性、表面粗糙度、精度指标等均好于快走丝机床。

2.工件厚度及材料对工艺指标的影响

工件材料薄，工作液容易进入并充满放电间隙，对排屑和消电离有利，加工稳定性好。但工件太薄，电极丝易产生抖动，对加工精度和表面粗糙度不利。工件厚，工作液难于进入和充满放电间隙，加工稳定性差，但电极丝不易抖动，因此切割精度较高，表面粗糙度值较小。切割速度(指单位时间内切割的面积，单位为 mm²/min)起先随厚度的增加而增加，达到某一最大值(一般为 50～100 mm)后开始下降，这是因为厚度过大时，冲液和排屑条件变差。

工件材料不同，其熔点、气化点、热导率等都不一样，因而加工效果也不同。例如采用乳化液加工时：

① 加工铜、铝、淬火钢时，加工过程稳定，切割速度高。

② 加工不锈钢、磁钢、未淬火高碳钢时，稳定性较差，切割速度较低，表面质量差。

③ 加工硬质合金时，比较稳定，虽切割速度较低，但表面粗糙度值小。

3.预置进给速度对工艺指标的影响

预置进给速度(指进给速度的调节，俗称变频调节)对切割速度、加工精度和表面质量的影响很大，因此应调节预置进给速度，紧密跟踪工件蚀除速度，保持加工间隙恒定在最佳值左右。这样可使有效放电状态的比例大，而开路和短路的比例少，使切割速度达到给定加工条件下的最大值，相应的加工精度和表面质量也好。如果预置进给速度调得太快，超过工件可能的蚀除速度，会出现频繁的短路现象，切割速度反而低(欲速则不达)，表面粗糙度也差，上、下端面切缝呈焦黄色，甚至可能断丝；反之，进给速度调得太慢，大大落后于工件可能的蚀除速度，极间将偏开路，有时会时而开路、时而短路，上、下端面切缝发焦黄色，这两种情况都大大影响工艺指标。因此，应按电压表、电流表调节进给旋钮，使表针稳定不动，此时进给速度均匀、平稳，是线切割加工速度和表面粗糙度均好的最佳状态。

此外，机械部分精度(例如导轨、轴承、导轮等磨损、传动误差)和工作液(种类、浓度及其脏污程度)都会对加工效果产生相当的影响。当导轮、轴承偏摆、工作液上、下冲水不均匀，都会使加工表面产生上、下凹凸相间的条纹，恶化工艺指标。

3.4.4　合理选择电参数

1.要求切割速度高时

当脉冲电源的空载电压高、短路电流大、脉冲宽度大时，则切割速度高。但切割速度和表面粗糙度的要求是互相矛盾的两个工艺指标,所以,必须在满足表面粗糙度的前提下再追求高的切割速度,而且脉冲间隔也要适宜。

2.要求表面粗糙度好时

若切割的工件厚度在 80 mm 以内,则选用分组波的脉冲电源为好。它与同样能量的矩形波脉冲电源相比,在相同的切割速度条件下,可以获得较好的表面粗糙度。

无论是矩形波还是分组波,其单个脉冲能量小,则切割后的 Ra 值小。亦即脉冲宽度小、脉冲间隔适当、峰值电压低、峰值电流小时,表面粗糙度较好。

3.要求电极丝损耗小时

多选用前阶梯脉冲波形或脉冲前沿上升缓慢的波形,由于这种波形电流的上升率低(即 $\mathrm{d}i/\mathrm{d}t$ 小),故可以减小丝损。

4.要求切割厚工件时

选用矩形波、高电压、大电流、大脉冲宽度和大脉冲间隔,可充分消电离,从而保证加工的稳定性。

若加工模具厚度为 20~60 mm,表面粗糙度 Ra 值为 1.6~3.2 μm,脉冲电源的电参数可在如下范围内选取:

脉冲宽度　4~20 μs;

脉冲幅值　60~80 V;

功率管数　3~6个;

平均加工电流　0.8~4 A;

切割速度约为　15~40 mm²/min。

选择上述的下限参数,表面粗糙度为 $Ra=1.6$ μm,随着参数的增大,表面粗糙度值增至 $Ra=3.2$ μm。

加工薄工件和试切样板时,电参数应取小些,否则会使放电间隙增大,成形精度变差。

加工厚工件(如凸模)时,电参数应适当取大些,否则会使加工不稳定,模具质量下降。

3.4.5　合理调整变频进给的方法

整个变频进给控制电路有多个调节环节,其中大都安装在机床控制柜内部,出厂时已调整好,一般不应再变动;只有一个调节旋钮安装在控制台操作面板上,操作工人可以根据工件材料、厚度及加工规准等来调节此旋钮,以改变进给速度。

注意:不可以为变频进给的电路能自动跟踪工件的蚀除速度并能始终维持某一放电间隙(即不会开路不走或短路闷死),便错误地认为加工时可不必或可随便调节变频进给量。实际上某一具体加工条件下只存在一个相应的最佳进给速度,此时钼丝的进给速度恰好等于工件实际可能的最大蚀除速度,可参考第 2 章 2.5 节图 2.21 间隙特性曲线和调节特性曲线。如果人们设置的变频进给速度小于工件实际可能的蚀除速度(称欠跟踪或欠进给),则加工状态偏开路,降低了生产率;如果设置好的变频进给速度大于工件实际可能的蚀除速度(称过跟踪或过进给),则加工状态偏短路,实际进给和切割速度也将下降,而且增加了断丝和"短路闷死"的危险。实际上,由于进给系统中步进电动机、传动部件等有机械惯性及滞后现象,不论是欠进给或过进给,自动调节系统都将使进给速度忽快忽慢,加工过程变得不稳定。因此,合理调节变频进给,使其达到较好的加工状态是很重要的,主要有以下 3 种方法。

1.用示波器观察和分析加工状态的方法

如果条件允许,最好用示波器来观察加工状态,它不仅直观,而且还可以观察测量脉冲电源的各种电参数。将示波器输入线的正极接工件,负极接电极丝(导电块或机床),调整好示波器,则可能观察到的波形应如图 3.21(a)、(b)、(c)所示。

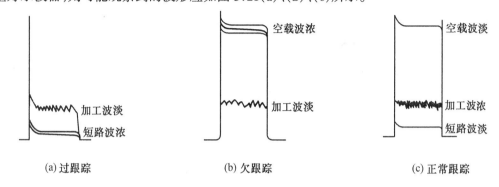

图 3.21　加工时的几种波形

数控线切割机床加工效果的好坏,在很大程度上还取决于操作者调整进给速度是否适宜,为此可将示波器接到放电间隙,根据加工波形直观地判断与调整(图 3.21),具体分为:

(1) 进给速度过高(过跟踪、偏短路)(图 3.21(a))

此时间隙中空载电压波形消失,加工电压波形变淡,短路电压波形浓。这时工件可能蚀除的线速度低于进给速度,间隙接近于短路,加工表面发焦呈褐色,工件的上、下端面均有过烧现象。

(2) 进给速度过低(欠跟踪、偏开路)(图 3.21(b))

此时间隙中空载电压波形较浓,中部的加工波形较淡或时而出现加工波形,短路波形出现较少或无。这时工件可能蚀除的线速度大于进给速度,间隙近于开路,"进进停停",加工表面亦发焦呈淡褐色,工件的上、下端面也有过烧现象。

(3) 进给速度稍低(欠佳跟踪)

此时间隙中空载、加工、短路三种波形均较明显,浓淡都差不多的波形比较稳定。这时工件可能蚀除的线速度略高于进给速度,加工表面较粗、较白,两端面有黑白交错相同的条纹,这是"尚可"的加工状态。

(4) 进给速度适宜(最佳跟踪)(图 3.21(c))

此时间隙中空载及短路波形弱,加工波形浓而稳定。这时工件蚀除的速度与进给速度相当,加工表面细而亮,丝纹均匀。因此在这种情况下,能得到表面粗糙度好、精度高的加工效果,这是最佳的加工状态。

表 3.2 给出了根据进给状态调整变频的方法。

表 3.2　根据进给状态调整变频的方法

变频状态	进给状态	加工面状况	切割速度	电 极 丝	变频调整
过跟踪	慢而稳	焦褐色	低	略焦,老化快	应减慢进给速度
欠跟踪	忽慢忽快 不均匀	不光洁 易出深痕	低	易烧丝,丝上 有白斑伤痕	应加快进给速度
欠佳跟踪	慢而稳	略焦褐,有条纹	较快	焦色	应稍增加进给速度
最佳跟踪	很稳	发白,光洁	最快	发白,老化慢	不需再调整

2.用电压电流表观察分析加工状态的方法

利用电压表和电流表来观察加工状态,调节变频进给旋钮,使电压表和电流表的指针摆动最小(最好不动),即处于较好的加工状态,实质上也是一种调节合理的变频进给速度的方法。

下面介绍一种用电流表根据工作电流和短路电流的比值来更快速、有效地调节最佳变频进给速度的方法。

3.按加工电流和短路电流的比值 β 调节

根据实践,并经理论推导证明,用矩形波脉冲电源进行线切割加工时,无论工件材料、厚度、规准大小,只要调节变频进给旋钮,把加工电流(即电流表上指示出的平均电流)调节到大约等于短路电流(即脉冲电源短路时表上指示的电流)的70% ~ 80%,就可接近最佳工作状态,此时变频进给最合理、加工最稳定、切割速度最高。

4.计算出不同空载电压时的 β 值

加工电流与短路电流的最佳比值 β 与脉冲电源的空载电压(峰值电压 $\hat{u}_i$)和火花放电的维持电压 u_e 的比值有关,其关系为

$$\beta = 1 - \frac{u_e}{\hat{u}_i}$$

当火花放电维持电压 u_e 为 20 V 时,用不同空载电压的脉冲电源加工时,加工电流与短路电流的最佳比值列于表 3.3。

表 3.3　加工电流与短路电流的最佳比值

脉冲电源空载电压 $\hat{u}_i$/V	40	50	60	70	80	90	100	110	120
加工电流与短路电流最佳比值 β	0.5	0.6	0.66	0.71	0.75	0.78	0.8	0.82	0.83

短路电流的获取,可以用计算法,也可以用实测法。例如,某种电源的空载电压为100 V,共用 6 个功放管,每管的限流电阻为 25 Ω,则每管导通时的最大电流为(100 ÷ 25)A = 4 A,6个功放管全用时,导通时的短路峰值电流为 6 × 4 A = 24 A,设选用的脉冲宽度和脉冲间隔的比值为 1∶5,则短路时的短路电流(平均值)为

$$24\left(\frac{1}{5+1}\right)A = 4\ A$$

由此,在切割加工中,当调节到加工电流 = 4 A × 0.8 = 3.2 A 时,进给速度和切割速度将为最佳。

实测短路电流的方法为用一根较粗的导线或旋具,人为地将脉冲电源输出端搭接短

路,此时由电流表上读得的数值即为短路电流值。按此法可将各类电源不同电压以及不同脉宽、脉间比时的短路电流列成一表,以备随时查用。

本方法可使操作工人在调节和寻找最佳变频进给速度时有一个明确的目标值,可很快地调节到较好的进给和加工状态的大致范围,必要时再根据前述电压表和电流表指针的摆动方向,补偿调节到表针稳定不动的状态。

必须指出,所有上述调节方法,都必须在工作液供给充足、导轮精度良好、钼丝松紧合适等正常切割条件下,才能取得较好的效果。

3.5 线切割加工工艺及其扩展应用

电火花线切割加工已广泛用于国防和民用的生产、科研工作中,用于加工各种难加工材料、复杂表面和有特殊要求的零件、刀具和模具。

3.5.1 电火花线切割加工工艺

从工艺的可能性而言,双向快走丝商品电火花线切割加工机床可分为三类:

1. 切割直壁二维型面的线切割加工工艺及机床

这类机床只有工作台 X、Y 两个数控轴,钼丝在切割时始终处于垂直状态,因此只能切割直上直下的直壁二维图形曲面,常用以切割直壁没有落料角(无锥度)的冲模和工具电极。早期绝大多数的线切割机床都是属于这一类产品,它结构简单、价格便宜,由于调整环节少,故可控程度较高。

2. 有斜度切割功能、可实现等锥度三维曲面切割工艺及机床

这类机床除工作台有 X、Y 两个数控轴外,在上丝架上还有一个小型工作台 U、V 两个数控轴,使电极丝(钼丝)上端可作倾斜移动,从而切割出倾斜有锥度的表面。由于 X、Y 和 U、V 四个数控轴是同步、成比例的,因此切割出的斜度(锥度)是相等的。可用以切割有落料角的冲模。现在生产的大多数快走丝线切割机床都属于此类机床。可调节的锥度最早只有 3° ~ 10°,以后由于技术上的改进可增至 30° 甚至 60° 以上。

3. 可实现变锥度、上下异形面切割工艺及机床

这类机床在 X、Y 和 U、V 工作台等机械结构上与上述机床类似,所不同的是在编程和控制软件上有所区别。为了能切割出上下不同的截面,例如上圆下方(俗称为天圆地方)的多维曲面,在软件上需按上截面和下截面分别编程,然后在切割时加以"合成"(例如指定上下异形面上的对应点等)。电极丝(钼丝)在切割过程中的斜度不是固定的,可随时变化。图 3.22(a)所示为"天圆地方"上下异形面工件,图 3.22(b)所示一端截面为红桃,逐步过渡到另一端截面为草花的上下异形面工件。国内外生产的慢走丝线切割机床,一般都具有上下异形面的切割功能。

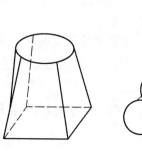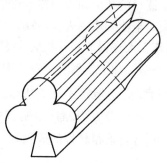

(a)"天圆地方"上下异形面　　　(b)红桃草花异形截面

图 3.22　线切割加工的上下异形面工件

3.5.2　线切割工艺的扩展应用

上述 X、Y 和 U、V 四轴联动能切割上下异形截面的线切割机床,仍无法加工出螺旋表面、双曲线表面和正弦曲面等复杂表面。

如果增加一个数控回转工作台附件,将工件装在用步进电动机驱动的回转工作台上,采取数控移动和数控转动相结合的方式编程,用 θ 角方向的单步转动来代替 Y 轴方向的单步移动,即可完成上述复杂曲面的加工。以下为哈尔滨工业大学特种加工及机电控制研究所在普通无锥度切割功能的快走丝线切割机床上,利用数控分度转台附件线切割加工出的一些多维复杂曲面样件。这些加工实例,可以扩展人们的视野,启发人们的创新性思维。

图 3.23(a) 为工件轴与水平线成 α 角,在 X 或 Y 轴方向切入一定深度后,工件仅按 θ 轴单轴伺服转动,可以切割出如图 3.23(b) 所示的双曲面体。图 3.24 为 X 轴与 θ 轴联动插补(按极坐标半径 ρ、转角 θ 数控插补),可以切割出阿基米德螺旋线的平面凸轮。图 3.25(a) 为钼丝自工件中心平面沿 X 轴切入,与 θ 轴转动二轴数控联动,可以"一分为二"

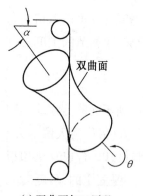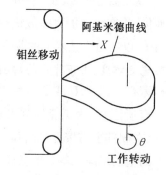

(a) 双曲面加工原理　　　(b) 双曲面体外形

图 3.23　工件倾斜、数控回转线切割加工
　　　　　双曲面零件

图 3.24　数控移动加转动(极坐标)
　　　　　线切割加工阿基米德螺旋线
　　　　　平面凸轮

地将一个圆柱体切成两个"麻花"瓣螺旋面零件,图 3.25(b) 为其切割出的一个螺旋面零件。图 3.26(a) 钼丝自穿丝孔或中心平面切入后与 θ 轴联动,钼丝在 X 轴向往复移动数次, θ 轴转动一圈,即可切割出两个端面为正弦曲面的零件,如图 3.26(b) 所示。图 3.27(a) 为切割带有窄螺旋槽的套管,可用作机器人等精密传动部件中的挠性接头。钼丝沿 Y 轴侧向

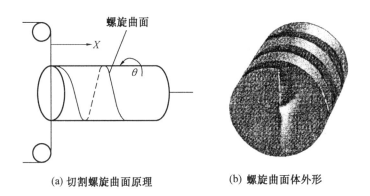

(a) 切割螺旋曲面原理　　　　　　(b) 螺旋曲面体外形

图 3.25　数控移动加转动线切割加工螺旋曲面

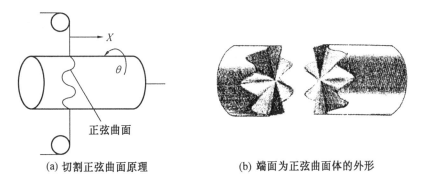

(a) 切割正弦曲面原理　　　　　　(b) 端面为正弦曲面体的外形

图 3.26　数控往复移动加转动线切割加工正弦曲面

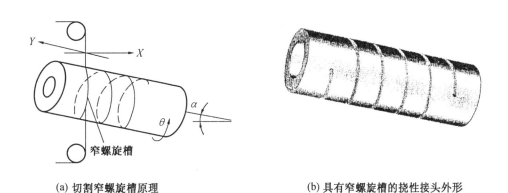

(a) 切割窄螺旋槽原理　　　　　　(b) 具有窄螺旋槽的挠性接头外形

图 3.27　数控移动加转动线切割加工窄螺旋槽

切入至中心平面后,钼丝一边沿 X 轴移动,与工件按 θ 轴转动相配合,可切割出如图

3.27(b)所示带窄螺旋槽的套管,相当一个矩形截面的螺旋弹簧,其扭转刚度很高,弯曲刚度则稍低。图3.28(a)为切割八角宝塔的原理图。钼丝自塔尖切入,在 X、Y 轴向按宝塔轮廓在水平面内的投影作为轨迹,二轴数控联动,切割到宝塔底部后,钼丝空走回到塔尖,工件作8等分分度(可用普通分度头转45°),再进行第二次切割。这样共分度7次,切割8次即可切割出如图3.28(b)所示的八角宝塔。图3.29所示为数控二轴(X、Y 轴)联动,加一次90°分度,共切割两次,加工出的镂空太师摇椅。毛坯为圆柱形棒料,水平装夹在分度机构中。图3.30(a)为切割四方扭转锥台的原理图,它需三轴联动数控插补才能加工出来。工件毛坯(圆柱体)水平装夹在数控转台轴上,钼丝在 X、Y 轴向二轴联动插补,其轨迹为一斜线,同时又与工件 θ 轴转动相联动,进行三轴数控插补,即可切割出扭转的锥面,切割完一面后,进行90°分度,再切割第二面,这样3次分度,4次切割,即可切割出扭转的四方锥台,如图3.30(b)所示。

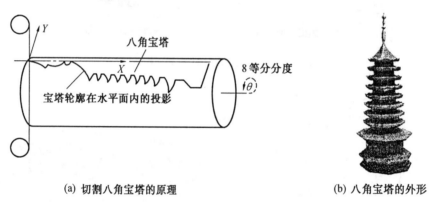

(a) 切割八角宝塔的原理　　　　　　　　(b) 八角宝塔的外形

图3.28　数控二轴联动加分度后线切割加工宝塔

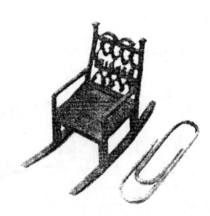

图3.29　数控二轴联动加分度线切割加工太师摇椅

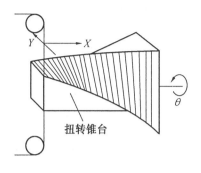
(a) 扭转四方锥台切割原理

(b) 四方锥台外形

图 3.30　数控三轴联动加分度线切割加工扭转四方锥台

思考题与习题

3.1　电火花加工和线切割加工时,粗、中、精加工的生产率和脉冲电源的功率、输出电流大小有关。用什么方法和标准来衡量、判断脉冲电源加工性能的好坏(绝对性能和相对性能)?

提示:测量其单位电流的生产率。

3.2　电火花或线切割加工时,如何计算脉冲电源的电能利用率? 试估算一般线切割方波脉冲电源的电能利用率?

提示:分析、计算消耗在限流电阻上的电能百分比。

3.3　试设计一个测量、绘制数控线切割加工的间隙蚀除特性曲线的方法。

提示:使线切割等速进给,由欠跟踪到过跟踪。

3.4　一般线切割加工机床的进给调节特性曲线和电火花加工机床的进给调节特性曲线有何不同? 与有短路回退功能的线切割加工机床的进给调节特性曲线又有什么不同? 试作出进给调节特性曲线比较之。

3.5　试设计一个测量、绘制数控线切割加工机床的进给调节特性曲线的方法。

3.6　参考图 3.26,拟用数控线切割加工有八个直齿的爪牙离合器,试画出其工艺示意图,并编制出相应的线切割 3B 程序。

3.7　如何在线切割机床上切割加工出螺旋面零件?

提示:必须增加一个数控回转工作台附件。

3.8　试设计一个用于切割螺旋面的数控回转工作台附件。

提示:可参考前苏州三光厂在 20 世纪 70 ~ 80 年代生产出厂的 DK7725 线切割机床的附件数控回转分度头。

3.9　如果你处的锥度线切割机床不能切割天圆地方、上下异形面的零件,如何设法使其能具有这一功能?

3.10　图 3.22 中上下异形面的零件大致是如何编程和切割的?

3.11　试用手工编写图 3.31 中两个图形的 3B 程序。

(a)按五角星和小圆的外轮廓编程(自 A 点切入,顺时针切割);

(b)按三圆及梯形的外轮廓线编程(自 A 点切入,顺时针切割)。

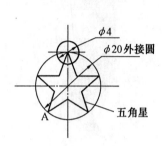

(a)带小圆的五角星

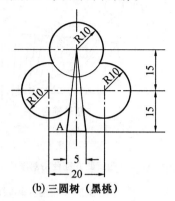

(b)三圆树（黑桃）

图 3.31 手工编程练习的两个图形

第4章 电化学加工技术

电化学加工(Electro-Chemical Machining,简称 ECM)包括从工件上去除金属的电解加工和向工件上沉积金属的电镀、涂覆加工两大类。虽然有关的基本理论在 19 世纪末已经建立,但真正在工业上得到大规模应用,还是 20 世纪 50～60 年代以后的事。目前,电化学加工已经成为我国及国际上民用、国防工业中的一种不可或缺的加工手段。

4.1　电化学加工的原理及分类

4.1.1　电化学加工的基本原理

1.电化学加工过程

当两铜片接上约 10 V 的直流电源并插入 $CuCl_2$ 的水溶液中(此水溶液中含有 OH^- 和 Cl^- 负离子及 H^+ 和 Cu^{2+} 正离子),如图4.1所示,即形成通路。导线和溶液中均有电流流过。在金属片(电极)和溶液的界面上,将有交换电子的反应,即电化学反应。溶液中的离子将作定向移动,Cu^{2+} 正离子移向阴极,在阴极上得到电子而进行还原反应,沉积出铜。在阳极表面 Cu 原子失去电子而成为 Cu^{2+} 正离子进入溶液。保持电解液中铜正离子的浓度基本不变。列成电化学反应式

阴极上　$Cu^{2+} + 2e^- \longrightarrow Cu \downarrow$　　　铜正离子获得电子成为原子沉积在阴极表面

阳极上　$Cu - 2e^- \longrightarrow Cu^{2+}$　　　铜原子失去电子进入溶液中成为正离子

溶液中正、负离子的定向移动称为电荷迁移。在阳、阴电极表面发生得失电子的化学反应,称之为电化学反应,以这种电化学作用为基础对金属进行加工的方法即电化学加工。图 4.1 中阳极上为电解蚀除,常用作电解加工;阴极上为电镀沉积,常用以提炼纯铜或电镀。其实任何两种不同的金属放入任何导电的水溶液中,在电场作用下,都会有类似情况发生。与这一反应过程密切相关的概念有电解质溶液,电极电势,电极的极化、钝化、活化等,下面将分别论述。

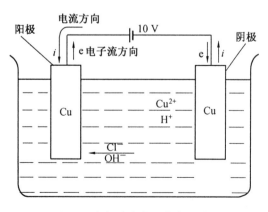

图 4.1　电解液中的电化学反应

2. 电解质溶液

凡溶于水后能导电的物质,均叫作电解质,如盐酸(HCl)、硫酸(H_2SO_4)等酸类;氢氧化钠(NaOH)、氢氧化铵(NH_4OH)等碱类;以及食盐(NaCl)、硝酸钠($NaNO_3$)、氯酸钠($NaClO_3$)等盐类物质,都是电解质。电解质与水形成的溶液为电解质溶液,简称为电解液。电解液中所含电解质的多少即为电解液的质量分数(质量浓度)。

由于水分子是极性分子,可以和其他带电的粒子发生微观静电作用。例如 NaCl,它是一种电解质,是结晶体。组成 NaCl 晶体的粒子不是分子,而是相间排列的 Na^+ 和 Cl^-,叫作离子型晶体。把它放到水里,就会产生电离作用。这种作用使 Na^+ 和 Cl^- 之间的静电作用减弱,大约只有原来静电作用的 1/80。因此,Na^+、Cl^- 一个个、一层层地被水分子拉入溶液中。在这种电解质水溶液中,每个 Na^+ 和每个 Cl^- 周围均吸引着一些水分子,成为水化离子,此过程称为电解质的电离,其电离方程式简写为

$$NaCl \longrightarrow Na^+ + Cl^-$$

NaCl 在水中能 100% 电离,称为强电解质。强酸、强碱和大多数盐类都是强电解质,它们在水中都完全电离。弱电解质如氨(NH_3)、醋酸(CH_3COOH)等在水中仅小部分电离成离子,大部分仍以分子状态存在,水也是弱电解质,它本身也能微弱地离解为正的氢离子(H^+)和负的氢氧根离子(OH^-),导电能力都较弱。

由于溶液中正负离子的电荷相等,所以整个溶液仍保持电的中性。

3. 电极电势(位)

金属原子都是由内层带正电荷的金属阳离子、外层带负电荷的电子所组成,即使没有外接电源,当金属和它的盐溶液接触时,经常发生把电子交给溶液中的离子或从溶液中得到电子的现象。这样,当金属上有多余的电子而带负电时,溶液中靠近金属表面很薄的一层则有多余的金属离子而带正电。随着由金属表面进入溶液的金属离子数目的增加,金属上负电荷增加,溶液中正电荷增加,由于静电引力作用,金属离子的溶解速度逐渐减慢,与此同时,溶液中的金属离子亦有沉积到金属表面上的趋向,随着金属表面负电荷的增加,溶液中金属离子返回金属表面的速度逐渐加快。最后这两种相反的过程达到动态平衡。对化学性能比较活泼的金属(如铝、铁),其表面带负电,溶液带正电,形成一层极薄的"双电层",如图 4.2 所示,金属越活泼,这种倾向越大。

在给定溶液中建立起来的双电层,除了受静电作用外,由于离子的热运动,使双电层的离子层获得了分散的构造,如图 4.3 所示。只有在界面上极薄的一层,具有较大的电势差 U_a。

由于双电层的存在,在正、负电层之间,也就是金属和电解液之间形成了电势差。产生在金属和它的盐溶液之间的电势差,称为金属的电极电势,因为它是金属在本身盐溶液中的溶解和沉积相平衡时的电势差,所以又称为"平衡电极电势"。

若金属离子在金属上的能级比在溶液中的低,即金属离子存在于金属晶体中比在溶液中更稳定,则金属表面带正电,靠近金属表面的溶液薄层带负电,也形成了双电层,如图 4.4 所示。金属越不活泼(如铜、锰),此种倾向就越大。

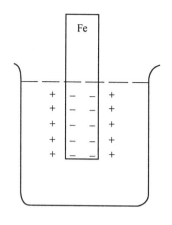

图 4.2　活泼金属的双电层

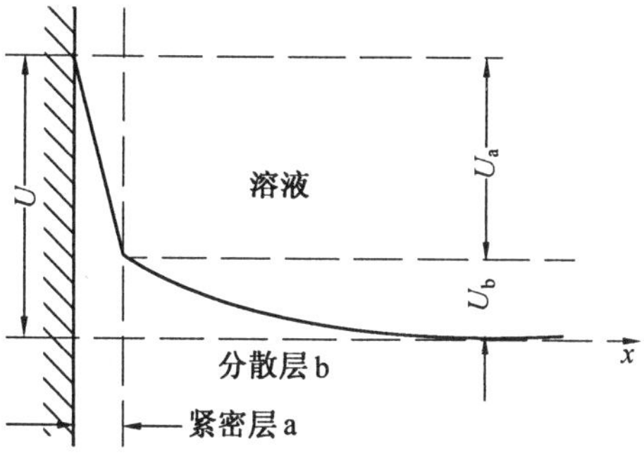

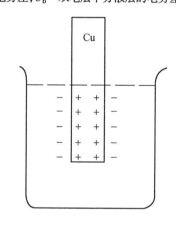

图 4.3　双电层的电势分布

U—金属与溶液间的双电层电势差；U_a—双电层中
紧密层的电势差；U_b—双电层中分散层的电势差

到目前为止，一种金属和其盐溶液之间
双电层的电势差的绝对值还不能直接测定，
但是可用盐桥的办法测出两种不同电极间的
电势之差，生产实践中规定采用一种电极作
标准和其他电极比较得出相对值，称为标准
电极电势。通常采用标准氢电极为基准，人
为地规定它的电极电势为零。表 4.1 为一些
元素的标准电极电势，即在 25℃时，把金属
放在此金属离子的有效质量浓度为 1 g/L 的
溶液中，此金属的电极电势与标准氢电极的
电极电势之差，用 $\varphi^{\ominus}$ 表示。

图 4.4　不活泼金属的双电层

表 4.1　一些元素的标准电极电势(位) $\varphi^{\ominus}$ (25℃)

元素氧化态/还原态	电 极 反 应	标准电极电势($\varphi^{\ominus}$)/V
Li^+/Li	$Li^+ + e^- \rightleftharpoons Li$	-3.01
Rb^+/Rb	$Rb^+ + e^- \rightleftharpoons Rb$	-2.98
K^+/K	$K^+ + e^- \rightleftharpoons K$	-2.925
Ba^{2+}/Ba	$Ba^{2+} + 2e^- \rightleftharpoons Ba$	-2.92
Ca^{2+}/Ca	$Ca^{2+} + 2e \rightleftharpoons Ca$	-2.84
Na^+/Na	$Na^+ + e \rightleftharpoons Na$	-2.713
Mg^{2+}/Mg	$Mg^{2+} + 2e \rightleftharpoons Mg$	-2.38
Ti^{2+}/Ti	$Ti^{2+} + 2e \rightleftharpoons Ti$	-1.75
Al^{3+}/Al	$Al^{3+} + 3e \rightleftharpoons Al$	-1.66
V^{3+}/V	$V^{3+} + 3e \rightleftharpoons V$	-1.5

续表 4.1

元素氧化态/还原态	电 极 反 应	标准电极电势/V
Mn^{2+}/Mn	$Mn^{2+} + 2e \rightleftharpoons Mn$	-1.05
Zn^{2+}/Zn	$Zn^{2+} + 2e \rightleftharpoons Zn$	-0.763
Cr^{3+}/Cr	$Cr^{3+} + 3e \rightleftharpoons Cr$	-0.71
Fe^{2+}/Fe	$Fe^{2+} + 2e \rightleftharpoons Fe$	-0.44
Cd^{2+}/Cd	$Cd^{2+} + 2e \rightleftharpoons Cd$	-0.402
Co^{2+}/Co	$Co^{2+} + 2e \rightleftharpoons Co$	-0.27
Ni^{2+}/Ni	$Ni^{2+} + 2e \rightleftharpoons Ni$	-0.23
Mo^{3+}/Mo	$Mo^{3+} + 3e^- \rightleftharpoons Mo$	-0.20
Sn^{2+}/Sn	$Sn^{2+} + 2e \rightleftharpoons Sn$	-0.140
Pb^{2+}/Pb	$Pb^{2+} + 2e \rightleftharpoons Pb$	-0.126
Fe^{3+}/Fe	$Fe^{3+} + 3e \rightleftharpoons Fe$	-0.036
H^+/H	$2H^+ + 2e \rightleftharpoons H_2$	0
S/S^{2-}	$S + 2H^+ + 2e \rightleftharpoons H_2S$	$+0.141$
Cu^{2+}/Cu	$Cu^{2+} + 2e \rightleftharpoons Cu$	$+0.34$
O_2/OH^-	$H_2O + \frac{1}{2}O_2 + 2e \rightleftharpoons 2OH^-$	$+0.401$
Cu^+/Cu	$Cu^+ + e \rightleftharpoons Cu$	$+0.522$
I_2/I^-	$I_2 + 2e \rightleftharpoons 2I^-$	$+0.535$
Fe^{3+}/Fe^{2+}	$Fe^{3+} + e \rightleftharpoons Fe^{2+}$	$+0.771$
Hg^{2+}/Hg	$Hg^{2+} + 2e \rightleftharpoons Hg$	$+0.796\ 1$
Ag^+/Ag	$Ag^+ + e \rightleftharpoons Ag$	$+0.799\ 6$
Br_2/Br^-	$Br_2 + 2e \rightleftharpoons 2Br^-$	$+1.065$
Mn^{4+}/Mn^{2+}	$MnO_2 + 4H^+ + 2e \rightleftharpoons Mn^{2+} + 2H_2O$	$+1.208$
Cr^{6+}/Cr^{3+}	$Cr_2O_7^{2-} + 14H^+ + 6e \rightleftharpoons 2Cr^{3+} + 7H_2O$	$+1.33$
Cl_2/Cl^-	$Cl_2 + 2e \rightleftharpoons 2Cl^-$	$+1.358\ 3$
Mn^{7+}/Mn^{2+}	$MnO_4^- + 8H^+ + 5e \rightleftharpoons Mn^{2+} + 4H_2O$	$+1.491$
S^{7+}/S^{6+}	$S_2O_8^{2-} + 2e \rightleftharpoons 2SO_4^{2-}$	$+2.01$
F_2/F^-	$F_2 + 2e \rightleftharpoons 2F^-$	$+2.87$

当离子质量浓度改变时,电极电势也随着改变,可用能斯特公式换算,在 25 ℃时的简化式为

$$\varphi = \varphi^{\ominus} \pm \frac{0.059}{n}\lg a \qquad (4.1)$$

式中 　φ——平衡电极电势差(V);

$\varphi^{\ominus}$——标准电极电势差(V)；

n——电极反应得失电子数，即离子价数；

a——离子的有效质量分数。

式中，"＋"号用于计算金属的电极电势；"－"号用于计算非金属的电极电势。

双电层不仅在金属本身离子溶液中产生，当金属浸入其他任何电解液中也会产生双电层和电势差。用任何两种金属(如 Fe 和 Cu)插入某一电解液(如 NaCl)中时，两金属表面分别与电解液形成双电层，两金属之间存在一定的电势差。其中较活泼的 Fe 的电极电势小于较不活泼的 Cu。若两金属电极间没有导线接通，两电极上的双电层均处于可逆的平衡状态，Fe 与 Cu 间存在一定的电势差；当两金属电极间有导线接通时，即有电流流过，成为一个原电池。这时导线中的电子由 Fe 一端向铜流去，使 Fe 表面的铁原子失去电子成为铁离子而不断溶入电解液，Fe 一端称为原电池的阳极。这种自发的阳极溶解过程是很慢的。

根据这个原理，电化学加工时，就是利用外加电场促进上述电子移动过程的加剧，同时也促使铁离子溶解速度的加快，如图 4.1、4.6 所示。在未接通电源前，电解液内的阴、阳离子基本上是均匀分布的。通电以后，在外加电场的作用下，电解液中带正电荷的阳离子向阴极方向移动，带负电荷的阴离子向阳极方向移动，外电源不断从阳极上抽走电子，加速了阳极金属的正离子迅速溶入电解液而被腐蚀蚀除；外电源同时向阴极迅速供应电子，加速阴极反应。图 4.1 和图 4.6 中 e 为电子流动的方向，i 为电流的方向。

4.电极的极化

以上讨论的平衡电极电势是在没有电流通过电极时的情况，当有电流通过时，电极的平衡状态遭到破坏，使阳极的电极电势向正移(代数值增大)、阴极的电极电势向负移(代数值减小)，这种现象称为极化，如图 4.5 所示。极化后的电极电势与平衡电势的差值称为超电势，随着电流密度的增加，超电势也增加。

电解加工时，在阳极和阴极都存在着离子的扩散、迁移和电化学反应两种过程。在电极过程中，若由于电解液流速不足或局部受屏蔽，使离子的扩散、迁移步

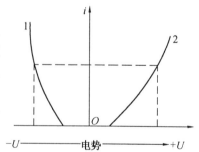

图 4.5　电极极化曲线

i—电流密度；1—阴极端；2—阳极端

骤缓慢而引起的电极极化，称为浓差极化；由于电化学反应本身缓慢而引起的电极极化，称为电化学极化。

(1) 浓差极化

在阳极过程中，金属不断溶解的条件之一是生成的金属离子需要越过双电层，再向外迁移并扩散。然而扩散与迁移的速度是有一定限度的，在外电场的作用下，如果阳极表面液层中金属离子的扩散与迁移速度较慢，来不及扩散到溶液中去，使阳极表面金属离子堆积，引起了电势值增大(即阳极电势向正移)，这就是浓差极化。

在阴极上，由于水化氢离子的移动速度很快，故一般情况下，氢的浓差极化是很小的。

只要能加速电极表面离子的扩散与迁移速度，就能使浓差极化减小，例如，提高电解液流速，增强其搅拌作用，升高电解液温度等。

（2）电化学极化

电化学极化主要发生在阴极上，从电源流入的电子来不及转移给电解液中的 H^+，因而在阴极上积累过多的电子，使阴极电势向负移动，从而形成了电化学极化。

在阳极上，金属溶解过程的电化学极化一般是很小的，但当阳极上产生析氧反应时，就会产生相当严重的电化学极化。

电解液的流速对电化学极化几乎没有影响，仅仅取决于电化学反应本身，即取决于电极材料和电解液成分，此外还与温度、电流密度有关。温度升高，反应速度加快，电化学极化减小；电流密度越高，电化学极化也越严重。

5.金属的钝化和活化

在电解加工过程中还有一种叫钝化的现象，它使金属阳极溶解过程的超电势升高，使电解速度减慢。例如，铁基合金在硝酸钠（$NaNO_3$）电解液中电解时，电流密度增加到一定值后，铁的溶解速度在大电流密度下维持一段时间后反而急剧下降，使铁成稳定状态不再溶解。电解过程中的这种现象，称阳极钝化（电化学钝化），简称钝化（参见图 4.9）。

钝化产生的原因有不同的看法，其中主要有成相理论和吸附理论两种。成相理论认为，金属与溶液作用后在金属表面上形成了一层紧密的极薄的膜，通常是由氧化物、氢氧化物或盐组成，从而使金属表面失去了原来具有的活泼性质，使溶解过程减慢。吸附理论则认为，金属的钝化是由于金属表层形成了氧的吸附层引起的。事实上二者兼而有之，但在不同条件下可能以某一原因为主。对不锈钢钝化膜的研究表明，合金表面的大部分覆盖着薄而紧密的膜，而在膜的下面及其空隙中，则牢固地吸附着氧原子或氧离子。

使金属钝化膜破坏的过程，称为活化。引起活化的因素很多，例如，把溶液加热，通入还原性气体或加入某些活性离子等，也可以采用机械办法破坏钝化膜，电解磨削就是利用后一原理。

把电解液加热可以引起活化，但温度过高会带来新的问题，如电解液的过快蒸发，绝缘材料的膨胀、软化和损坏等，因此只能在一定温度范围内使用。在金属活化的多种手段中，以氯离子（Cl^-）的作用最引人注意。Cl^- 具有很强的活化能力，这是由于 Cl^- 对大多数金属来说，亲和力比氧大，Cl^- 吸附在电极上，使钝化膜中的氧排出，从而使金属表面活化。电解加工中采用 NaCl 电解液时，阳极工件不易钝化，生产率高就是这个道理。

4.1.2 电化学加工的分类

电化学加工按其作用原理可分为三大类。第 I 类是利用电化学阳极溶解来进行加工，主要有电解加工、电解抛光等；第 II 类是利用电化学阴极沉积、涂覆进行加工，主要有电镀、涂镀、电铸等；第 III 类是利用电化学加工与其他加工方法相结合的电化学复合加工工艺。目前主要有电化学加工与机械加工相结合，如电解磨削、电化学阳极机械加工（还包含有电火花放电作用）。其分类情况如表 4.2 所示。

表 4.2　电化学加工的分类

类　别	加工方法(及原理)	加工类型
Ⅰ	电解加工(阳极溶解) 电解抛光(阳极溶解)	用于形状、尺寸加工 用于表面光整加工,去毛刺
Ⅱ	电镀(阴极沉积) 局部涂镀(阴极沉积) 复合电镀(阴极沉积) 电铸(阴极沉积)	用于表面加工,装饰 用于表面加工,尺寸修复 用于表面加工,磨具制造 用于制造复杂形状的电极,复制精密、复杂的花纹模具
Ⅲ	电解磨削,包括电解珩磨、电解研磨(阳极溶解、机械刮除) 电解电火花复合加工(阳极溶解、电火花蚀除) 电化学阳极机械加工(阳极溶解、电火花蚀除、机械刮除)	用于形状、尺寸加工,超精、光整加工、镜面加工 用于形状、尺寸加工 用于形状、尺寸加工,高速切断、下料

4.2　电 解 加 工

　　电解加工(ECM)是继电火花加工之后发展较快、应用较广泛的一项新工艺。目前在国内外已成功地应用于枪炮、航空发动机、火箭等的制造工业,在汽车、拖拉机、采矿机械的模具制造中也得到了应用,故在机械制造业中,已成为一种不可缺少的工艺方法。

4.2.1　电解加工过程及其特点

　　电解加工是利用金属在电解液中的电化学阳极溶解,将工件加工成形的。在工业生产中最早应用这一电化学腐蚀作用来电解抛光工件表面。不过电解抛光时,由于工件和工具电极之间的距离较大(100 mm以上)及电解液静止不动等一系列原因,只能对工件表面进行普遍的腐蚀和抛光,不能有选择地腐蚀成所需要的零件形状和尺寸。

　　电解加工是在电解抛光的基础上发展起来的,图4.6为电解加工过程的示意图。加工时,工件接直流电源(10~20 V)的正极,工具接直流电源的负极。工具向工件缓慢进给,使两极之间保持较小的间隙(0.1~1 mm),具有一定压力(0.5~2 MPa)的NaCl电解液从间隙中流过,这时阳极工件的金属被逐渐电解腐蚀,电解产物被高速(5~50 m/s)的电解液带走。

　　电解加工成形原理如图4.7所示,图中

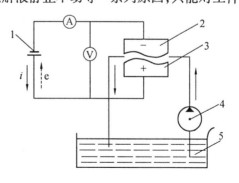

图 4.6　电解加工示意图
1—直流电源;2—工具阴极;3—工件阳极;
4—电解液泵;5—电解液
i 及实线箭头为电流方向;e 及虚线箭头为电子流方向

的细竖线表示通过阴极(工具)与阳极(工件)间的电流,竖线的疏密程度表示电流密度的大小。加工刚开始时,在阴极与阳极距离较近的地方通过的电流密度较大,电解液的流速也较高,阳极溶解速度也就较快,见图4.7(a)。由于工具相对工件不断进给,工件表面就不断被电解,电解产物不断被电解液冲走,直至工件表面形成与阴极工作面基本相似的形状为止,如图4.7(b)所示。

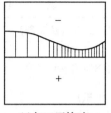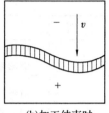

(a)加工开始时　　　　　　(b)加工结束时

图4.7　电解加工成形原理

电解加工与其他加工方法相比较,具有下述优点:

① 加工范围广,不受金属材料本身力学性能的限制,可以加工硬质合金、淬火钢、不锈钢、耐热合金等高硬度、高强度及韧性金属材料,并可加工叶片、锻模等各种复杂型面。

② 电解加工的生产率较高,约为电火花加工的 5～10 倍,只要有足够大的加工面积和加工电流,比切削加工的生产率还高,且加工生产率不直接受加工精度和表面粗糙度的限制。

③ 可达到较好的表面粗糙度($Ra1.25～0.2~\mu m$)和 ±0.1 mm 左右的加工精度。

④ 由于加工过程中不存在机械切削力,所以不会产生由切削力所引起的残余应力和变形,没有飞边毛刺。

⑤ 加工过程中阴极工具在理论上不会耗损,可长期使用。

电解加工的主要缺点和局限性为:

① 不易达到较高的加工精度和加工稳定性。这是由于影响电解加工间隙电场和流场稳定性的参数很多,控制比较困难。加工时杂散腐蚀也比较严重。目前,加工小孔和窄缝还比较困难。

② 电极工具的设计和修正比较麻烦,因而很难适用于单件生产。

③ 电解加工的附属设备较多,占地面积较大,机床要有足够的刚性和防腐性能,造价较高。对大、中型零件的电解加工而言,一次性投资较大。

④ 电解产物需进行妥善处理,否则将污染环境,例如,重金属 Cr^{6+} 离子及各种金属盐类对环境的污染,必须投资进行废弃工作液的无害化处理。此外,工作液及其蒸气还会对机床、电源、甚至厂房造成腐蚀,也需要注意防护。

由于电解加工的优点和缺点都很突出,因此,如何正确选择使用电解加工工艺,成为摆在人们面前的一个重要问题。我国的一些专家提出选用电解加工工艺的三原则:电解加工适用于难加工金属材料的加工;电解加工适用于用其他方法较难解决的特殊或复杂形状零件的加工;电解加工适用于批量大的零件的加工。一般认为,三原则均满足时,相对而言选择电解加工比较合理。

4.2.2　电解加工时的电极反应

电解加工时电极间的反应是相当复杂的,这主要是一般工件材料不是纯金属,而是多种金属元素的合金,其金相组织也不完全一致。所用的电解液往往也不是该金属盐的溶液,而且还可能含有多种成分。电解液的浓度、温度、压力及流速等对电极过程也有影响,现以在 NaCl 水溶液中电解加工铁基合金为例分析电极反应。

1. 钢在 NaCl 水溶液中电解的电极反应

电解加工钢件时,常用的电解液是质量分数为 14% ~ 18% 的 NaCl 水溶液,由于 NaCl 和 H_2O 的离解,在电解液中存在着 H^+、OH^-、Na^+、Cl^- 四种离子,现分别讨论其阳极反应及阴极反应。

(1) 阳极反应

就可能性而言,分别列出其反应方程,按表 4.1 查出各元素的标准电极电势 $\varphi^{\ominus}$,并按能斯特公式(式 4.1)计算出不同质量分数时的平衡电极电势 φ,作为分析产生电化学反应可能性大小时参考。阳极上平衡电极电势最负的物质,发生电化学反应的可能性最大。

① 阳极表面每个铁原子在外电源作用下放出(被夺去)两个或三个电子,成为正的二价或三价铁离子而溶解进入电解液中,即

$$Fe - 2e^- \longrightarrow Fe^{2+} \quad \varphi = -0.59 \text{ V}$$

$$Fe - 3e^- \longrightarrow Fe^{3+} \quad \varphi = -0.323 \text{ V}$$

② 负的氢氧根离子被阳极吸引,失去电子而析出氧气,即

$$4OH^- - 4e^- \longrightarrow O_2\uparrow \quad \varphi = 0.867 \text{ V}$$

③ 负的氯离子被阳极吸引,丢掉电子而析出氯气,即

$$2Cl^- - 2e^- \longrightarrow Cl_2\uparrow \quad \varphi = 1.334 \text{ V}$$

根据电极反应过程的基本原理,电极电势最小的物质将首先在阳极反应。因此,在阳极,首先是 Fe 失去两个电子,成为二价铁离子 Fe^{2+} 而溶解,不大可能以三价铁离子 Fe^{3+} 的形式溶解,更不可能析出氧气和氯气。

溶入电解液中的 Fe^{2+} 又与 OH^- 化合,生成 $Fe(OH)_2$,由于它在水溶液中的溶解度很小,故生成沉淀而离开反应系统,即

$$Fe^{2+} + 2OH^- \longrightarrow Fe(OH)_2\downarrow$$

$Fe(OH)_2$ 沉淀为墨绿色的絮状物,随着电解液的流动而被带走。$Fe(OH)_2$ 又逐渐为电解液中及空气中的氧氧化为 $Fe(OH)_3$ 沉淀物,即

$$4Fe(OH)_2 + 2H_2O + O_2 \longrightarrow 4Fe(OH)_3\downarrow$$

$Fe(OH)_3$ 为黄褐色沉淀(铁锈)。在电解液槽中日积月累成为"电解泥"。

(2) 阴极反应

按可能性为:

① 正的氢离子被吸引到阴极表面,从电源得到电子而析出氢气,即

$$2H^+ + 2e^- \longrightarrow H_2\uparrow \quad \varphi = -0.42 \text{ V}$$

② 正的钠离子被吸引到阴极表面,得到电子而析出 Na,即

$$Na^+ + e^- \longrightarrow Na\downarrow \quad \varphi = -2.69 \text{ V}$$

按照电极反应的基本原理,电极电势最大的离子将首先在阴极反应。因此,在阴极上只能是析出氢气,而不可能沉淀出钠。阴极本身并不参加电化学反应,故阴极工具电极不损耗,可长期使用。

由此可见,电解加工过程中,在理想情况下,阳极铁不断地以 Fe^{2+} 的形式被溶解,水被分解消耗,因而电解液的浓度逐渐变大。电解液中的 Cl^- 和 Na^+ 起导电作用,本身并不消耗,所以 NaCl 电解液的使用寿命长,只要过滤干净,适当添加水分,可长期使用。

用电解加工法加工合金钢时,若钢中各合金元素的平衡电极电势相差较大,则电解加工后的表面粗糙度值将变大。就碳钢而言,随着钢中含碳量的增加,电解加工表面粗糙度值将变大。这是由于钢中存在碳和 Fe_3C 相,其电极电势接近石墨的平衡电势($\varphi = +0.37$ V)而很难电解。所以,高碳钢、铸铁或经表面渗碳后的零件均不适于电解加工。

2. 电解加工过程中的电能利用

电解加工时,加工电压 U 是使阳极不断溶解的总动力,如图 4.8 所示。欲在两极间形成一定加工电流使阳极达到较高的溶解速度,加工电压 U 要大于或等于两部分电势之和。一部分是电解液电阻形成的欧姆电压($U_R = IR$);另一部分是进行阳极反应和阴极反应所必须克服的电压(U_a、U_c),它由阴阳两极本身的电极电势和极化产生的各种超电势组成。当加工电压 U 等于或小于两极的电极反应所需的电压 U_a 及 U_c 时,阳极溶解

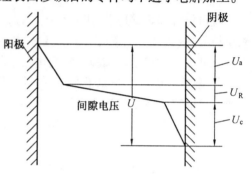

图 4.8 电解加工间隙内的电压分布
U_a—阳极压降;U_R—欧姆压降;U_c—阴极压降

速度为零。电解加工时的浓差极化一般不大,所以 U_a、U_c 主要取决于电化学极化和钝化。这两种现象形成的超电势又与电解液、被加工材料和电流密度有关,当用 NaCl 电解液加工以下几种材料时,相应的电极反应电压数值为

铁基合金　　　　0~1 V

镍基合金　　　　1~3 V

钛合金　　　　　4~6 V

用钝化性能强的电解液(如用 $NaNO_3$ 和 $NaClO_3$ 电解液)加工上述材料时,电极反应所需的电压将要更高一些。即使是用 NaCl 电解液和采用较高的加工电压(例如 20 V),其中 5% ~ 30% 的电压将用来抵消极化产生的反电势,余下的 70% ~ 95% 的电压用以克服间隙电解液的电阻。但是,通过间隙的电流能否全部用于阳极溶解,还取决于阳极极化的程度。如果极化程度不大,阳极电极电势比溶液中所有阴离子的电极电势低得多,则金属的溶解是惟一的阳极反应,电流大部用于金属溶解,电流效率接近 100%。若阳极极化比较严重,以致电极电势与溶液中的某些阴离子相差不多时,电流除用于阳极溶解以外,还消耗于一些副反应,电流效率将低于 100%。若阳极极化十分严重,阳极的电极电势高于溶液中的某些阴离子时,阳极就不会溶解,阳极反应将主要是电极电势最低的某种阴离子的氧化反应,这时的电流效率为零。一般来说,当用氯化钠电解液加工铁基合金时,电流效率 $\eta = 95\%$ ~ 100%。加工镍基合金和钛合金的电流效率 $\eta = 70\%$ ~ 85%。当采用 $NaNO_3$、$NaClO_3$ 等电解液加工时,电流效率随电流密度、电解液的浓度和温度而剧烈变化。

4.2.3 电解液

在电解加工过程中,电解液的主要作用是:①作为导电介质传递电流;②在电场作用下进行电化学反应,使阳极溶解能顺利而有控制地进行;③及时地把加工间隙内产生的电解产物(氢氧化物和气泡等)及热量带走,起更新与冷却作用。因此,电解液对电解加工的各项工艺指标有很大影响。

1.对电解液的基本要求

(1) 具有足够的蚀除速度

生产率要高,这就要求电解质在溶液中有较高的溶解度和离解度,具有很高的电导率。例如,NaCl 水溶液中 NaCl 几乎能完全离解为 Na^+、Cl^-,并与水的 H^+、OH^- 能共存。另外,电解液中所含的阴离子应具有较大的标准电势,如 Cl^-、ClO_3^- 等,以免在阳极上产生析氧等副反应,降低电流效率。

(2) 具有较高的加工精度和表面质量

电解液中的金属阳离子不应在阴极上产生放电反应而沉积到阴极工具上,以免改变工具的形状和尺寸。因此,在选用的电解液中所含金属阳离子必须具有较小的标准电极电势($\varphi^{\ominus} < -2\ V$),如 Na^+、K^+ 等。

当加工精度和表面质量要求较高时,应选择杂散腐蚀小的钝化型电解液。

(3) 阳极反应的最终产物应是不溶性的化合物

这主要是便于废液处理,且不会使阳极溶解下来的金属阳离子在阴极上沉积,通常被加工工件的主要组成元素的氢氧化物大都难溶于中性盐溶液,故这一要求容易满足。电解加工中,有时会要求阳极产物能溶于电解液而不是生成沉淀物,这主要是在特殊情况下(如电解加工小孔、窄缝等)为避免不溶性的阳极产物堵塞加工间隙而提出的。

此外,还希望达到性能稳定、操作安全、对设备的腐蚀性小、价格便宜等。

2.三种常用电解液

电解液可分为中性盐溶液、酸性溶液和碱性溶液三大类。中性盐溶液的腐蚀性小,使用时对人身较安全,故应用最普遍。最常用的中性盐溶液有 NaCl、$NaNO_3$、$NaClO_3$ 三种电解液,现分别介绍如下。

(1) NaCl 电解液

NaCl 电解液中含有活性 Cl^- 离子,阳极工件表面不易生成钝化膜,所以具有较大的蚀除速度,而且没有或很少有析氧等副反应,电流效率高,加工表面粗糙度值也小。NaCl 是强电解质,在水溶液中几乎完全电离,导电能力强,在加工中没有损耗,而且适用范围广、价格便宜、货源充足,所以是应用最广泛的一种电解液,但加工后必须清洗擦拭干净,以防锈蚀机床夹具。

NaCl 电解液的蚀除速度虽高,但其杂散腐蚀也严重,故复制精度较差。NaCl 电解液的质量分数常在 20% 以内,一般为 14% ~ 18%,当要求较高的复制精度时,可采用较低的质量分数(5% ~ 10%),以减少杂散腐蚀。常用的电解液温度为 25 ~ 35℃,但加工钛合金时,必须在 40℃ 以上。

（2）NaNO₃ 电解液

NaNO₃ 电解液是一种钝化型电解液,其阳极极化曲线如图 4.9 所示。纵坐标是电流密度的对数,横坐标是极间电压,在曲线 *AB* 段,阳极电势升高,电流密度也增大,符合正常的阳极溶解规律。当阳极电势超过点 *B* 后,由于钝化膜的形成,使电流密度 i 急剧减小,至点 *C* 时金属表面进入钝化状态,基本上不产生腐蚀作用。当电势超过点 *D* 时,钝化膜开始破坏,电流密度又随电势的升高而迅速增大,金属表面进入超钝化状态,阳极溶解速度又急剧增加。如果在电解加工时,工件的加工区处在超钝化状态,而非加工区由于钝化膜的保护,其阳极电势较低,处于钝

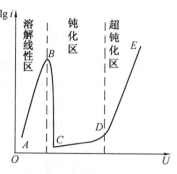

图 4.9　钢在 NaNO₃ 电解液中的极化曲线

化状态而受到保护,就可以减少杂散腐蚀,提高加工精度。图 4.10 即为其成形精度的对比情况。图 4.10(a)为用 NaCl 电解液的加工结果,由于阴极侧面不绝缘,侧壁被杂散腐蚀成抛物线形,内芯也被腐蚀,剩下一个小锥体。图 4.10(b)为用 NaNO₃ 或 NaClO₃ 电解液加工的情况,虽然阴极表面没有绝缘,但当加工间隙达到一定程度后,电流密度减小,工件侧壁钝化,不再扩大,所以孔壁锥度很小而内芯也被保留下来。

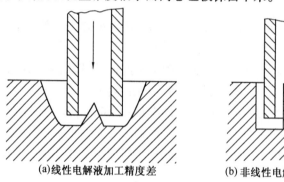
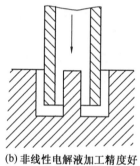

(a)线性电解液加工精度差　　　　(b)非线性电解液加工精度好

图 4.10　杂散腐蚀能力比较

图 4.11 为质量分数是 5％的 NaNO₃ 电解液加工内孔所用阴极及加工结果,阴极底部的工作圈高度为 1.2 mm,其凸起为 0.58 mm,加工出的孔没有锥度,当侧面间隙达 0.78 mm 时,侧面即被保护起来,此临界间隙称"切断间隙",以 Δ_a 表示。此时的电流密度 i_a 称为"切断电流密度"。

由于 NaNO₃ 和 NaClO₃ 是钝化型电解液,在阳极表面形成钝化膜,当电流密度小于一定值时,表面上虽有电流通过,但不溶解阳极,此时的电流效率 $\eta = 0$。只有当加工间隙小于"切断间隙"时,也即电流密度大于"切断电流密度"时,钝化膜才被破坏而工件被蚀除。图 4.12 为三种常用电解液的电流效率 η 与电流密度 i 的关系曲线。从图中可以看出,NaCl 电解液的电流效率接近于 100％,基本上是直线,而 NaNO₃ 与 NaClO₃ 电解液的 η-i 是曲线,当电流密度小于 i_a 时,电解作用停止,故有时称它们为"非线性电解液"。

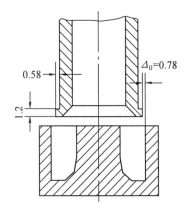

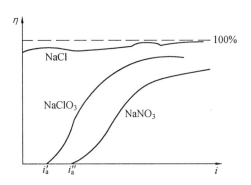

图 4.11 $NaNO_3$ 电解液的成形精度   图 4.12 三种电解液的 $\eta - i$ 曲线

$NaNO_3$ 电解液在质量分数为 30% 以下时,有比较好的非线性性能,成形精度高,而且对机床设备的腐蚀性小,使用安全,价格也不高(为 NaCl 的 1 倍)。它的主要缺点是电流效率低,电能利用率低,生产率也低,另外加工时在阴极有氢气析出,需抽风排气,同时 $NaNO_3$ 会被消耗。

(3) $NaClO_3$ 电解液

$NaClO_3$ 电解液也具有图 4.9、4.10(b)、4.12 所示的上述特点,杂散腐蚀作用小,加工精度高。某些资料介绍,当加工间隙在 1.25 mm 以上时,阳极溶解几乎完全停止,而且有较小的加工表面粗糙度值。$NaClO_3$ 的另一特点是具有很高的溶解度,在 20℃时,其质量分数可达 49%(此时 NaCl 的质量分数为 26.5%),因而其导电能力强,可达到与 NaCl 相近的生产率。另外,它对机床、管道、水泵等的腐蚀作用很小。$NaClO_3$ 的缺点是价格较贵(为 NaCl 的 5 倍),而且由于它是一种强氧化剂,使用时要注意安全防火,尤其是在气候干燥的北方,浸有 $NaClO_3$ 的抹布干后受摩擦、撞击等极易着火燃烧。

由于在使用过程中 $NaClO_3$ 电解液中的 Cl^- 不断增加,电解液有消耗,且 Cl^- 增加后杂散腐蚀作用增加,故在加工过程中要注意 Cl^- 质量分数的变化。

(4) 电解液中加添加剂

几种常用电解液都有一定缺点,为此,在电解液中使用添加剂是改善其性能的重要途径。例如,为了减少 NaCl 电解液的散蚀能力,可加入少量磷酸盐等,使阳极表面产生钝化性抑制膜,以提高成形精度。$NaNO_3$ 电解液虽有成形精度高的优点,但其生产率低,可添加少量 NaCl,使其加工精度及生产率均较高。为改善加工表面质量,可添加配位剂、光亮剂等。如添加少量 NaF,可改善表面粗糙度。为减轻电解液的腐蚀性,用缓蚀添加剂等。

3. 电解液参数对加工过程的影响

电解液的参数除成分外,还有浓度、温度、酸碱度值(pH 值)及黏性等,它们对加工过程都有显著影响。在一定范围内,电解液的浓度越大,温度越高,则其电导率也越高,腐蚀能力越强。表 4.3 为不同浓度、温度时三种常用电解液的电导率。

表 4.3   常用电解液的电导率 $1/(\Omega \cdot cm)$

名称 温度/℃ 电导率 质量分数	NaCl				NaNO₃				NaClO₃			
	30	40	50	60	30	40	50	60	30	40	50	60
5%	0.083	0.099	0.115	0.132	0.054	0.064	0.074	0.085	0.042	0.050	0.058	0.066
10%	0.151	0.178	0.207	0.237	0.095	0.115	0.134	0.152	0.076	0.092	0.106	0.122
15%	0.207	0.245	0.285	0.328	0.130	0.152	0.176	0.203	0.108	0.128	0.151	0.174
20%	0.247	0.295	0.343	0.393	0.162	0.192	0.222	0.252	0.133	0.158	0.184	0.212

电解液温度受到机床夹具、绝缘材料以及电极间隙内电解液沸腾等的限制,不宜超过60℃,一般在 30~40℃的范围内较好。电解液浓度越大,生产率越高,但杂散腐蚀越严重,会降低成形精度。一般 NaCl 电解液的质量分数为 10%~15%,不超过 20%,当加工精度要求较高时,常小于 10%。$NaNO_3$、$NaClO_3$ 在常温下的溶解度较大,其质量分数分别为 46.7%及 49%,故可采用较高值,但 $NaNO_3$ 电解液的质量分数超过 30%后,其非线性性能就很差了,故常用 20%左右的质量分数,而 $NaClO_3$ 的质量分数常用 15%~35%。

实际生产中,NaCl 电解液具有较广的通用性,基本上适用于钢、铁及其合金,表 4.4 为常见金属材料所用电解液的配方及电参数。

加工过程中电解液质量分数和温度的变化将直接影响到加工精度的稳定性。引起浓度变化的主要原因是水的分解、蒸发及电解质的分解。水的分解与蒸发对质量分数的影响较小,所以 NaCl 电解液在加工过程中浓度的变化较小(因 NaCl 不消耗)。$NaNO_3$ 和 $NaClO_3$在加工过程中是会分解消耗,因此在加工过程中应注意检查和控制其浓度变化。当要求较高加工精度时,应注意控制电解液的浓度与温度,保持其稳定性。

表 4.4   电解液的配方及电参数

加工材料	电解液配方(质量分数)	电压/V	电流密度/(A·cm⁻²)
各种碳钢、合金钢、耐热钢、 不锈钢等	(1) NaCl 10%~15%	5~15	10~200
	(2) NaCl 10% + NaNO₃ 25%	10~15	10~150
	(3) NaCl 10% + NaNO₃ 30%		
硬质合金	NaCl 15% + NaOH 15% + 酒石酸 20%	15~25	50~100
铜、黄铜、铜合金、铝合金等	NH₄Cl 18% 或 NaNO₃ 12%	15~25	10~100

电解加工过程中,水电离并使氢离子在阴极吸收电子放电,成为氢气析出。溶液中的OH^- 离子增加而引起 pH 值增大(碱化),溶液的碱化使许多金属元素的溶解条件变坏,故应注意控制电解液的 pH 值。

电解液黏度会直接影响间隙中的电解液流动特性。温度升高,电解液的黏度下降。加工过程中溶液内金属氢氧化物含量不断增加,会影响黏度的增加,故氢氧化物的含量应加以适当控制。

4.电解液的流速及流向

加工过程中电解液必须具有足够的流速,以便把氢气、金属氢氧化物等电解产物冲走,把加工区的大量热量带走。电解液的流速一般约为 10 m/s,电流密度增大时,流速要相应增加。流速的改变是靠调节电解液泵的出水压力来实现的。

电解液的流向一般有如图 4.13 所示三种情况。图 4.13(a)为正向流动,图 4.13(b)为反向流动,图 4.13(c)为横向流动。正向流动是指电解液从阴极工具中心流入,经加工间隙后,从四周流出,如图 4.13(a)所示。它的优点是密封装置较简单,缺点是加工型孔时,电解液流经侧面间隙时已含有大量氢气及氢氧化物,电解液出口处的加工精度和表面粗糙度较差,此外工具电极开孔处会留有凸起的残余尖锥。

反向流动是指新鲜电解液先从型孔周边流入,而后经电极工具中心流出,如图 4.14(b)所示,它的优缺点除工件上同样会有残余尖锥外,其余与正向流动恰好相反。

横向流动是指电解液从侧面流入,从另一侧面流出,如图 4.13(c)所示。一般用于发动机、汽轮机叶片的加工,以及一些较浅的型腔模具的修复加工。

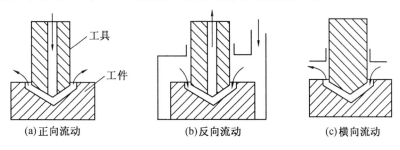

图 4.13　电解液的流向

4.2.4　电解加工的基本规律

1. 生产率及其影响因素

电解加工的生产率,以单位时间内去除的金属量来衡量,用 mm^3/min 或 g/min 表示。它首先决定于工件材料的电化学当量,其次与电流密度有关。此外,电解液及其参数也有很大影响。

(1) 金属的电化学当量和生产率的关系

由实践得知,电解时正、负电极上溶解或析出物质的量(质量 m 或体积 V),与电解电流 I 和电解时间 t 成正比,亦即与电荷量($Q = It$)成正比,其比例系数称为电化学当量,这一规律即所谓法拉第电解定律,用公式符号表示如下。

$$\left.\begin{aligned}\text{用质量计} \qquad m &= KIt \\ \text{用体积计} \qquad V &= \omega It\end{aligned}\right\} \tag{4.2}$$

式中　　m——电极上溶解或析出物质的质量(g);

　　　　V——电极上溶解或析出物质的体积(mm^3);

　　　　K——被电解物质的质量电化学当量[g/(A·h)];

　　　　ω——被电解物质的体积电化学当量[mm^3/(A·h)];

　　　　I——电解电流(A);

　　　　t——电解时间(h)。

由于质量和体积换算时差一密度 ρ,同样质量电化学当量 K 换算成体积电化学当量 ω 时也差一密度 ρ,即

$$\left.\begin{array}{l} m \;=\; V\rho \\ K \;=\; \omega\rho \end{array}\right\} \tag{4.3}$$

当铁以 Fe^{2+} 状态溶解时,其电化学当量 $K = 1.042\ g/(A \cdot h)$ 或 $\omega = 133\ mm^3/(A \cdot h)$,亦即每安培电流每小时可电解掉 $1.042\ g$ 或 $133\ mm^3$ 的铁(铁的密度 $\rho = 7.8\ g/mm^3$),各种金属的电化学当量可查表或由实验求得。

法拉第电解定律可用来根据电解时的电荷量(电流乘时间)计算任何被电解金属或非金属的数量,并在理论上不受电解液浓度、温度、压力、电极材料及形状等因素的影响。这从机理上不难理解,因为正、负电极上物质之所以产生溶解或析出等化学反应,就是因为电极和电解液间有电子得、失交换,因此电化学反应的量必然和电子得失交换的数量(即电荷量)成正比,而和其他条件(如温度、压力、浓度等)在理论上没有直接关系。

不过实际电解加工时,某些情况下在阳极上可能还出现其他反应,如氧气或氯气的析出,或有部分金属以高价离子溶解,从而额外地多消耗一些电荷量,所以被电解掉的金属的量有时会小于所计算的理论值。为此,实际应用时常引入一个电流效率 η,即

$$\eta = \frac{实际金属蚀除量}{理论计算蚀除量} \times 100\%$$

则式(4.2)中的理论蚀除量成为如下实际蚀除量,即

$$m \;=\; \eta K I t \tag{4.4}$$
$$V \;=\; \eta \omega I t \tag{4.5}$$

正常电解时,对 NaCl 电解液,阳极上析出气体的可能性不大,所以一般电流效率常接近 100%。但有时电流效率却会大于 100%,这是由于被电解的金属材料中含有碳、Fe_3C 等难电解的微粒或产生了晶界腐蚀,在合金晶粒边缘先电解,高速流动的电解液把这些微粒成块冲刷脱落下来,节省了一部分电解电荷量。

有时某些金属在某种电解液(如 $NaNO_3$ 等)中的电流效率很低,可能一方面金属成为高价离子溶入电解液,多消耗电荷量,另一方面也可能在金属表面产生一层钝化膜或有其他反应。

表 4.5 列出了一些常见金属的电化学当量,其他金属的电化学当量可在有关的电化学书籍中找到。对于多元素合金,可以按元素含量的比例折算出或由实验确定。

表 4.5　一些常见金属的电化学当量

金属名称	$\rho/(g \cdot cm^{-3})$	电化学当量		
		$K/[g \cdot (A \cdot h)^{-1}]$	$\omega/[mm^3 \cdot (A \cdot h)^{-1}]$	$\omega/[mm^3 \cdot (A \cdot min)^{-1}]$
铁	7.86	1.042(二价)	133	2.22
		0.696(三价)	89	1.48
镍	8.80	1.095	124	2.07
铜	8.93	1.188(二价)	133	2.22
钴	8.73	1.099	126	2.10
铬	6.9	0.648(三价)	94	1.56
		0.324(六价)	47	0.78
铝	2.69	0.335	124	2.07

知道了金属或合金的电化学当量,利用法拉第电解定律可以根据电流及时间来计算金属蚀除量,或反过来根据加工留量来计算所需电流及加工工时。通常铁和铁基合金在 NaCl 电解液中的电流效率可按 100% 计算。

例 4.1　某厂用 NaCl 电解液电解加工一批零件,要求在 64 mm 厚的低碳钢板上加工出 ϕ25 mm 的通孔(如图 4.10 略去精度等影响)。已知中空电极内孔直径为 ϕ13.5 mm,每个孔限 5 min 加工完,求需用多大电流?如电解电流用 5 000 A,则电解时间需多少?

解　先求出电解一个孔的金属去除量

$$V = \frac{\pi(D^2 - d^2)}{4}L = \frac{1}{4}\pi \times (25^2 - 13.5^2) \times 64 \text{ mm}^3 = 22\,200 \text{ mm}^3$$

由表 4.5 知,碳钢的 $\omega = 133 \text{ mm}^3/(A \cdot h)$,设电流效率 $\eta = 100\%$,代入式(4.5),得

$$I = \frac{V}{t\omega\eta} = \frac{22\,200 \times 60}{5 \times 133 \times 1}A = 2\,000 \text{ A}$$

当电解电流用 5 000 A 时,则单孔机动工时为

$$t = \frac{V60}{\omega I} = \frac{22\,200 \times 60}{1 \times 133 \times 5\,000}\text{min} = 2 \text{ min}$$

(2) 电流密度和生产率的关系

因为电流 I 是电流密度 i 与加工面积 A 的乘积,故代入式(4.5),得

$$V = \eta\omega iAt \tag{4.6}$$

用总的金属蚀除量 V 来衡量生产率,在实用上有很多不方便之处,生产中常用垂直于表面方向的蚀除速度来衡量生产率。由图 4.14 可知,蚀除掉的金属体积 V 是加工面积 A 与电解掉的金属厚度(距离)h 的乘积,即 $V = Ah$,而阳极金属的蚀除速度 $v_a = h/t$,代入式(4.6) 即得

$$v_a = \eta\omega i \tag{4.7}$$

式中　v_a——金属阳极(工件) 的蚀除速度;

i—— 电流密度(A/cm^2)。

由式(4.7) 可知,当在 NaCl 电解液中进

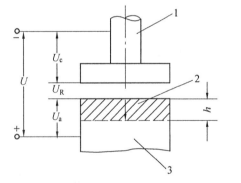

图 4.14　蚀除过程示意图
1— 阴极工具;2— 蚀除速度 v_a;3— 工件

行电解加工,$\eta \approx 100\%$ 时,蚀除速度与该处的电流密度成正比,电流密度越高,生产率也越高。电解加工时的平均电流密度约为 10 ~ 100 A/cm^2,电解液压力和流速较高时,可以选用较高的电流密度。电流密度过高,将会出现火花放电,析出氯、氧等气体,并使电解液温度过高,甚至在间隙内会造成沸腾气化而引起局部短路。

实际的电流密度,决定于电源电压、电极间隙的大小以及电解液的导电率。因此要定量计算蚀除速度,必须推导出蚀除速度与电极间隙大小、电压等关系。

(3) 电极间隙大小和蚀除速度的关系

由理论和实践得知,电极间隙越小,电解液的电阻也越小,电流密度就越大,因此蚀除速度就越高。图 4.14 中,设电极间隙为 Δ,电极面积为 A,电解液的电阻率 ρ 为电导率 σ 的

倒数,即 $\rho = \dfrac{1}{\sigma}$,则电流 I 为

$$I = \frac{U_R}{R} = \frac{U_R \sigma A}{\Delta} \tag{4.8}$$

$$i = \frac{I}{A} = \frac{U_R \sigma}{\Delta} \tag{4.9}$$

将式(4.9)代入式(4.7)中,得

$$v_a = \eta \omega \sigma \frac{U_R}{\Delta} \tag{4.10}$$

式中　σ——电导率$[1/(\Omega \cdot mm)]$;

　　　　U_R——电解液的欧姆电压降(V);

　　　　Δ——加工间隙(mm)。

外接电源电压 U 等于电解液的欧姆电压降 U_R、阳极电压降 U_a 与阴极电压降 U_c 之和,即

$$U = U_a + U_c + U_R \tag{4.11}$$

所以　　　　　　　$$U_R = U - (U_a + U_c) \tag{4.12}$$

由于阳极电压(即阳极的电极电势及超电压之和)及阴极电压(即阴极的电极电势及超电压之和)的数值一般约为 2 ~ 3 V(加工钛合金时还要大些),为简化计算,可取

$$U_R = U - 2 \quad \text{或} \quad U_R \approx U$$

式(4.10)说明蚀除速度 v_a 与电流效率 η、体积电化学当量 ω、电导率 σ、欧姆电压降 U_R 或近似与间隙电压、加工电压成正比,而与电极间隙 Δ 成反比,即电极间隙越小,工件被蚀除的速度将越大,理论上当加工间隙无穷小,蚀除速度将无限大。但间隙过小将引起火花放电或电解产物特别是氢气排泄不畅,反而降低蚀除速度或易被脏物堵死而引起短路。当电解液参数、工件材料、电压等均保持不变,即 $\eta \omega \sigma U_R = C$(常数)时,则

$$v_a = \frac{C}{\Delta} \tag{4.13}$$

即蚀除速度与电极间隙成反比(注意:这一特性与电火花加工时完全不同),或者写成 $C = v_a \Delta$,即蚀除速度与电极间隙之乘积为常数,此常数称为双曲线常数。v_a 与 Δ 的双曲线关系是分析成形规律的基础。在具体加工条件下,可以求得此常数 C。为计算方便,当电解液温度、浓度、电压等加工条件不同时,可以作成一组双曲线图族或表,图 4.15 为不同电压时的双曲线族。

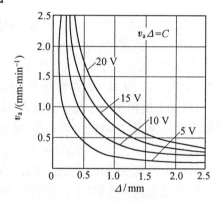

图 4.15　v_a 与 Δ 间的双曲线关系

当用固定式阴极电解扩孔或抛光时,时间越长,加工间隙便越大,蚀除速度将逐渐降低,可按式(4.10)或图表进行定量计算。式(4.10)经积分推导,可求出电解时间 t 和加工

间隙△ 的关系式(参见式(4.18) 的推导)

$$\Delta = \sqrt{2\eta\omega\sigma U_R t + \Delta_0^2}$$ (4.14)

式中 Δ_0—— 起始电极间隙。

例 4.2   用温度为 30℃、质量分数为 15% 的 NaCl 电解液,对某一碳钢零件进行固定式阴极电解扩孔,起始间隙为 0.2 mm(单边,下同),电压为 12 V。求刚开始时的蚀除速度和间隙为 1 mm 时的蚀除速度,并求间隙由 0.2 mm 扩大到 1 mm 所需的时间。

解   设电流效率 η = 100%,查表 4.5 知,钢铁的体积电化学当量 ω = 2.22 mm³/(A·min),电导率 σ = 0.02(Ω·mm)$^{-1}$,U_R = 12 V – 2 V = 10 V。代入式(4.10),得

开始时的蚀除速度为

$$v_a = \eta\omega\sigma U_R/\Delta_0 = (100\% \times 2.22 \times 0.02 \times 10/0.2)\text{mm/min} = 2.22 \text{ mm/min}$$

间隙为 1 mm 时的蚀除速度为

$$v_a = C/\Delta = (0.444/1)\text{mm/min} = 0.444 \text{ mm/min}$$

由式(4.14) 转换后,得

$$t = (\Delta^2 - \Delta_0^2)/2\eta\omega\sigma U_R = (1^2 - 0.2^2)/(2 \times 0.444)\text{min} \approx 1.09 \text{ min}$$

2. 精度成形规律

以上只是讨论了蚀除速度 v_a 与加工间隙 Δ 之间的关系,而没有涉及工具阴极的进给速度 v_c。实际电解加工中,进给速度的大小往往影响到加工间隙的大小,即影响着工件尺寸和成形精度,因此必须研究这些基本规律。

(1) 端面平衡间隙

在图 4.16 中,设电解加工开始的起始间隙为 Δ_0,如果阴极固定不动,加工间隙 Δ 将按式(4.14) 的规律逐渐增加,蚀除速度将按式(4.10) 逐渐减少。如果阴极以 v_c 的恒定速度向工件进给,则加工间隙逐渐减少,而蚀除速度将按式(4.10) 的双曲线关系相应增大。随着时间的推移,最后总会出现这样的情况,即工件的蚀除速度 v_a 与阴极的进给速度 v_c 相等,两者达到动态平衡。此时的加工间隙将稳定不变,称之为端面平衡间隙 Δ_b,由式(4.10) 可直接导出端面平衡间隙 Δ_b 的计算公式。即当 $v_a = v_c$ 时,将 $\Delta = \Delta_b$ 代入式(4.10) 得端面平衡间隙 Δ_b,即

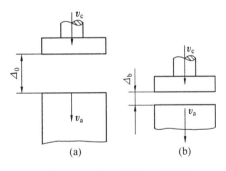

图 4.16   加工间隙变化过程
v_a— 阳极工件蚀除速度;v_c— 阴极工具进给速度;
Δ_0— 起始间隙;Δ_b— 平衡间隙

$$\Delta_b = \eta\omega\sigma \frac{U_R}{v_c}$$ (4.15)

可见当阴极进给速度 v_c 较大时,达到平衡时的间隙 Δ_b 较小,它们成双曲线反比关系,在一定范围内能互相平衡补偿,电解间隙不至成为短路。当然进给速度 v_c 不能无限增加,因为当 v_c 过大时,端面平衡间隙 Δ_b 过小,将引起局部堵塞,造成火花放电或短路。端面平衡间隙一般为 0.12 ~ 0.8 mm,比较合适的为 0.25 ~ 0.3 mm。实际上的端面平衡间

隙,主要决定于选用的电压和进给速度两方面的因素,电压越高,平衡间隙越偏大。

端面平衡间隙 Δ_b 是指当加工过程达到稳定时的加工间隙。在此以前,加工间隙处于由起始间隙 Δ_0 向端面平衡间隙 Δ_b 过渡的状态,如图 4.17 所示。经过 t 时间后,阴极工具的进给距离为 L,工件表面的电解深度为 h,此时的间隙为 Δ,而且随着加工时间的延长,Δ 将逐渐趋向于端面平衡间隙 Δ_b。起始间隙 Δ_0 与端面平衡间隙 Δ_b 的差别越大,进给速度越小,此过渡时间就越长。然而实际加工时间决定于加工深度和进给速度,不能拖延很长,因此,加工结束时的加工间隙 Δ 和最终的端面平衡间隙 Δ_b 不一定相同,往往是大于端面平衡间隙(如果起始间隙 Δ_0 远比 Δ_b 大的话)。

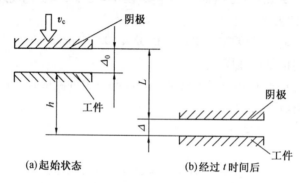

(a)起始状态 (b)经过 t 时间后

图 4.17 加工间隙的变化

任何时刻的加工间隙 Δ 可根据阴极进给距离 L、起始间隙 Δ_0 和端面平衡间隙 Δ_b 进行计算,即

$$L = v_c t = \Delta_0 - \Delta + \Delta_b \ln\left(\frac{\Delta_b - \Delta_0}{\Delta_b - \Delta}\right) \tag{4.16}$$

由于式(4.16)对 Δ 来说是一隐函数方程,计算不便,因此引入两个无因次数值

$$\Delta' = \frac{\Delta}{\Delta_b} \qquad t' = \frac{L}{\Delta_b}$$

其中,Δ' 表示 Δ 向 Δ_b 趋近的程度。例如当 $\Delta' = 1.5$,说明 Δ 是 Δ_b 的 1.5 倍,尚未达到端面平衡间隙,当 $\Delta' = 1$,说明 $\Delta = \Delta_b$,已达到了平衡间隙,至此即可认为加工间隙不会再改变。t' 是表示 Δ 向 Δ_b 趋近到什么程度的一个条件,可以理解为如果加工参数恰当,情况正常,则随着阴极进给,行程 L 增加,即 t' 不断增大,Δ 就与 Δ_b 越接近。

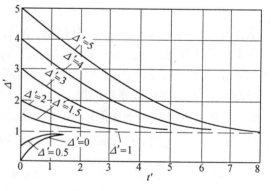

图 4.18 $\Delta' - t'$ 曲线

将 Δ' 及 t' 代入式(4.16)后可得出一族曲线,见图 4.18,这样就可以利用查图表的办法很方便地求出任何时刻的加工间隙 Δ。

关于式(4.16)的推导,请参考文献[17]。

(2) 法向平衡间隙

上述端面平衡间隙 Δ_b 是垂直于进给方向的阴极端面与工件间的间隙。对于锻模等型腔模具加工来说，工具的端面不一定与进给方向垂直而可能如图 4.19 所示成一斜面，有一斜角 θ，倾斜部分各点的法向进给分速度 v_n 为

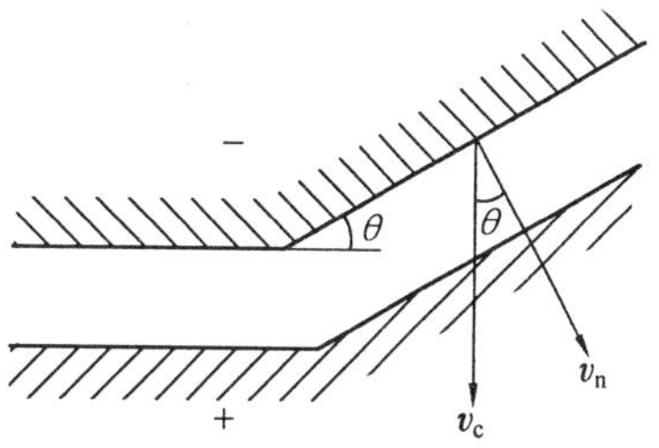

$$v_n = v_c \cos \theta$$

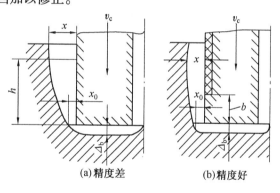

图 4.19　法向进给速度及法向间隙

将此式代入式(4.15)，即得法向平衡间隙

$$\Delta_n = \eta \omega \sigma \frac{U_R}{v_c \cos \theta} = \frac{\Delta_b}{\cos \theta} \qquad (4.17)$$

由此可见，法向平衡间隙 Δ_n 比端面平衡间隙要大 $1/\cos \theta$。

此式简单而又便于计算，但必须注意，此式是在进给速度和蚀除速度达到平衡、间隙是平衡间隙而不是过渡间隙的前提下才是正确的，实际上倾斜底面上在进给方向的加工间隙往往并未达到平衡间隙 Δ_b 值。底面越倾斜，即 θ 角越大，计算出的 Δ_n 值与实际值的偏差也越大，因此，只有当 $\theta \leqslant 45°$ 且精度要求不高时，方可采用此式。当底面较倾斜，即 $\theta > 45°$ 时，应按下述侧面间隙计算，并适当加以修正。

（3）侧面间隙

当电解加工型孔时，决定尺寸和精度的是侧面间隙 Δ_s 的大小。电解液为 NaCl，阴极侧面不绝缘时，工件型孔侧壁始终处在被电解状态，势必形成"喇叭口"。图 4.20(a) 中，设相应于某进给深度 $h = vt$ 处的侧面间隙 $\Delta_s = x$，由式(4.10) 可知，该处在 x 方向的蚀除速度为 $\eta \omega \sigma U_R / x$，经时间 dt 后，该处的间隙 x 将产生一个增量 dx。所以

（a）精度差　　（b）精度好

图 4.20　侧面间隙

$$dx = \frac{\eta \omega \sigma U_R}{x} dt$$

将上式进行积分，得

$$\int x \, dx = \int \eta \omega \sigma U_R dt$$

$$\frac{x^2}{2} = \eta \omega \sigma U_R t + C$$

当 $t \to 0$ 时(即 $h = vt \to 0$ 时)，$x \approx x_0$ (x_0 为底侧面起始间隙)，则

$$C = \frac{x_0^2}{2}$$

所以

$$\frac{x^2}{2} = \eta \omega \sigma U_R t + \frac{x_0^2}{2}$$

因为

$$h = v_c t$$

所以将 $t = \dfrac{h}{v_c}$ 代入上式，得侧面任一点的间隙为

$$\Delta_s = x = \sqrt{\frac{2\eta\omega\sigma U_R}{v_c}h + x_0^2} = \sqrt{2\Delta_b h + x_0^2} \tag{4.18}$$

当工具底侧面处的圆角半径很小时，$x_0 \approx \Delta_b$，故式(4.18)可以写成

$$\Delta_s = \sqrt{2\Delta_b h + \Delta_b^2} = \Delta_b\sqrt{\frac{2h}{\Delta_b} + 1} \tag{4.19}$$

上两式说明，阴极工具侧面不绝缘时，侧面任一点的间隙将随工具进给深度 $h = v_c t$ 而异，为一抛物线关系，因此侧面为一抛物线状的喇叭口。如果阴极侧面如图 4.20(b)那样进行了绝缘，只留一宽度为 b 的工作圈，则在工作圈以上的侧面间隙 x 不再被电解而成一直口，此时侧面间隙 Δ_s 与工具的进给深度 h 无关，只取决于工作边宽度 b，所以将式(4.19)中的 h 以 b 代替，则得侧面任一点的间隙为

$$\Delta_s = \sqrt{2b\Delta_b + \Delta_b^2} = \Delta_b\sqrt{\frac{2b}{\Delta_b} + 1} \tag{4.20}$$

(4) 平衡间隙理论的应用

以上一些初步的平衡间隙理论，可以在 NaCl 电解液加工时加以应用。

① 计算加工过程中各种电极间隙，例如端面、斜面、侧面的间隙。这样就可以根据阴极的形状来推算加工后工件的形状和尺寸。

② 设计电极时计算阴极尺寸，即根据工件形状尺寸反过来计算阴极形状尺寸。

③ 分析加工精度，如整平比以及由于毛坯留量不均引起的误差，阴极、工件原始位置不一致引起的误差等。

④ 选择加工参数(如电极间隙、电源电压、进给速度等)。

利用平衡间隙理论设计阴极尺寸，这是最重要的应用。通常在已知工件截面形状和尺寸的情况下，工具阴极的侧面尺寸、端面尺寸及法向尺寸均可根据端面、侧面及法向平衡间隙理论计算出来。已知工件上垂直面内某段曲线的截面形状和尺寸，就可根据法向平衡间隙的计算公式 $\Delta_n = \Delta_b/\cos\theta$，利用作图法将其对应的工具阴极形状设计出来。这种作图设计阴极的方法称为 $\cos\theta$ 法。

例如，当工件的加工形状已知时，如图 4.21 中的工件曲线，则可通过该工件曲线上的任意一点 A_1 引一条垂直于工件表面的法线及一条与进给方向平行的直线，在这条与进给方向平行的直线上取一段长度 A_1C_1 等于平衡间隙 Δ_b，从点 C_1 作一条与进给方向垂直的线，求出它与法线的交点 B_1，这段法线长度 A_1B_1 就是 $\Delta_b/\cos\theta_1$，它与法向间隙相等，求出的点 B_1 就是工具阴极上的一个相应点。依此类推，可以根据工件上 A_2、A_3 等点

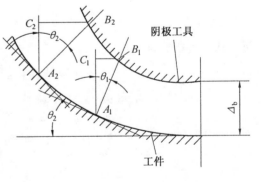

图 4.21　$\cos\theta$ 作图法设计阴极

求得 B_2、B_3 等点，将 B_1、B_2、B_3 等点连接起来，就可得到所需要的工具阴极形状(阴极工具曲线)。要注意的是，当 $\theta > 45°$ 时，此法的误差较大，需按侧面间隙的理论公式作适当修正。

为了提高工具阴极的设计精度,缩短阴极的设计和制造周期,利用计算机辅助设计(CAD)阴极的研究工作已经取得进展。

(5) 影响加工间隙的其他因素

平衡间隙理论是分析各种加工间隙的基础,因此对平衡间隙有影响的因素同时对加工间隙有影响,必然也影响对电解加工的成形精度。由式(4.15)中 $\Delta_b = \eta \omega \sigma U_R / v_c$ 可知,除阴极进给速度 v_c 外,尚有其他因素影响平衡间隙。

首先,电流效率 η 在电解加工过程中有可能变化,例如,工件材料成分及组织状态的不一致,电极表面的钝化和活化状况等,都会使 η 值发生变化。电解液的温度、质量分数的变化不但影响 η 值,而且将对电导率 σ 值有较大影响(见 4.2 节有关电解液部分)。

加工间隙内的工具形状、电场强度的分布状态,将影响电流密度的均匀性,如图 4.22 所示。在工件的尖角处,电力线比较集中,电流密度较高,蚀除较快,而在凹角处,电力线较稀疏,电流密度较低,蚀除速度则较低,所以电解加工较难获得尖棱尖角的工件外形。因此,在设计阴极时,要考虑电场的分布状态。

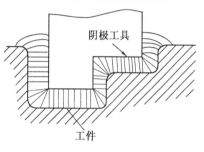

图 4.22　尖角变圆现象

电解液的流动方向对加工精度及表面粗糙度有很大影响,如图 4.13 所示,入口处为新鲜电解液,有较高的蚀除能力,越靠近出口处,电解产物(氢气泡和氢氧化亚铁)的含量越多,而且随着电解液压力的降低,气泡的体积越来越大,电解液的电导率和蚀除能力也越低。因此一般规律是,入口处的蚀除速度及间隙尺寸比出口处为大,其加工精度和表面质量也较出口处为好。

加工电压的变化直接影响加工间隙的大小。在实际生产中,当其他参数不变时,端面平衡间隙 Δ_b 随加工电压升高而略有增大,故在加工时控制加工电压和稳压是很重要的事。

3. 表面质量

电解加工的表面质量包括表面粗糙度和表面的物理化学性质的改变两方面。正常电解加工的表面粗糙度能达到 $Ra1.25 \sim 0.16\ \mu m$,由于是靠电化学阳极溶解去除金属,所以没有切削力和切削热的影响,不会在加工表面发生塑性变形,不存在残余应力、冷作硬化或烧伤退火层等缺陷,总之,表面质量较高。影响表面质量的因素主要有:

① 工件材料的合金成分、金相组织及热处理状态对表面粗糙度的影响很大。合金成分多,杂质多,金相组织不均匀,结晶粗大,都会造成溶解速度的差别,从而影响表面粗糙度。例如,铸铁、高碳钢电解加工后的表面粗糙度就较差。可采用适当的热处理,如高温均匀化退火、球化退火,使组织均匀及晶粒细化等。

② 工艺参数对表面质量也有很大影响。一般来说,电流密度较高,有利于阳极的均匀溶解。电解液的流速过低,由于电解产物排出不及时,氢气泡的分布不均,或由于加工间隙内电解液的局部沸腾化,造成表面缺陷。电解液流速过高,有可能引起流场不均,局部形成

涡旋或乱流、真空而影响表面质量。电解液的温度过高,会引起阳极表面的局部剥落而造成表面缺陷,温度过低,钝化较严重,也会引起阳极表面不均匀溶解或形成黑膜。加工钛合金或钝钛时,电解液温度需 40℃,平均电流密度在 20 A/cm² 以上。

③ 阴极表面刀花、条纹、刻痕等都会相应地复印到工件表面,故阴极表面应光洁。阴极上喷液口的设计和布局也是极为重要的。如设计不合理,流场不均,就可使局部电解液供应不足而引起短路,以及出流纹等疵病。阴极进给不匀,或快或慢,会引起横向条纹。

此外,工件表面必须除油去锈,电解液必须沉淀过滤,不含固体颗粒杂质。

4.2.5　提高电解加工精度的途径

为提高电解加工的精度,人们进行了大量的研究工作。由于电解加工涉及金属的阳极溶解过程,因此影响电解加工精度的因素是多方面的。包括工件材料、工具阴极材料、加工间隙、电解液的性能以及电解直流电源的技术参数等。目前,生产中提高电解加工精度的主要措施有以下几点。

1. 脉冲电流电解加工

采用脉冲电流电解加工是近年来发展起来的新方法,可以明显地提高加工精度,在生产中已实际应用并正日益得到推广。采用脉冲电流电解加工能够提高加工精度的原因是:

① 可减小或消除加工间隙内电解液电导率的不均匀化。加工区内阳极溶解速度不均匀是产生加工误差的根源。由于阴极析氢的结果,在阴极附近将产生一层含有氢气气泡的电解液层,由于电解液的流动,氢气气泡在电解液内的分布是不均匀的。在电解液入口处的阴极附近,几乎没有氢气气泡,而远离电解液入口处的阴极附近,电解液中所含氢气气泡将非常多。其结果将对电解液流动的速度、压力、温度和密度的特性有很大影响。这些特性的变化又集中反映在电解液电导率的变化上,造成工件各处电化学阳极溶解速度不均匀,从而形成加工误差。采用脉冲电流电解加工就可以在不产生电解作用的两个脉冲间隔时间内,通过电解液的流动与冲刷,使间隙内电解液的电导率分布基本均匀。

② 脉冲电流电解加工使阴极在电化学反应中析出的氢气是断续的,呈脉冲状。它可以对电解液起搅拌作用,有利于电解产物的去除,提高电解加工精度。

为了充分发挥脉冲电流电解加工的优点,还有人采用脉冲电流 – 同步振动电解加工。其原理是在阴极上与脉冲电流同步,施加一个机械振动,即当两电极间隙最近时进行电解,当两电极距离增大时停止电解而进行冲液,从而改善了流场特性,使脉冲电流电解加工更日臻完善。更完善的工艺方案是脉冲电流 — 同步振动 — 同步进给。

2. 小间隙电解加工

由式(4.13) $v_a = C/\Delta$ 可知,工件材料的蚀除速度 v_a 与加工间隙 Δ 成反比关系。C 为常数(此时工件材料、电解液参数、电压均保持稳定)。

实际加工中由于余量分布不均,以及加工前零件表面微观不平度等的影响,各处的加工间隙是不均匀的。以图 4.23 中用平面阴极加工平面为例来分析。设工件最大的平直度为 δ,则突出部位的加工间隙为 Δ,设其去除速度为 v_a,低凹部位的加工间隙为 $\Delta + \delta$,设其蚀除速度为 v'_a,按式(4.13),则

$$v_a = \frac{C}{\Delta} \qquad v'_a = \frac{C}{\Delta + \delta}$$

两处蚀除速度之比为

$$\frac{v_a}{v'_a} = \frac{\dfrac{C}{\Delta}}{\dfrac{C}{\Delta + \delta}} = \frac{\Delta + \delta}{\Delta} = 1 + \frac{\delta}{\Delta} \qquad (4.21)$$

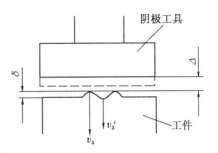

图 4.23　余量不均匀时电解加工示意图

如果加工间隙 Δ 小,则 $\dfrac{\delta}{\Delta}$ 的比值增大,突出部位的去除速度将大大高于低凹处,提高了整平效果。由此可见,加工间隙越小,越能提高整平速度和加工精度。对侧面间隙的分析也可得出相同结论,由式 $\Delta_s = \sqrt{2h\Delta_b + \Delta_b^2}$ 可知,侧面间隙 Δ_s 随加工深度 h 的变化而变化,间隙 Δ_b 越小,侧面间隙 Δ_s 的变化也越小,孔的成形精度也越高。

可见,采用小间隙加工,对提高加工精度、提高生产率都是有利的。但间隙越小,对液流的阻力越大,电解液的压力需很高。电流密度大,间隙内电解液温升快、温度变高,间隙过小容易引起短路。因此,小间隙电解加工的应用受到机床刚度、传动精度、电解液系统所能提供的压力、流速以及过滤情况的限制。

3. 改进电解液

除了前面已提到的采用钝化性电解液(如 $NaNO_3$、$NaClO_3$ 等)外,正进一步研究采用复合电解液,主要是在氯化钠电解液中添加其他成分,既保持 NaCl 电解液的高效率,又提高了加工精度。例如,在 NaCl 电解液中添加少量 Na_2MoO_4、$NaWO_4$,两者都添加或单独添加,质量分数共为 0.2% ~ 3%,加工铁基合金具有较好的效果。采用 $w(NaCl)5\% \sim 20\% + w(CoCl)0.1\% \sim 2\%$、其余为 H_2O 的电解液(w 表示质量分数),可在相对于阴极的非加工表面形成钝化层或绝缘层,从而避免杂散腐蚀。

采用低质量分数电解液,加工精度可显著提高。例如,对于 $NaNO_3$ 电解液,过去常用的质量分数为 20% ~ 30%。如果采用质量分数为 4% 的 $NaNO_3$ 电解液,用以加工压铸模,加工表面质量良好,间隙均匀,复制精度高,棱角很清,侧壁基本垂直,垂直面加工后的斜度小于 1°。加工球面凹坑,可直接采用球面阴极,加工间隙均匀,因而可以大大简化阴极工具设计。采用低质量分数电解液的缺点是,效率较低,加工速度不能很快。

4. 混气电解加工

(1) 混气电解加工原理及优缺点

混气电解加工就是将一定压力的气体(主要是压缩空气)用混气装置使它与电解液搅拌混合,使电解液成为包含无数气泡的气液混合物,然后送入加工区进行电解加工。

混气电解加工在我国应用以来,获得了较好的效果,显示了一定的优越性。主要表现在,提高了电解加工的成形精度,简化了阴极工具设计与制造,因而得到了较快的推广。例如,不混气加工锻模时,如图 4.24(a) 所示,侧面间隙很大,模具上腔有喇叭口,成形精度差,阴极工具的设计与制造也比较困难,需多次反复修正。图 4.24(b) 所示为混气电解加工的情况,成形精度高,侧面间隙小而均匀,表面粗糙度值小,阴极工具设计较容易。

混气电解加工装置的示意图如图 4.25 所示,压缩空气经过喷嘴喷出,在气液混合腔

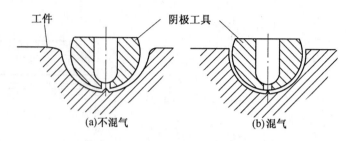

工件 阴极工具

(a)不混气 (b)混气

图 4.24 混气电解加工效果对比

中(包括引导部、混合部及扩散部),与电解液强烈搅拌压缩,使电解液成为含有一定压力的无数小气泡的气液混合体后,进入加工区域进行电解加工。混气腔的结构与形状,依加工对象的不同有几种类型。

混气电解加工的原理是,电解液中混入气体后,将会起到下述作用。

① 增加了电解液的电阻率,减少了杂散腐蚀,使电解液向非线性方面转化。因气体不导电,故电解液中混入气体后,就增加了间隙内电解液的电阻率,且电阻率随着压力的变化而变化,一般进口处、间隙小处压力高,气泡体积小,电阻率低,电解作用强;越接近出口处,间隙越大,压力越低,气泡大,电阻率大,电解作用弱,减小了杂散腐蚀。图 4.26 为用带有抛光圈的阴极电解加工孔时的情况,因间隙 Δ_s' 与大气相连,压力低,气体膨胀,又因间隙 Δ_s' 比 Δ_s 大,故其间隙电阻比 Δ_s 内的间隙电阻大得多,电流密度迅速减小。当间隙 Δ_s' 增加到一定数值时,就能制止电解作用,所以混气电解加工存在着切断间隙,加工孔时的切断间隙约为 $0.85 \sim 1.3$ mm。

② 降低电解液的密度和黏度,增加流速,均匀流场。因气体的密度和黏度远小于液体,故混气电解液的密度和黏度也大大下降,这是混气电解加工能在低压下达到高流速的关键,高速流动的气泡还起搅拌作用,消除死水区,均匀流场,减少短路的可能。

混气电解加工成形精度高,阴极设计简单,不必进行复杂的计算和修正,甚至可用"反拷"法制造阴极,并可利用小功率电源加工大面积的工件。

不足之处是由于混气后电解液的电阻率显著增加,在同样的加工电压和加工间隙条

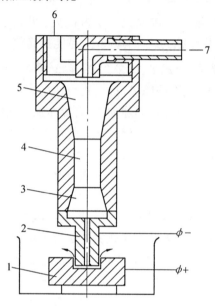

图 4.25 混气电解加工装置示意图
1—工件;2—阴极工具;3—扩散部;
4—混合部;5—引导部;
6—电解液入口;7—气源入口

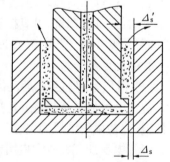

图 4.26 混气电解加工型孔

件下,电流密度下降很多,所以生产率较不混气时将降低 1/3 ~ 1/2。从整个生产过程来看,由于混气电解加工缩短了阴极工具的设计和制造周期,提高了加工精度,减少了钳工修磨量,所以总的生产率还是提高了。另一个缺点是需要一套附属供气设备,要有足够压力的气源,要增设管道及良好的抽风设备等。

(2) 气液混合比

混气电解加工的主要参数除一般电解加工所用的工艺参数外,还有一个主要参数气液混合比 Z。

气液混合比是指混入电解液的空气流量与电解液流量之比。由于气体体积随压力而变化,所以在不同的高压和常压下,气液混合比也就不同。为了定量分析时有统一的标准,常用标准状态时($1.013\ 25 \times 10^2 kPa, 20℃$)的气液混合比来计算,即

$$Z = \frac{q_g}{q_1} \tag{4.22}$$

式中　　q_g—— 气体流量(指标准状态)(m^3/h);

q_1—— 电解液流量(m^3/h)。

从提高混气电解加工的"非线性"性能来看,气液混合比越高,"非线性"性能会越好。但气液混合比过高时,其"非线性"性能改善不多,反而增加了压缩空气的消耗量,而且由于含气量过多,间隙电阻过大,电解作用过弱还会产生短路火花。

气压与液压的选择:考虑到大多数车间的气源都是通过工厂里的压缩空气管道获得的,它的压力一般为 0.4 ~ 0.45 MPa,所以气压也只能在这个范围内选取。液压则根据混合腔的结构以稍低于压缩空气气压 0.05 MPa 为宜,以免气水倒灌。为了使加工过程稳定,应设法保持气压的稳定,如增设储气罐等。

4.2.6　电解加工的基本设备

电解加工的基本设备包括直流电源、机床及电解液系统三大部分。

1.直流电源

电解加工中常用的直流电源为硅整流电源及晶闸管(也称可控硅)整流电源。

硅整流电源中先用变压器把 380 V 的交流电变为低电压的交流电,而后再用大功率硅二极管将交流电变成直流。为了能无级调压,目前生产中常采用:

① 扼流式饱和电抗器调压。

② 自饱和式电抗器调压。

③ 晶闸管(可控硅)调压。

在硅整流电源中,晶闸管调压和饱和电抗器调压相比,晶闸管调压可节省大量铜、铁材料,也减少了电源的功率损耗。同时,晶闸管是无惯性元件,控制速度快,灵敏度高,有利于进行自动控制和火花保护。其缺点是抗过载能力差,较易损坏。

为了进一步提高电解加工精度,生产中采用了脉冲电流电解加工,这时需采用脉冲电源。由于电解加工采用大电流,因而都采用晶闸管脉冲电源。电解加工的电源应有防止短路的快速切断功能。

表4.6为国内经鉴定已投入使用的几种可控硅电源。

表4.6　国内经鉴定已投入使用的几种可控硅电源

型号	额定电流/A	额定电压/V	输入电压/V	冷却水压力/MPa	柜体尺寸/mm	稳压精度/%	类型	生产厂
KGXS 3 000/6 – 24	3 000	24	380$^{+10\%}_{-15\%}$ 50 Hz		高2 100 宽880 深2 100	±1①	水冷,密封	北京变压器厂
KGXS 5 000/24	② 5 000	24	380±10% 50 Hz	0.2~0.3	高2 100③ 宽700 深1 500	±1		上海整流器厂
KGXS 10 000/ 3~20	10 000	20	380 50 Hz				普通水冷(不密封,不防蚀)	上海整流器厂 北京变压器厂
KGXSO 115 000/24	15 000	24	380±10% 50 Hz	0.2~0.3	高2 100③ 宽1 000 深1 800	±1		上海整流器厂
KGXS 20 000/15	20 000	15	10 000 50 Hz			0.5		北京变压器厂

　① 条件:电网电压变化±10%或负载变化25%~100%;

　② 可输出额定电流的电压范围为12~24 V;

　③ 外加控制柜700 mm×700 mm×2 100 mm及主变压器。

2.机床

(1)对电解加工机床的要求

在电解加工机床上要安装夹具、工件和阴极工具,实现进给运动,并接通直流电源和电解液系统。它与一般金属切削机床相比,有其特殊要求:

① 机床的刚性。电解加工虽然是不接触加工,理论上没有机械切削力,但电解液有很高的压强,如果加工面积较大,则对机床主轴、工作台的作用力也很大,一般可达20~40 kN。因此,电解加工机床的工具和工件系统必须有足够的刚度,否则将引起机床主轴和工作台等部件的过大变形,改变工具阴极和工件的相互位置,甚至造成短路烧伤。

② 进给速度的稳定性。金属的阳极溶解量是与时间成正比的,进给速度不稳,阴极相对工件的各个截面的电解时间就不同,影响加工精度。这对内孔、膛线、花键等的等截面零件加工的影响更为严重,所以电解加工机床必须保证进给速度的稳定性。一般不采用如电火花加工时的伺服(变速、调速)进给。

③ 防腐绝缘。电解加工机床经常与有腐蚀性的电解液相接触,故必须采取相应的防腐措施,以保护机床避免或减少腐蚀。为此常用花岗岩做工作台,用不锈钢或尼龙等塑料做工、夹具。

④ 安全措施。电解加工过程中将产生大量氢气,如果不能迅速排除,就有可能因火花短路等而引起氢气爆炸,必须相应地采取排氢防爆措施。另外,在电解加工过程中也有可能析出其他气体。如果采用混气加工,则有大量雾气从加工区逸出,防止它们扩散并及

时排除,这也是要注意的问题。电解加工时含有 NaCl 盐水的雾气,会锈蚀附近的其他机床设备,甚至厂房内钢结构梁柱和吊车等,因此机床上和车间内应有抽风排气装置。

(2) 机床类型及设计要点

阴极固定式的专用加工机床,只需装夹固定好阴极工具和工件,并引入直流电源和电解液即可,它实际上是一套夹具。移动式阴极电解加工机床采用得比较多,这种机床的形式主要有卧式和立式两类。卧式机床主要用于加工叶片、深孔及其他长筒形零件。立式机床主要用于加工模具、齿轮、型孔、短的花键及其他扁的零件。

电解加工机床目前大多采用伺服电机或直流电机无级调速的"等速"进给系统,容易实现自动控制。行星减速器、谐波减速器在电解加工机床中正被更多地采用。为了保证进给系统的灵敏度,使低速进给时不发生爬行现象,故广泛地采用了滚珠丝杠传动,用滚动导轨代替滑动导轨。

对长期与电解液及其腐蚀性气体接触的部分,目前采用的主要材料是不锈钢,但不锈钢的表面接触电阻大、导电性差,故也有采用铜制的工作台面,但加工后必须擦拭干净,否则易生铜绿。

对电解加工机床的其他部分如导轨等,可采用花岗石、耐蚀水泥等制造。对易受电解加工过程中杂散腐蚀影响的工作台等,也可采用牺牲阳极的阴极保护法,即在工作台四周镶上可更换的锌板,由于锌的电极电势比不锈钢或铜的电极电势更负,这样,工作台相对锌板就成为阴极,杂散腐蚀只在锌板上发生,锌板可定期更换,工作台被保护起来。

3.电解液系统

电解液系统是电解加工设备中不可缺少的组成部分,系统主要组成有泵、电解液槽、过滤装置、管道和阀等,如图 4.27 所示。

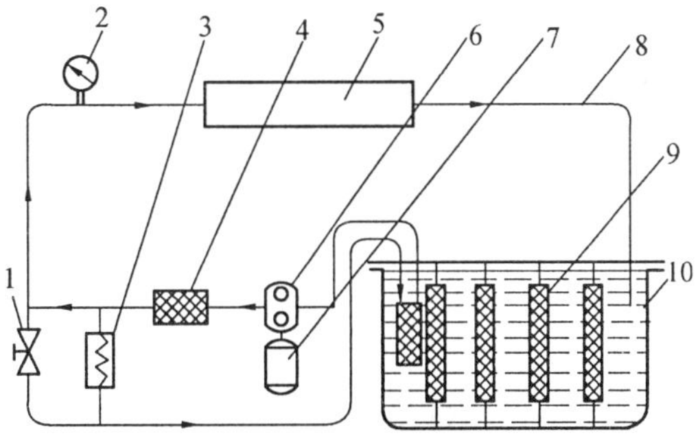

目前生产中的电解液泵大多采用不锈钢或塑料的多级离心泵,这种泵密封和防腐较好,故使用寿命较长。

随着电解加工的进行,电解液中电解产物含量增加,最后黏稠成为糊状,严重时将堵塞加工间隙,引起局部短路,故电解液的净化是非常必要的。

电解液的净化方法很多,用得比较广泛的是自然沉淀法。由于金属氢氧化物是呈絮

图 4.27　电解液系统示意图
1—阀门;2—压力表;3—安全阀;
4—过滤器;5—加工区;6—电解液泵;
7—泵用电动机;8—管道;9—过滤网;10—电解液槽

状存在于电解液中,而且质量较小,因此自然沉淀的速度很慢,必须要有较大的沉淀面积和容量很大的沉淀池,才能获得好的效果。

介质过滤法也是常用的方法之一,目前都采用筛孔尺寸为 $\phi 0.07 \sim 0.15$ mm 的尼龙丝网,成本低,效果好,制造和更换容易。实践证明,电解加工中最有害的不是絮状的氢氧化物沉淀,而是一些固体杂质小屑或腐蚀冲刷下来的金属晶粒,必须将它们滤除。

离心过滤法虽是过滤效率较高的方法,但离心机的转速低时,过滤效果不太理想;转速高时,过滤效果好,但排渣比较麻烦,且噪声大,故很少应用。

4.2.7 电解加工工艺及其应用

我国自 1958 年西安昆仑机械厂在膛线加工方面成功地采用了电解加工工艺并正式投产以来,电解加工工艺的应用有了很大进展,逐渐在加工各种膛线、花键孔、深孔、内齿轮、链轮、叶片、异形零件及模具等方面获得了广泛的应用。

1. 型孔加工

图 4.28 为六方型孔电解加工示意图。在生产中往往会遇到一些形状复杂、尺寸较小的四方、六方、椭圆、半圆等形状的通孔和不通孔,机械加工很困难,如采用电解加工,则可以大大提高生产效率及加工质量。型孔加工一般采用端面进给法,为了避免锥度,阴极侧面必须绝缘。为了提高加工速度,可适当增加端面工作面积,使阴极内圆锥面的高度为 1.5～3.5 mm,工作端及侧成形环面的宽度一般取 0.3～0.5 mm,出水孔的截面积应大于加工间隙的截面积。

图 4.29 所示为加工喷油嘴内圆弧环形槽的例子,如果采用机械加工是比较困难的,而用固定阴极电解扩孔则很容易实现,而且可以同时加工多个零件,大大提高生产率,降低成本。

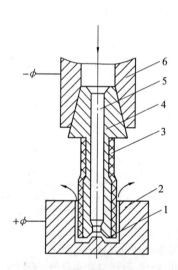

图 4.28　端面进给式型孔加工示意图
1—工作端面；2—工件；3—绝缘层；
4—阴极主体；5—进水孔；6—机床主轴套

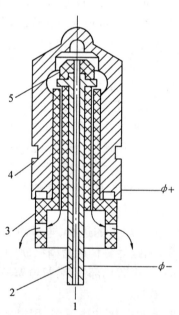

图 4.29　喷油嘴内圆弧槽的加工
1—电解液；2—工具阴极；3—绝缘层；
4—工件阳极；5—绝缘层

2. 型腔加工

多数锻模为型腔模,因为电火花加工的精度比电解加工易于控制,目前大多采用电火花加工,但由于它的生产率较低,因此对锻模消耗量比较大、精度要求不太高的煤矿机械、汽车拖拉机等制造厂的锻模,近年来逐渐采用电解加工。

型腔模的成型表面比较复杂,当采用硝酸钠、氯酸钠等成形精度好的电解液加工或采用混气电解加工时,阴极设计比较容易,因为加工间隙比较容易控制,还可采用反拷法制造阴极。当用氯化钠电解液而又不混气时,则锻模阴极设计较复杂。

复杂型腔表面加工时,电解液流场不易均匀,在流速、流量不足的局部地区电蚀量将偏小,在该处容易产生短路。此时应在阴极的对应处加开增液孔或增液缝,增补电解液使流场均匀,避免短路烧伤现象,如图 4.30 所示。

3.套料加工

用套料加工方法可以加工等截面的大面积异形孔或用于等截面薄形零件的下料。如图 4.31 所示的异形零件,如用常规的铣削方法加工将非常麻烦,而采用如图 4.32 的套料阴极,则可很方便地进行套料加工。阴极片为

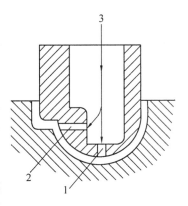

图 4.30 增液孔的设备
1—喷液槽;2—增液孔;3—电解液

约 1 mm 厚的纯铜片,用软纤焊焊在阴极体上,零件尺寸精度由阴极片内腔边口保证,当加工中偶尔发生短路烧伤损坏时,只需更换阴极片,而阴极体可以长期使用。

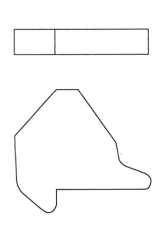

图 4.31 异形零件

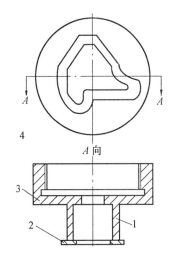

图 4.32 套料阴极工具
1—异形筒;2—阴极片;3—阴极体

套料加工中,电流密度 j 可在 $100 \sim 200$ A/cm² 范围内选择,工作电压为 $13 \sim 15$ V,端面间隙为 $0.3 \sim 0.4$ mm,侧面间隙为 $0.5 \sim 0.6$ mm,电解液的压力为 $0.8 \sim 1$ MPa,温度为 $40 \sim 20$℃,氯化钠的质量分数为 $12\% \sim 14\%$,进给速度为 $1.8 \sim 2.5$ mm/min。

4.叶片加工

叶片是喷气发动机、汽轮机中的重要零件,叶身型面形状比较复杂,精度要求较高,加工批量大,在喷气发动机和汽轮机制造中占有相当大的劳动量。采用机械加工叶片,困难较大,生产率低,加工周期长。而采用电解加工,则不受叶片材料硬度和韧性的限制,在一次行程中就可加工出复杂的叶身型面,生产率高,表面粗糙度值小。

叶片加工的方式有单面加工和双面加工两种。机床也有立式和卧式两种,图 4.6 的

立式大多用于单面加工,卧式大多用于双面加工,叶片加工大多采用侧流法供液,加工是在工作箱中进行的,我国目前叶片加工多数采用氯化钠电解液的混气电解加工法,也有采用加工间隙易于控制(有切断间隙)的氯酸钠电解液,由于这两种工艺方法的成形精度较高,故阴极可采用反拷法制造。

电解加工整体叶轮在我国已得到普遍应用,如图 4.33 所示。叶轮上的叶片是采用套料法逐个加工的,加工完一个叶片,退出阴极,分度后再加工下一个叶片。在采用电解加工以前,叶轮是拼镶焊接结构,叶片毛坯经精密锻造、机械加工、抛光后镶到叶轮轮缘的榫槽中,再焊接而成,加工量大、周期长,而且质量不易保证。电解加工整体叶轮,只要把叶轮坯加工好后,直接在轮坯上加工叶片,加工周期大大缩短,叶轮强度高、质量好。

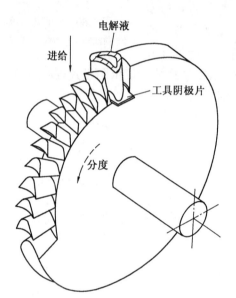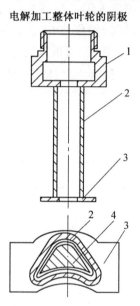

图 4.33　电解加工整体叶轮

1—阴极座;2—空心套管;3—阴极片;4—叶片

5.深孔扩孔加工

深孔扩孔加工按阴极的运动形式,可分为固定式和移动式两种。

固定式即工件和阴极间没有相对运动,如图 4.34 所示。其优点是:

① 设备简单,只需一套夹具来固定阴极与工件,并起导电和引进电解液的作用。

② 由于整个加工面同时电解,故生产率高。

③ 操作简单。

其缺点是:

① 阴极要比工件长一些,所需电源的功率较大。

② 电解液在进出口处的温度及电解产物含量等都不相同,容易引起加工表面粗糙度和尺寸精度的不均匀现象发生。

③ 当加工表面过长时,阴极刚度不足。

移动式加工通常多采用卧式,阴极在零件内孔作轴向移动。移动式阴极较短,精度要

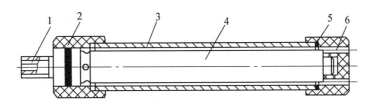

图 4.34　固定式阴极深孔扩孔原理图

1—电解液入口;2—绝缘定位套;3—工件;4—工具阴极;

5—密封垫;6—电解液出口

求较低,制造容易,可加工任意长度的工件而不受电源功率的限制。但它需要有效长度大于工件长度的机床,同时工件两端由于加工面积不断变化而引起电流密度的变化,故易出现收口和喇叭口,需采用自动控制。

　　阴极设计应结合工件的具体情况,尽量使加工间隙内各处的流速均匀一致,避免产生涡流及死水区。扩孔时如果设计成圆柱形阴极(图 4.35(a)),则由于实际加工间隙沿阴极长度方向变化,结果越靠近后段流速越小。如设计成圆锥阴极,则加工间隙基本上是均匀的,因而流场也均匀,效果较好,如图 4.35(b)所示。为使流场均匀,在液体进入加工区以前,以及离开加工区以后,应设置导流段,避免流场在这些地方发生突变,造成涡流。

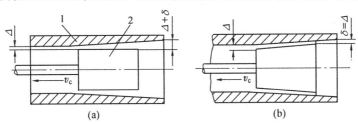

图 4.35　移动式阴极深孔扩孔示意图

1—工件;2—工具阴极

　　实际深孔扩孔用的阴极如图 4.36 所示,阴极锥体 5 用黄铜或不锈钢等导电材料制成。非工件面用有机玻璃或环氧树脂等绝缘材料遮盖起来,前引导 3 和后引导 6 起绝缘作用及定位(定心)作用。电解液从接头 1 引进,从出水孔 4 喷出,经过一段导流,进入加工区。加工花键孔及内孔膛线的原理与此类似。

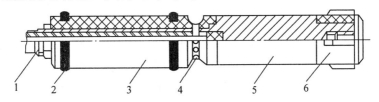

图 4.36　深孔扩孔用的移动式阴极

1—接头及入水孔;2—密封圈;

3—前引导;4—出水孔;5—阴极锥体;6—后引导;

6.电解倒棱去毛刺

机械加工中去毛刺的工作量很大,尤其是去除硬而韧的金属毛刺,需要占用很多人力。电解倒棱去毛刺可以大大提高工效和节省费用,图 4.37 是齿轮的电解去毛刺装置。工件齿轮套在绝缘柱上,环形电极工具也靠绝缘柱和键定位安放在齿轮上面,保持约 3~5 mm 电解间隙(根据毛刺大小而定),电解液在阴极端部和齿轮的端面齿面间流过,阴极和工件间通上 20 V 以上的电压(电压高些,间隙可大些),约 1 min 就可去除毛刺。

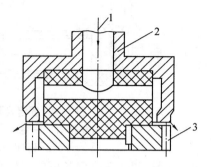

图 4.37　齿轮的电解去毛刺
1—电解液;2—阴极工具;3—齿轮工件

7. 电解刻字

机械加工中,在工序间检查或成品检查后要在零件表面做一合格标志,加工的基准面一般也要打上标志以示区别(例如,轴承环的加工),产品的规格、材料、商标等也要标刻在产品表面。目前,这些一般由机械打字完成,但机械打字要用字头对工件表面施以锤打,靠工件表面产生的凹陷及隆起变形才能实现,这对于热处理后已淬硬的零件或壁厚特薄,或精度很高、表面不允许破坏的零件而言,都是不能允许的,而电解刻字则可以在那些常规的机械刻字不能进行的表面上刻字。

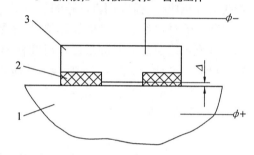

图 4.38　电解刻字示意图
1—工件;2—绝缘层;3—字头

电解刻字时,字头接阴极(图 4.38),工件接阳极,二者保持大约 0.1 mm 的电解间隙,中间滴注少量的硝酸钠类钝化型电解液,在 1~2 s 的时间内完成工件表面的刻字工作,目前可以做到在金属表面刻出黑色的印记,也可在经过发蓝处理的表面上刻出白色的印记。

根据同样的原理,利用丝网印刷技术制作半镂空的掩膜覆盖金属表面,就可实现在工件表面刻印花纹或制成压花轧辊。目前已有商品化的电解刻字装置可供订购。

8. 电解抛光

电解抛光也是利用金属在电解液中的电化学阳极溶解对工件表面进行腐蚀抛光的,它只是一种表面光整加工方法,用于改善工件的表面粗糙度和表面物理力学性能,而不用于对工件进行形状和尺寸加工。它和电解加工的主要区别是工件和工具之间的加工间隙大,这样有利于表面的均匀溶解;电流密度也比较小;电解液一般不流动,必要时加以搅拌即可。因此,电解抛光所需的设备比较简单,包括直流电源、各种清洗槽和电解抛光槽,不像电解加工那样需要昂贵的机床和电解液高压高速循环、过滤系统;抛光用的阴极结构也比较简单。

电解抛光的效率要比机械抛光高,而且抛光后的表面除了常常生成致密牢固的氧化膜等膜层外(这层组织致密的膜往往将提高表面的耐腐蚀性能),不会产生加工变质层,也不会造成新的表面残余应力,且不受被加工材料(如不锈钢、淬火钢、耐热钢等)硬度和强度的限制,因而在生产中经常采用。

影响电解抛光质量的因素很多,主要的有:

(1)电解液的成分、比例对抛光质量有着决定性的影响

目前从理论上尚不能确定某种金属或合金的最适宜的电解液成分、比例,主要是通过实验来确定。对某些金属的电解抛光已得出比较理想的电解液,见表 4.7。

表 4.7 所列为一些常用的电解液及抛光参数。

表 4.7 电解抛光常用电解液

适用金属	w(电解液)/%		阴极材料	阳极电流密度/ (A·dm^{-2})	电解液温度/ ℃	持续时间/ min
碳钢	H_3PO_4 CrO_3 H_2O	70 20 10	铜	40 ~ 50	80 ~ 90	5 ~ 8
	H_3PO_4 H_2SO_4 H_2O $(COOH)_2$(草酸)	65 15 18 ~ 19 1 ~ 2	铅	30 ~ 50	15 ~ 20	5 ~ 10
不锈钢	H_3PO_4 H_2SO_4 丙三醇(甘油) H_2O	50 ~ 10 15 ~ 40 12 ~ 45 23 ~ 5	铅	60 ~ 120	50 ~ 70	3 ~ 7
	H_3PO_4 H_2SO_4 CrO_3 H_2O	40 ~ 45 40 ~ 35 3 17	铜、铅	40 ~ 70	70 ~ 80	5 ~ 15
CrWMn 1Cr18Ni9Ti	H_3PO_4 H_2SO_4 CrO_3 丙三醇(甘油) H_2O	65 15 5 12 3	铅	80 ~ 100	35 ~ 45	10 ~ 12
铬－镍合金	H_3PO_4 H_2SO_4 H_2O	64 mL 15 mL 21 mL	不锈钢	60 ~ 75	70	5
铜合金	H_3PO_4(1.87) H_2SO_4(1.84) H_2O	670 mL 100 mL 300 mL	铜	12 ~ 20	10 ~ 20	5
铜	CrO_3 H_2O	60 40	铝、铜	5 ~ 10	18 ~ 25	5 ~ 15

续表 4.7

适用金属	w(电解液)/%		阴极材料	阳极电流密度/ $(A \cdot dm^{-2})$	电解液温度/ ℃	持续时间/ min
铝及合金	$H_2SO_4(1.84)$ 体积分数 70 $H_3PO_4(1.7)$ 体积分数 15 $HNO_3(1.4)$ 体积分数 1 H_2O 体积分数 14		铝 不锈钢	$12 \sim 20$	$80 \sim 95$	$2 \sim 10$
	$H_3PO_4(1.62)$ CrO_3	100 g 10 g	不锈钢	$5 \sim 8$	50	0.5

(2) 电参数

主要是阳极电势和阳极电流密度。在加工过程中,一般采用控制阳极电势来控制质量,也可采用控制阳极电流密度来控制质量。

(3) 电解液温度及其搅拌情况

对于每一种金属和合金来说,电解液的温度都有一个最适宜的范围,这一温度范围目前主要依靠实验来确定。电解抛光时,应采用搅拌促使电解液流动,以保证抛光区域的离子扩散和新电解液的补充,并可使电解液的温度差减小,从而保证最适宜的抛光条件。

(4) 金属的金相组织与原始表面状态

电解抛光对于金属的金相组织的均匀性,反应十分敏感。金属组织越均匀、细密,其抛光效果越好。如果金属以合金形式组成,则应选择适应合金成分均匀溶解的电解液。表面预加工状况对于抛光质量也有很大影响,表面粗糙度达到 $Ra2.5 \sim 0.8~\mu m$ 时,电解抛光才有效果;机械加工到 $Ra0.63 \sim 0.20~\mu m$ 时,则更有利于电解抛光。抛光前,表面应去掉油污、变质层等。

除此以外,电解抛光的持续时间、阴极材料、阴极形状和极间距离等对抛光质量均有影响。

9.数控展成电解加工

传统的电解加工都是采用成形阴极对工件进行"拷贝式"的加工,其优点是生产率高。但是对于复杂的型腔型面,由于阴极设计、制造困难,往往无法加工,特别是当加工带有变截面扭曲叶片的整体叶轮时,传统的电解加工更是无能为力。

人们从数控铣床得到启发,利用数控技术实现必要的展成运动,就可用简单形状的工具电极电解加工型腔、型面。工具电极可以做成简单的棒状、球状、条状,电解加工时,电极参与电解加工的部分可以是点、直线或曲线。人们可以利用成熟的数控技术和简单形状的工具去合成加工复杂的曲面,从而免去了传统电解加工时复杂工具电极的设计与制造,同时,利用电解加工技术与数控技术的结合,扩大了电解加工的应用范围。

4.3 电解磨削

4.3.1 电解磨削的基本原理和特点

电解磨削属于电化学机械加工的范畴。电解磨削是由电解作用和机械磨削作用相结合而进行加工的,它比电解加工具有较好的加工精度和表面粗糙度,比机械磨削有较高的生产率。与电解磨削相近似的还有电解研磨和电解珩磨。

图4.39所示的是电解磨削硬质合金车刀原理图。导电砂轮与直流电源的阴极相连,被加工工件(硬质合金车刀)接阳极,它在一定压力下与导电砂轮相接触。加工区域中送入电解液,在电解和机械磨削的双重作用下,车刀的后刀面很快就被磨光。

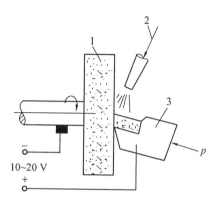

图4.39 电解磨削原理图
1—导电砂轮;2—电解液;3—工件

图4.40所示为电解磨削加工过程原理图,图中1为磨料砂粒,2为导电砂轮的结合剂铜或石墨,3为被加工工件,4为电解产物(阳极钝化薄膜),间隙中被电解液5充满。电流从工件3通过电解液5而流向磨轮,形成通路,于是工件(阳极)表面的金属在电流和电解液的作用下发生电解作用(电化学腐蚀),被氧化成为一层极薄的氧化物或氢氧化物薄膜4,一般称它为阳极薄膜。但刚形成的阳极薄膜迅速被导电砂轮中的磨料刮除,在阳极工件上又露出新的金属表面并被继续电解。这样,由电解作用和磨削作用刮除薄膜交替进行,使工件连续地被加工,直至达到一定的尺寸精度和表面粗糙度。

电解磨削过程中,金属主要是靠电化学作用被腐蚀下来,砂轮起磨去电解产物阳极钝化膜和整平工件表面的作用。

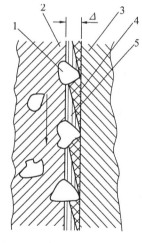

图4.40 电解磨削加工过程原理图
1—磨粒;2—结合剂;3—工件;4—阳极薄膜;5—电极间隙及电解液

电解磨削与机械磨削比较,具有以下特点:

(1)加工范围广,加工效率高

由于它主要是电解作用,因此只要选择合适的电解液,就可以用来加工任何高硬度与高韧性的金属材料,例如磨削硬质合金时,与普通的金刚石砂轮磨削相比较,电解磨削的加工速度要高3~5倍。

(2)可以提高加工精度及表面质量

因为砂轮并不主要磨削金属,磨削力和磨削热都很小,不会产生磨削毛刺、裂纹、烧伤现象,一般表面粗糙度可优于$Ra0.16\ \mu m$。

(3) 砂轮的磨损量小

例如磨削硬质合金,普通刃磨时,碳化硅砂轮的磨损量为切除硬质合金质量的 4~6 倍;电解磨削时,砂轮的磨损量不超过硬质合金切除量的 50%~100%,与普通金刚石砂轮磨削相比较,电解磨削用的金刚石砂轮的损耗速度仅为它们的 1/5~1/10,可显著降低成本。

与机械磨削相比,电解磨削的不足之处是:加工刀具等的刃口不易磨得非常锋利;机床、夹具等需采取防蚀防锈措施;还需增加吸气、排气装置;以及需要直流电源、电解液过滤、循环装置等附属设备。

电解磨削时电化学阳极溶解的机理和电解加工相似,不同之处是电解加工时阳极表面形成的钝化膜是靠活性离子(如 Cl^- 离子)进行活化或靠很高的电流密度去破坏(活化)而使阳极表面的金属不断溶解去除的,加工电流密度较大,溶解速度较快,电解产物的排除靠高速流动的电解液的冲刷作用;电解磨削时阳极表面形成的钝化膜是靠砂轮的磨削作用,即机械的刮削来去除和活化的。因此,电解加工时,必须采用压力较高、流量较大的泵,例如涡旋泵、多级离心泵等,而电解磨削一般可采用冷却润滑液用的小型离心泵。从这个意义上来说,为区别于电解磨削,有把电解加工称之为"电解液压加工"的。另外,电解磨削是靠砂轮磨料来刮除具有一定硬度和黏度的阳极钝化膜,其形状和尺寸精度主要是由砂轮相对工件的成形运动来控制的,因此,其电解液中不能含有活化能力很强的活性离子(如 Cl^- 等),而应采用腐蚀能力较弱的钝化性电解液(如以 $NaNO_3$、$NaNO_2$ 等为主的电解液),以提高电解成形精度和有利于机床的防锈防蚀。

电解磨削采用钝化性电解液,现以亚硝酸盐为主要成分的电解液加工 WC – Co 系列硬质合金为例,简要说明其电化学反应过程。

1. 阳极反应

电解磨削过程中的电化学阳极反应是钝化 – 刮除钝化膜不断交替进行的过程。

(1) 钴的阳极氧化反应

在电解液中,阳极表面的钴原子首先被阳极溶解电离,产生的钴正离子立即与溶液中的氢氧根离子化合,生成溶解度极小的氢氧化钴沉淀,即

$$Co - 2e^- \longrightarrow Co^{2+}$$

$$Co^{2+} + 2OH^- \longrightarrow Co(OH)_2 \downarrow$$

(2) WC 的阳极氧化反应

WC 的阳极氧化主要是由于强氧化性的 N_2O_4 作用的结果。其过程是亚硝酸根离子首先在阳极上氧化生成 N_2O_4,再氧化 WC(或 TiC),即

$$2NO_2^- - 2e^- \longrightarrow N_2O_4$$

$$2WC + 4N_2O_4 \longrightarrow 2WO_3 + 2CO \uparrow + 8NO \uparrow$$

反应中产生的 NO 由于电极上氧或原子氧的作用,立即被氧化为 NO_2,一部分放出,一部分溶于电解液中,再生成亚硝酸盐。

(3) 钴的钝化反应

溶液中的水分子或氢氧根离子也可能在阳极上放电,生成原子氧,即

$$H_2O \longrightarrow [O] + 2H^+ + 2e^- \quad (在中性溶液中)$$

$$2OH^- \longrightarrow [O] + H_2O + 2e^- \quad (在碱性溶液中)$$

按电化学反应理论,钝化是由于在工件表面形成吸附的或成相的氧化物层或盐层,而使金属的阳极溶解过程减慢。

$$Co + [O] \longrightarrow Co[O]_{吸附}$$

$$Co + [O] \longrightarrow CoO$$

(4) 钨(WC)的钝化反应

$$WC + 4[O] \longrightarrow WO_2[O]_{吸附} + CO \uparrow$$

$$WC + 4[O] \longrightarrow WO_3 + CO \uparrow$$

所生成的 WO_3 在碱性溶液中将进一步发生化学溶解

$$WO_3 + 2OH^- \longrightarrow WO_4^- + H_2O$$

或

$$WO_3 + 2NaOH \longrightarrow Na_2WO_4 + H_2O$$

2. 阴极反应

分析和实验表明,阴极电化学反应主要是氢气的析出

$$2H_2O + 2e^- \longrightarrow 2OH^- + H_2 \uparrow \quad (在中性或碱性溶液中)$$

但是在某些情况下,也可能有其他副反应发生,如金属离子的还原或其氧化物的沉积等。

4.3.2　影响电解磨削生产率和加工质量的因素

1. 影响生产率的主要因素

(1) 电化学当量

电化学当量的含义为:按照法拉第定律,单位电量理论上所能电解蚀除的金属量(参见前电解加工的基本规律),例如铁的电化学当量为 133 $mm^3/(A \cdot h)$。电解磨削和电解加工时一样,可以根据需要去除的金属量来计算所需的电流和时间。不过由于电解时阳极上还可能有气体被电解析出,多损耗电能,或者由于磨削时还有机械磨削作用在内,节省了电解蚀除金属用的电能,所以电流效率可能小于或大于 1。由于工件材料实际上是由多种金属元素组成的,各金属成分以及杂质的电化学当量不一样,所以电解蚀除速度就有差别(尤其在金属晶格边缘),这是造成表面粗糙度不好的原因之一。

(2) 电流密度

提高电流密度能加速阳极溶解。提高电流密度的方法为:

① 提高工作电压;

② 缩小电极间隙;

③ 减小电解液的电阻率;

④ 提高电解液温度等。

(3) 磨轮(阴极)与工件间的导电面积

当电流密度一定时,通过的电量与导电面积成正比。阴极和工件的接触面积越大,通过的电量越多,单位时间内金属的去除率越大。因此,应尽可能增加两极之间的导电面积,以达到提高生产率的目的。当磨削外圆时,工件和砂轮之间的接触面积较小,为此,可

采用"中极法",图4.41所示即为中极法电解磨削的原理图。由图可见,在普通砂轮之外再附加一个中间电极作为阴极,工件接正极,砂轮不导电,也无需加装电刷,简化了机床改装的工作量。电解作用在中间电极和工件之间进行,砂轮只起刮除钝化膜的作用,从而大大增加了导电面积,提高了生产率。如果利用多孔的中间电极往工件表面喷射电解液,则生产率可更高。采用中极法的优点还有可用普通砂轮代替导电砂轮,它的缺点是在外圆磨削时,加工不同直径需要更换电极。

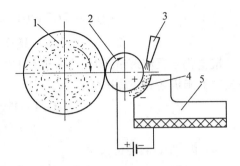

图4.41　中极法电解磨削
1—普通砂轮;2—工件;3—中间电极;
4—钝化膜(阳极薄膜);5—电解液喷嘴

（4）磨削压力

磨削压力越大,工作台走刀速度越快,阳极金属被活化的程度越高,生产率也随之提高。但过高的压力容易使磨料磨损或脱落;减小了加工间隙,影响电解液的流入,引起火花放电或发生短路现象,将使生产率下降。通常的磨削压力为 0.1~0.3 MPa。

2.影响加工精度的因素

（1）电解液

电解液的成分直接影响阳极表面钝化膜的性质。如果所生成的钝化膜的结构疏松,对工件表面的保护能力差,加工精度就低。要获得高精度的零件,在加工过程中工件表面应生成一层结构紧密、均匀的、保护性能良好的低价氧化物。钝化性电解液形成的阳极钝化膜不易受到破坏。硼酸盐、磷酸盐等弱电解质的含氧酸盐的水溶液都是较好的钝化性电解液。

加工硬质合金时,要适当控制电解液的 pH 值,因为硬质合金的氧化物易溶于碱性溶液中。要得到较厚的阳极钝化膜,不应采用高 pH 值的电解液,一般 pH = 7~9 为宜。

（2）阴极导电面积和磨粒轨迹

电解磨削平面时,常常采用碗状砂轮,以增大阴极面积,但工件往复移动时,阴、阳极上各点的相对运动速度和轨迹的重复程度并不相等,砂轮边缘线速度高,进给方向两侧轨迹的重复程度较大,磨削量较多,磨出的工件往往呈中凸的"鱼背"形状。

工件在往复运动磨削过程中,由于两极之间的接触面积逐渐减少或逐渐增加,引起电流密度相应变化,造成表面电解不均匀,也会影响加工成形精度。此外,杂散腐蚀尖端放电常引起棱边塌角或侧表面局部变毛糙。

（3）被加工材料的性质

对合金成分复杂的材料,由于不同金属元素的电极电势不同,阳极溶解速度也不同,特别是电解磨削硬质合金和钢料的组合件时,问题更为严重。因此,要研究适合多种金属、同时均匀溶解的电解液配方,这是解决多金属材料电解磨削的主要途径。

（4）机械因素

电解磨削过程中,阳极表面的活化主要是靠机械磨削作用,因此机床的成形运动精度、夹具精度、磨轮精度对加工精度的影响是不可忽视的。其中电解磨轮占有重要地位,它不但直接影响加工精度,而且影响到加工间隙的稳定。电解磨削时的加工间隙是由电解磨轮保证的,为此,除了精确修整砂轮外,砂轮的磨料应选择较硬的、耐磨损的。采用中极法磨削时,应保持阴极的形状正确。

3.影响表面粗糙度的因素

(1)电参数

工作电压是影响表面粗糙度的主要因素。工作电压低,工件表面溶解速度慢,钝化膜不易被穿透,因而溶解作用只在表面凸处进行,有利于提高精度,精加工时应选用较低的工作电压,但不能低于合金中元素的最高分解电压。例如,加工 WC – Co 系列硬质合金时工作电压不低于 1.7 V(因 Co 的分解电压为 1.2 V,WC 为 1.7 V)。加工 TiC – Co 系列硬质合金时,不低于 3 V(因 TiC 的分解电压为 3 V)。工作电压过低,会使电解作用减弱,生产率降低,表面质量变坏。过高时表面不易整平,甚至引起火花放电或电弧放电,使表面粗糙度恶化,电解磨削较合理的工作电压一般为 5 ~ 12 V。此外,还应与砂轮切削深度相配合。

电流密度过高,电解作用过强,表面粗糙度差。电流密度过低,机械作用过强,也会使表面粗糙度变坏。因此电解磨削时电流密度应使电解作用和机械作用配合恰当。

(2)电解液

电解液的成分和浓度是影响阳极钝化膜性质和厚度的主要因素。因此,为了改善表面粗糙度,常常选用钝化型或半钝化型电解液。为了使电解作用正常进行,间隙中应充满电解液,因此电解液的流量必须充足,而且应进行过滤,以保持电解液的清洁度。

(3)工件材料性质

工件材料的性质影响表面粗糙度的原因如前面电解加工中所述。

(4)机械因素

磨料粒度越细,越能均匀地去除凸起部分的钝化膜,另一方面使加工间隙减小,这两种作用都加快了整平速度,有利于改善表面粗糙度。但如果磨料过细,加工间隙过小,容易引起火花而降低表面质量。一般粒度在 F40 ~ F100 目内选取。

由于去除的是比较软的钝化膜,因此,磨料的硬度对表面粗糙度的影响不大。

磨削压力太小,难以去除钝化膜;磨削压力过大,机械切削作用强,磨料磨损加快,使表面粗糙度恶化。

实践表明,电解磨削终了时,切断电源进行短时间(1 ~ 3 min)的机械修磨,可改善表面的粗糙度和光亮度。

4.3.3 电解磨削用电解液及其设备

1.电解液

电解磨削用电解液的选择,应考虑如下五方面的要求:

① 能够使金属表面生成结构紧密、黏附力强的钝化膜,以获得良好的尺寸精度和表面粗糙度;

② 导电性好,以获得高生产率;

③ 不锈蚀机床及工夹具;

④ 对人体无危害,确保人身健康;

⑤ 经济效果好、价格便宜、来源丰富,在加工中不易消耗。

要同时满足上述五方面的要求是困难的。在实际生产中,应针对不同产品的技术要求,不同的材料,选用最佳的电解液。实验证明,亚硝酸盐最适于硬质合金的电解磨削。表4.8 所列为几种电解磨削硬质合金的电解液。

表4.8　电解磨削硬质合金用电解液

序号	w(电解液)/%		电流效率/%	电流密度/($A\cdot cm^{-2}$)	加工表面粗糙度 $Ra/\mu m$
1	$NaNO_2$	9.6	80~90		
	$NaNO_3$	0.3			
	Na_2HPO_4	0.3			
	$K_2Cr_2O_7$	0.1			
	H_2O	89.7			
2	$NaNO_2$	3.8	70	10	0.1
	Na_2HPO_4	1.4			
	$Na_2B_4O_7$	0.3			
	$NaNO_3$	0.3			
	H_2O	94.2			
3	$NaNO_2$	7.0	85		
	$NaNO_3$	5.0			
	H_2O	88.0			
4	$NaNO_2$	10	90		
	$NaKC_4H_4O_6$	2			
	H_2O	88			

实际生产中,常常还有硬质合金和钢料的组合件,需要同时进行加工,这就要求用适合电解磨削"双金属"的电解液。表4.9 为电解磨削硬质合金和钢组合材料的电解液。

表4.9　电解磨削"双金属"电解液

w(电解液)/%		电流效率/%	电流密度/($A\cdot cm^{-2}$)	硬质合金 $Ra/\mu m$
$NaNO_2$	5.0	70	10	0.1
Na_2HPO_4	1.5			
KNO_3	0.3			
$Na_2B_4O_7$	0.3			
H_2O	92.9			

表4.10 为磨削低碳钢和中碳钢的电解液,用于其他钢料磨削的尚待试验。

上述电解液中,亚硝酸钠($NaNO_2$)的主要作用是导电、氧化和防锈。硝酸盐的作用主要是为了提高电解液的导电性,其次是硝酸根离子有可能还原为亚硝酸根离子,以补充电极反应过程中亚硝酸根的消耗。磷酸氢二钠(Na_2HPO_4)是弱酸强碱盐,使溶液呈弱碱性,有利于氧化钴、氧化钨和氧化铁的溶解;磷酸氢根离子还能与钴离子配(络)合,生成钴的磷酸盐沉淀,有利于保持电解液的清洁。重铬酸盐($K_2Cr_2O_7$)和亚硝酸盐都是强钝化剂,而且可以防止金属正离子或金属氧化物在阴极上沉积。硼砂($Na_2B_4O_7$)是作为添加剂,使工件表面生成较厚的结构紧密的钝化膜,在一定程度上对工件棱边和尖角起保护作用。酒石酸盐($NaKC_4H_4O_6$)是钴离子的良好配合剂,有利于电解液的清洁,促进钴溶解。

表 4.10　磨削低碳钢和中碳钢的电解液

w(电解液)/%		电流效率/%	电流密度/($A\cdot cm^{-2}$)	加工表面粗糙度 $Ra/\mu m$
Na_2HPO_4	7			
KNO_3	2	78	10	0.4
$NaNO_2$	2			
H_2O	89			

2.电解磨削用设备

电解磨削用的设备主要包括直流电源、电解液系统和电解磨床。

电解磨削用的直流电源要求有可调的电压(5~20 V)和较硬的外特性,最大工作电流视加工面积和所需生产率可取 10~1 000 A 不等。只要功率许可,一般可以和电解加工的直流电源设备通用。

供应电解液的循环泵一般用小型离心泵,但最好是耐酸、耐腐蚀的。还应该有过滤和沉淀电解液杂质的装置。在电解过程中有时会产生对人体有害的气体(如一氧化碳等),因此在机床上最好设有强制抽气装置或中和装置,否则至少应在空气较流通的地点操作。

电解液的喷射一般都用管子和扁喷嘴,接在砂轮的上方,向工作区域喷注电解液。电解磨床与一般磨床相仿,在没有专用磨床时,也可用其他磨床改装,改装工作主要有:

① 增加电刷导电装置;

② 将砂轮主轴和床身绝缘,不让电流有可能在轴承的摩擦面间流过;

③ 将工件、夹具和机床绝缘;

④ 增加机床对电解液的防溅防锈装置。

为了减轻和避免机床的腐蚀,机床与电解液接触的部分应选择耐蚀性好的材料。机床主轴应保证砂轮工作面的振摆量不大于 0.01~0.02 mm,否则不仅磨削时接触不均匀,而且不可能保证合理的电极间隙。

电解磨削一般需要专门制造的导电砂轮,常用的有铜基和石墨两种。铜基导电砂轮的导电性能好,加工间隙可采用反拷法得到,即把电解砂轮接阳极,进行电解,此时铜基逐渐被溶解下来,达到所需的溶解量(即加工间隙值)后,停止反拷,砂粒暴露在铜基之外的尺寸,即为所需的加工间隙,所以铜基砂轮的加工生产率高。石墨砂轮不能反加工,磨削时石墨与工件之间会火花放电,同时具有电解磨削和电火花磨削双重作用。但在断电后的精磨过程中,石墨具有润滑、抛光的作用,可获得较好的表面粗糙度。

导电砂轮的磨料有烧结刚玉、白刚玉、高强度陶瓷、碳化硅、碳化硼、人造宝石、金刚石等多种。最常用的是金刚石导电砂轮,因为金刚石磨粒具有很高的耐磨性,能比较稳定地保持两极间的距离,使加工间隙稳定,而且可以在断电后对像硬质合金一类的高硬材料进行精磨,可提高精度和改善表面粗糙度。

4.3.4　电解磨削的应用

电解磨削由于集中了电解加工和机械磨削的优点,因此在生产中已用来磨削一些高硬度的零件,如各种硬质合金刀具、量具、挤压拉丝模具、轧辊等。对于普通磨削很难加工的小孔、深孔、薄壁筒、细长杆零件等,电解磨削也能显出优越性,因此电解磨削应用范围正在日益扩大。

1.硬质合金刀具的电解磨削

用氧化铝导电砂轮电解磨削硬质合金车刀和铣刀,表面粗糙度可达 $Ra0.2 \sim 0.1\ \mu m$,刃口半径小于 0.02 mm,平直度也较普通砂轮磨出的好。

采用金刚石导电砂轮磨削加工精密丝杠的硬质合金成型车刀,表面粗糙度可小于 $Ra0.016\ \mu m$,刃口非常锋利,完全达到精车精密丝杠的要求。所用电解液为亚硝酸钠9.6%、硝酸钠0.3%、磷酸氢二钠0.3%的水溶液(指质量分数),加入少量的丙三醇(甘油),可以改善表面粗糙度。电压为 6 ~ 8 V,加工时工作液的压力为 0.1 MPa。实践表明,采用电解磨削工艺不仅比单纯用金刚石砂轮磨削时效率提高 2 ~ 3 倍,而且大大节省了金刚石砂轮,一个金刚石导电砂轮可用 5 ~ 6 年。

用电解磨削轧制钻头,生产率和质量都比普通砂轮磨削时为高,而且砂轮消耗和成本大为降低。

2.硬质合金轧辊的电解磨削

硬质合金轧辊如图 4.42 所示。采用金刚石导电砂轮进行电解成形磨削,轧辊的型槽精度为 ± 0.02 mm,型槽位置精度为 ± 0.01 mm,表面粗糙度 $Ra0.2\ \mu m$,工件表面不会产生微裂纹,无残余应力,加工效率高,并大大提高了金刚石砂轮的使用寿命,其磨削比为 138:1(磨削量 cm^3/磨轮损耗量 cm^3)。

所采用的导电磨轮为金属(铜粉)结合剂的人造金刚石磨轮,磨料粒度为 F60 ~ F200 目,外圆磨轮直径为 $\phi300$ mm,磨削型槽的成型磨轮直径为 $\phi260$ mm。

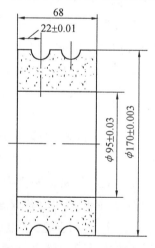

图 4.42　硬质合金轧辊

电解液成分为:亚硝酸钠 9.6%、硝酸钠 0.3%、磷酸氢二钠 0.3%、酒石酸钾钠0.1%(指质量分数),其余为水。粗磨的加工参数为:电压 12 V,电流密度 15 ~ 25 A/cm^2,磨轮转速 2 900 r/min,工件转速 0.025 r/min,一次进刀深度 2.5 mm。精加工的加工参数为:电压10 V,工件转速 16 r/min,工作台移动速度 0.6 mm/min。

3.电解研磨

将电解加工与机械研磨结合在一起,就构成了一种新的加工方法——电解研磨,见图4.43。电解研磨加工采用钝化型电解液,利用机械研磨能去除表面微观不平度各高点的

钝化膜,使其露出基体金属并再次形成新的
钝化膜,实现表面的镜面加工。

电解研磨按磨料是否粘固在弹性合成无
纺布上,可分为固定磨料加工和流动磨料加
工两种。固定磨料加工是将磨料粘在无纺布
上之后包覆在工具阴极上,无纺布的厚度即
为电解间隙。当工具阴极与工件表面充满电
解液并有相对运动时,工件表面将依次被电
解,形成钝化膜,同时受到磨粒的研磨作用,
实现复合加工。流动磨料电解研磨加工时工
具阴极只包覆弹性合成无纺布,极细的磨料
则悬浮在电解液中,因此磨料研磨时的研磨
轨迹就更加杂乱而无规律,这正是获得镜面
的主要原因。图 4.44 为不同光整加工方式
时磨料粒度与表面粗糙度的关系。

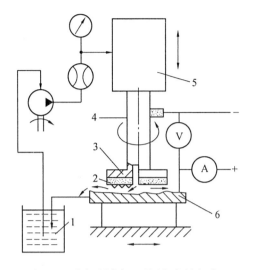

图 4.43　电解研磨加工(固定磨料方式)
1—电解液;2—研磨材料;3—工具电极;
4—主轴;5—回转装置;6—工件

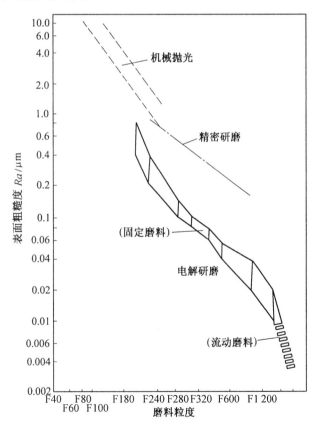

图 4.44　加工方式、磨料粒度与表面粗糙度的关系

电解研磨可以对碳钢、合金钢、不锈钢进行加工。一般选用质量分数为 20% 的 $NaNO_3$ 作电解液,电解间隙为 1~2 mm 左右,电流密度一般为 1~2 A/cm^2。这种加工方法目前已应用于金属冷轧轧辊、大型船用柴油机轴类零件、大型不锈钢化工容器内壁以及不锈钢太阳能电池基板的镜面加工。

在模具加工行业中,为了提高最终模具表面的光整度和去除电火花终加工后留下的表面变质层及拉应力,常采用人工操作的超声振动电解研磨装置,如图 4.45 所示。

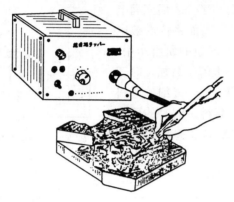

图 4.45　用手动工具电解研磨和抛光

4.电解珩磨

对于小孔、深孔、薄壁筒等零件,可以采用电解珩磨,图 4.46(a) 为电解珩磨加工深孔示意图。

普通的珩磨机床及珩磨头稍加改装,很容易实现电解珩磨。电解珩磨的电参数可以在很大范围内变化,电压为 3~30 V,电流密度为 0.2~1 A/cm^2。电解珩磨的生产率比普通珩磨的为高,表面粗糙度也得到改善。

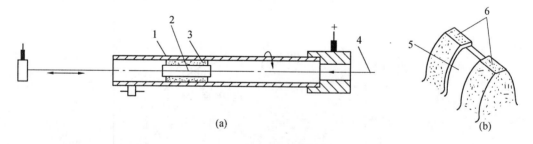

(a)　　　　　　　　　　　　　　　　　　(b)

图 4.46　电解珩磨简图

1—工件;2—珩磨头;3—磨条;4—电解液;5—金属齿片;6—珩轮齿片

齿轮的电解珩磨已在生产中得到应用,生产率比机械珩齿高,珩轮磨损量也少。

电解珩轮是由金属齿片和珩轮齿片相间而组成的,如图 4.46(b) 所示,金属齿形略小于珩磨轮齿片的齿形,从而保持一定的加工间隙。

4.4 电铸、涂镀及复合镀加工

电铸、表面局部涂镀和复合镀加工在原理和本质上都是属于电镀工艺的范畴,都是和电解相反,利用电镀液中的金属正离子在电场的作用下,镀覆沉积到阴极上去的过程。但它们之间也有明显的不同之处,见表4.11。

表 4.11 电镀、电铸、涂镀和复合镀的主要区别

项 目	电 镀	电 铸	涂 镀	复 合 镀
工艺目的	表面装饰、防锈蚀	复制、成形加工	增大尺寸,改善表面性能	1.电镀耐磨镀层 2.制造超硬砂轮或磨具,电镀带有硬质磨料的特殊复合层表面
镀层厚度	0.001~0.05 mm	0.05~5 mm 或以上	0.001~0.5 mm 或以上	0.05~1 mm 或以上
精度要求	只要求表面光亮、滑	有尺寸及形状精度要求	有尺寸及形状精度要求	有尺寸及形状精度要求
镀层牢度	要求与工件牢固黏结	要求与原模能分离	要求与工件牢固黏结	要求与机体牢固黏结
阳极材料	用镀层金属同一材料	用镀层金属同一材料	用石墨、铂等钝性材料	用镀层金属同一材料
镀液	用自配的电镀液	用自配的电镀液	按被镀金属层选用现成供应的涂镀液	用自配的电镀液
工作方式	需用镀槽,工件浸泡在镀液中,与阳极无相对运动	需用镀槽,工件与阳极可相对运动或静止不动	不需镀槽,镀液浇注或含吸在相对运动着的工件和阳极之间	需用镀槽,被复合镀的硬质材料放置在工件表面

4.4.1 电铸加工

1.电铸加工的原理、特点和应用范围

电铸加工的原理如图4.47所示,用可导电的原模作阴极,用电铸材料(例如纯铜或镍)作阳极,用电铸材料的金属盐(例如硫酸铜或硫酸镍)溶液作电铸镀液,在直流电源的作用下,阳极上的金属原子交出电子成为正金属离子进入镀液:$M-2e^- \longrightarrow M^{2+}$,并进一步在阴极上获得电子成为金属原子而沉积镀覆在阴极原模表面:$M^{2+}+2e^- \longrightarrow M\downarrow$,阳极金属源源不断成为金属离子补充溶解进入电铸镀液,保持电解液中金属离子的质量分数基本不变,阴极原模上电铸层逐渐加厚,当达到预定厚度时即可取出,设法与原模分离,即可获得与原模型面凹凸相反的电铸件。

电铸加工的特点为:

① 能准确、精密地复制复杂型面和细微纹路。

② 能获得尺寸精度高、表面粗糙度小于 $Ra0.1\ \mu m$ 的复制品,同一原模生产的电铸件一致性极好。

③ 借助石膏、石蜡、环氧树脂等作为原模材料,可把复杂零件的内表面复制为外表面,外表面复制为内表面,然后再电铸复制,适应性广泛。

电铸加工主要用于:

① 复制精细的表面轮廓花纹,如唱片模,VCD,光碟模,工艺美术品模,纸币、证券、邮票的印刷版。

② 复制注塑用的模具、电火花型腔加工用的电极工具。

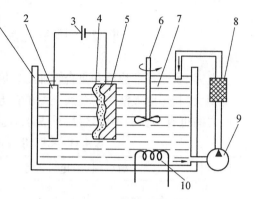

图 4.47 电铸原理图
1—电镀槽;2—阳极;3—直流电源;4—电铸层;
5—原模(阴极);6—搅拌器;7—电铸液;
8—过滤器;9—泵;10—加热器

③ 制造复杂、高精度的空心零件和薄壁零件,如波导管等。

④ 制造表面粗糙度标准样块、反光镜、表盘、异形孔喷嘴等特殊零件。

2.电铸的基本设备

电铸的主要设备有:

(1) 电铸槽

由铅板、橡胶或塑料等耐腐蚀的材料作为衬里,小型的可用陶瓷、玻璃或搪瓷容器。

(2) 直流电源

和电解、电镀电源类似,电压 3~20 V 可调,电流和功率能满足 15~30 A/dm^2 即可,一般常用硅整流或晶闸管直流电源。

(3) 搅拌和循环过滤系统

搅拌和循环的作用是降低浓差极化,加大电流密度,散热、冷却工作液,提高电铸质量。可用桨叶或用循环泵连过滤带搅拌,也可使工件振动或转动来实现搅拌。过滤器的作用是除去溶液中的固体杂质微粒,常用玻璃棉、丙纶丝、泡沫塑料或滤纸芯筒等过滤材料,过滤速度以每小时能更换循环 2~4 次镀液为宜。

(4) 加热和冷却装置

电铸的时间较长,为了使电铸镀液保持温度基本不变,需有加热、冷却和恒温控制装置。常用蒸汽或电热加温,用吹风或自来水冷却。

3.电铸加工的工艺过程及要点

电铸的主要工艺过程为:

原模表面处理 → 电铸至规定厚度 → 衬背处理 → 脱模 → 清洗干燥 → 成品

(1) 原模表面处理

原模材料根据精度、表面粗糙度、生产批量、成本等要求可采用不锈钢、碳钢表面或镀铬、镀镍、铝、低熔合金、环氧树脂、塑料、石膏、蜡等不同材料。表面清洗干净后,凡是金属材料一般在电铸前需进行表面钝化处理,使其形成不太牢固很薄的钝化膜,以便于电铸后易于脱模(一般用重铬酸盐溶液处理);对于非金属原模材料,需对表面作导电化处理,否则不导电无法电镀、电铸。

导电化处理常用的方法有：

① 以极细的石墨、铜或银粉调入少量胶黏剂做成导电液,在表面涂敷均匀薄层。

② 用真空镀膜或阴极溅射(离子镀)法使表面覆盖一薄层金或银的金属膜。

③ 用化学镀的方法在表面沉积银、铜或镍的薄层。

(2) 电铸过程

电铸通常生产率较低,时间较长。电流密度过大,易使沉积金属的结晶粗大,强度低。一般每小时电铸金属层 $0.02 \sim 0.5$ mm。

电铸常用的金属有铜、镍或铁三种。相应的电铸液为含有电铸金属离子的硫酸盐、氨基磺酸盐、氟硼酸盐和氯化物等水溶液。表 4.12 为铜电铸溶液的组成和操作条件,其他镀液可见参考文献[20]。

表 4.12　铜电铸溶液的组成和操作条件

	质量浓度/$(g \cdot L^{-1})$		操作条件			
			温度/℃	电压/V	电流密度/$(A \cdot dm^{-2})$	波美度/°Bé
硫酸盐溶液	硫酸铜 $190 \sim 200$	硫酸 $37.5 \sim 62.5$	$25 \sim 45$	< 6	$3 \sim 15$	
氟硼酸盐溶液	氟硼酸铜 $190 \sim 375$	氟硼酸 pH $= 0.3 \sim 1.4$	$25 \sim 50$	$< 4 \sim 12$	$7 \sim 30$	$29 \sim 31$ 度

注:波美度°Bé 由专用测量仪测出,为非法定计算单位。其与密度 ρ 的换算关系为 $\rho = \dfrac{145}{145 - °Bé}$,$\rho$ 的单位为 g/cm³。

电铸过程中的要点:

① 溶液必须连续过滤,以除去电解质水解或硬水形成的沉淀、阳极夹杂物和尘土等固体悬浮物,以防止电铸件产生针孔、疏松、瘤斑和凹坑等缺陷。

② 必须搅拌电铸镀液,降低浓差极化,以增大电流密度,缩短电铸时间。

③ 电铸件凸出部分电场强、镀层厚,凹入部分电场弱、镀层薄。为了使厚薄均匀,凸出部分应加屏蔽,凹入部位要加装辅助阳极。

④ 要严格控制镀液成分、浓度、酸碱度、温度、电流密度等,以免铸件内应力过大导致变形、起皱、开裂或剥落。通常开始时电流宜稍小,以后逐渐增加。中途不宜停电,以免引起夹层、分层。

(3) 衬背和脱模

有些电铸件如塑料模具和翻制印制电路板等,电铸成型之后需要用其他材料衬背加厚处理,然后再机械加工到一定尺寸。

塑料模具电铸件的衬背加厚方法常为浇铸铝或铅锡低熔点合金;印制电路板则常用热固性塑料等。

电铸件与原模的脱模分离的方法有:施加振动、敲击锤打、加热或冷却胀缩分离、用薄刀刃撕剥分离、加热熔化、化学溶解等。

4.电铸加工应用实例

电铸是制造各种筛网、滤网最有效的方法,因为它无需使用专用设备就可获得各种形状的孔眼,孔眼的尺寸大至数十毫米,小至 5 μm。其中典型的就是电铸电动剃须刀的网罩。

电动剃须刀的网罩其实就是固定刀片。网孔外面边缘倒圆,从而保证网罩在脸上能平滑移动,并使胡须容易进入网孔,而网孔内侧边缘锋利,使旋转刀片很容易切断胡须。网罩的加工大致如下。

① 制造原模:在铜或铝板上涂布感光胶,再将照相底板与它紧贴,进行曝光、显影、定影后,即获得带有规定图形绝缘层的原模。

② 对原模进行化学处理,以获得钝化层,使电铸后的网罩容易与原模分离。

③ 弯曲成形:将原模弯成所需形状。

④ 电铸:一般控制镍层的硬度为维氏 500~550 HV,硬度过高,容易发脆。

⑤ 脱模。

图 4.48 表示电动剃须刀多孔网罩电铸的工艺过程。

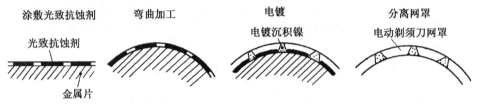

图 4.48　电动剃须刀多孔网罩的电铸

电铸技术的另一应用实例是用以制造电火花成形加工用的复杂工具电极。图 4.49中 1~6 为其制造过程,图中 1 为相似于工具电极表面的原模,经环氧树脂等浇注翻版成与工具电极相反、与工件相似的凹表面,再经表面导电化处理、电铸、脱模、浇注电极柄,最

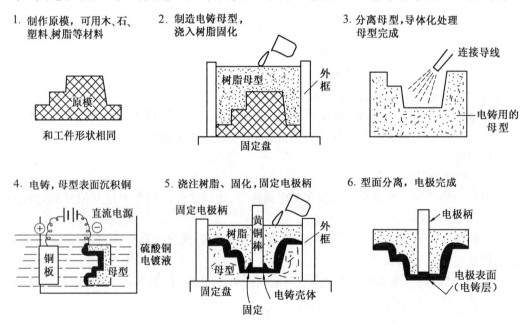

图 4.49　电铸电火花加工用的成形工具电极

终成为图6所示的工具电极。

4.4.2 涂镀加工

1.涂镀加工的原理、特点和应用范围

涂镀又称刷镀或无槽电镀,是在金属工件表面局部快速电化学沉积金属的新技术,图4.50为其原理图。转动的工件1接直流电源3的负极,正极与镀笔相接,镀笔端部的不溶性石墨电极用外包尼龙布的脱脂棉套5包住,镀液2饱醮在脱脂棉中或另再浇注,多余的镀液流回容器6。镀液中的金属正离子在电场作用下在阴极表面

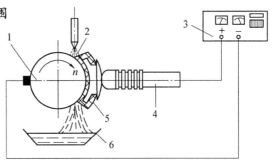

图4.50 涂镀加工原理

1—工件;2—镀液;3—电源;4—镀笔;5—棉套;6—容器

获得电子而沉积涂镀在阴极表面,可达到自 0.001 mm 直至 0.5 mm 以上的厚度。

涂镀加工的特点有:

① 不需要镀槽,可以对局部表面涂镀,设备、操作简单,机动灵活性强,可在现场就地施工,不易受工件大小、形状的限制,甚至不必拆下零件,即可对其局部刷镀。

② 涂镀液种类、可涂镀的金属比槽镀多,选用、更改方便,易于实现复合镀层,一套设备可涂镀金、银、铜、铁、锡、镍、钨、铟等多种金属。

③ 镀层与基本金属的结合力比槽镀的牢固,涂镀速度比槽镀快(镀液中离子浓度高),镀层厚薄可控性强。

④ 因工件与镀笔之间有相对运动,故一般都需人工操作,很难实现高效率的大批量、自动化生产。

涂镀技术主要的应用范围为:

① 修复零件磨损表面,恢复尺寸和几何形状,实施超差品补救,例如,各种轴、轴瓦、轴套类零件磨损后,以及加工中尺寸超差报废时,可用表面涂镀,以恢复尺寸。

② 填补零件表面上的划伤、凹坑、斑蚀、孔洞等缺陷,例如,机床导轨、活塞液压缸、印刷电路板的修补。

③ 大型、复杂、单个小批工件的表面局部镀镍、铜、锌、镉、钨、金、银等防腐层、耐腐层等,改善表面性能,例如,各类塑料模具表面涂镀镍层后,很易抛光至 $Ra0.1\ \mu m$,甚至更佳的表面粗糙度。

涂镀加工技术有很大的实用意义和经济效益,列为国家重点推广项目之一。我国铁道部戚墅堰机车车辆工艺研究所、上海有机化学研究所、解放军装甲兵技术学院等单位,对这一技术在我国的研究推广工作有很大贡献。

2.涂镀的基本设备

涂镀设备主要包括电源、镀笔、镀液及泵、回转台等。

(1)电源

涂镀所用直流电源基本上与电解、电镀、电解磨削等所用的相似,电压为 3～30 V 无

级可调,电流为 30 ~ 100 A,视所需功率而定。涂镀电源的特殊要求是:

① 应附有安培小时计,自动记录涂镀过程中消耗的电荷量,并用数码管显示出来,它与镀层厚度成正比,当达到预定尺寸时,能自动报警,以控制镀层厚度。

② 输出的直流应能很方便改变极性,使在涂镀前对工件表面作反接电解处理。

③ 电源中应有短路快速切断保护和过载保护功能,以防止涂镀过程中镀笔与工件偶尔短路,避免损伤报废事故。

(2) 镀笔

镀笔由手柄和阳极两部分组成。阳极采用不会被镀液腐蚀的不溶性石墨块制成,在石墨块外面包裹一层脱脂棉和一层耐磨的涤棉套进行刷镀。棉花的作用是饱吸储存镀液,并防止阳极与工件直接接触短路和防止、滤除阳极上脱落下来的石墨微粒进入镀液。

(3) 镀液

根据所镀金属和用途不同,涂镀用的镀液有很多种,比槽镀用的镀液有较高的离子质量分数,由金属铬合物水溶液及少量添加剂组成。一般可向专业厂所订购,很少自行配制。为了对被镀表面进行预处理(电解净化、活化),镀液中还包括电净液和活化液等。表4.13 为常用镀液的性能及用途,公司有现成的商品可供选购。

表 4.13　常用涂镀液的性能及用途

序号	镀液名称	酸碱度(pH 值)	镀 液 特 性
1	电净液	11	主要用于清除零件表面的油污杂质及轻微去锈
2	零号电净液	10	主要用于去除组织比较疏松材料的表面油污
3	1 号活化液	2	除去零件表面的氧化膜,对于高碳钢、高合金钢铸件有去碳作用
4	2 号活化液	2	具有较强的腐蚀能力,除去零件表面的氧化膜,在中碳钢、高碳钢、中碳合金钢上起去碳作用
5	3 号活化液	4	主要除去其他活化液活化零件表面后残余的碳黑,也可用于铜表面的活化
6	4 号活化液	2	用于去除零件表面疲劳层、毛刺和氧化层,并使之活化
7	铬活化液	2	除去旧铬层上的疲劳氧化层
8	特殊镍	2	作为底层镀镍溶液,并且有再次清洗活化零件的作用,镀层厚度为 0.001 ~ 0.002 mm
9	快速镍	碱(中)性 7.5	此镀液沉积速度快,在修复大尺寸磨损的工件时,可作为复合镀层,在组织疏松的零件上还可用作底层,并可修复各种耐热、耐磨的零件

续表 4.13

序号	镀液名称	酸碱度(pH 值)	镀液特性
10	镍－钨合金	2.5	可作为耐磨零件的工作层
11	镍－钨"D"	2	镀层的硬度高,具有很好抗磨损、抗氧化性能,在高强度钢上无氢脆
12	低应力镍	3.5	镀层组织细密,具有较大的压应力,用作保护性的镀层或者夹心镀层
13	半光亮镍	3	增加表面的光亮度,承受各种受磨损和热的零件,有好的抗磨和抗腐蚀性
14	碱铜	9.7	镀层具有很好的防渗碳、渗氮化能力,作为复合镀层还可降低镀层的内应力,防止镀层发脆,并且对钢铁无腐蚀
15	高堆积碱铜	9	镀液沉积速度快,用于修复磨损量大的零件,还可作为复合镀层,对钢铁均无腐蚀性
16	锌	7.5	用于表面防腐
17	低氢脆镉	7.5	用于超高强度钢的低氢脆镀层及黑色金属和黑色表面防腐填补凹坑和划痕
18	铟	9.5	用于低温密封和接触抗盐类腐蚀表面,还可作为耐磨层的保护层(减磨)
19	钴	1.5	具有光亮性并有导电和磁化性能
20	高速铜	1.5	沉积速度快,修补不承受过分磨损和热的零件,填补凹坑,对钢铁件有浸蚀作用
21	半光亮铜	1	提高工作表面光亮度

小型零件表面、不规则工件表面涂镀时,用镀笔蘸浸镀液即可;对大型表面、回转体工件表面涂镀时,最好用小型离心泵把镀液浇注到镀笔和工件之间去。

(4)回转台

回转台用以涂镀回转体工件表面。可用旧车床改装,需增加电刷等导电机构。

3.涂镀加工的工艺过程及要点

(1)表面预加工

去除表面上的毛刺、不平度、锥度及疲劳层,使其达到基本光整,表面粗糙度值达 $Ra2.5~\mu m$,甚至更小。对深的划伤和腐蚀斑坑要用锉刀、磨条、油石等修形,使其露出基体金属。

(2)除锈、清洗除油

锈蚀严重的可用喷砂、砂布打磨,锉刀修刮,油污用汽油、丙酮或水基清洗剂清洗。

(3)电净处理

大多数金属都需用电净液对工件表面进行电净处理,以进一步除去微观上的油、污。被镀表面的相邻部位也要认真清洗。

(4)活化处理

活化处理用以除去工件表面的氧化膜、钝化膜或析出的微粒黑膜。活化良好的标志是工件表面呈现均匀银灰色,无花斑。活化后用水冲洗。

（5）镀底层

为了提高工作镀层与基体金属的结合强度，工件表面经仔细电净、活化后，需先用特殊镍、碱铜或低氢脆镉镀液预镀一薄层底层，厚度约为 0.001～0.002 mm。

（6）镀尺寸镀层和工作镀层

由于单一金属的镀层随厚度的增加，内应力也增大，结晶变粗，强度降低，过厚时会起裂纹或自然脱落。一般单一镀层不能超过 0.03～0.05 mm 的安全厚度，快速镍和高速铜不能超过 0.3～0.5 mm。如果待镀工件的磨损量较大，则需先涂镀"尺寸镀层"来增加尺寸，甚至用不同镀层交替叠加，最后才镀一层满足工件表面要求的工作镀层。

（7）镀后清洗

用自来水彻底清洗冲刷已镀表面和邻近部位，用压缩空气或用热风机吹干，并涂上防锈油或防锈液。

4.涂镀加工应用实例

机床导轨划伤的典型修复工艺如下：

（1）整形

用刮刀、组锉、油石等工具把伤痕修刮、扩大整形，使划痕侧面和底部露出金属本体，能和镀笔、镀液充分接触。

（2）涂保护漆

对不需涂镀的其他表面，需涂上绝缘清漆，以防产生不必要的电化学反应。

（3）除油

对待镀表面及相邻部位，用丙酮或汽油清洗除油。

（4）对待镀表面两侧的保护

用涤纶透明绝缘胶纸贴在划伤沟痕的两侧。

（5）对待镀表面净化和活化处理

电净时工件接负极，电压 12 V，约 30 s；活化时用 2 号活化液，工件接正极，电压 12 V，时间要短，清水冲洗后表面呈黑灰色，再用 3 号活化液活化，碳黑即去除，表面呈银灰色，清水冲洗后立即起镀。

（6）镀底层

用非酸性的快速镍镀底层，电压 10 V，清水冲洗，检查底层与铸铁基体的结合情况及是否已将要镀的部位全部覆盖。

（7）镀高速碱铜作尺寸层

电压为 8 V，沟痕较浅的可一次镀成，较深的则需用砂布或细油石打磨掉高出的镀层，再经电净、清水冲洗，再继续镀碱铜，这样反复多次。

（8）修平

当沟痕镀满后，用油石等机械方法修平。如有必要，可再镀上 2～5 μm 的快速镍层。

4.4.3 复合镀加工

1.复合镀的原理及分类

复合镀是在金属工件表面镀覆金属镍或钴的同时,将磨料作为镀层的一部分也一起镀到工件表面上,故称为复合镀。依据镀层内磨料尺寸的不同,复合镀层的功用也不同,一般可分为以下两类。

(1)作为耐磨层的复合镀

磨料为微粉级,电镀时,随着镀液中的金属离子镀到金属工件表面的同时,镀液中带有极性的微粉级磨料与金属离子铬合成离子团也镀到工件表面。这样,在整个镀层内将均匀分布有许多微粉级的硬点,使整个镀层的耐磨性增加好几倍,一般用于高耐磨零件的表面处理。

(2)制造切削工具的复合镀或镶嵌镀

磨料为人造金刚石(或立方氮化硼),粒度一般为 $80^{\#} \sim 250^{\#}$。电镀时,控制镀层的厚度稍大于磨料尺寸的一半左右,使紧挨工件表面的一层磨料被镀层包覆、镶嵌,形成一层切削刃,用以对钢材、石材和其他材料进行切割加工,所用镀金刚石锯片可在市场上购买。

2.电镀金刚石(立方氮化硼)工具的工艺与应用

(1)套料刀具及小孔加工刀具

制造电镀金刚石套料刀具时,先将已加工好的管状套料刀具毛坯插入人造金刚石磨料中,把不需复合镀的刀柄部分绝缘。然后将含镍离子的镀液倒入磨料中,并在欲镀刀具毛坯外再加一环形镍阳极,而刀具毛坯接阴极。通电后,刀具毛坯内、外圆、端面将镀上一层镍,而紧挨刀具毛坯表面的磨料也被镀层包覆,成为一把管状的电镀金刚石套料刀具,可用在玻璃、石英、大理石、花岗岩、瓷砖上钻孔或套料加工(钻较大的孔)。

如果将管状刀具毛坯换成直径很小($> \phi 0.5$ mm)的细长轴,则可在细长轴表面镀上金刚石磨料,成为小孔加工刀具(如牙科钻)。

(2)平面加工刀具

将刀具毛坯置于镀液中并接电源阴极,然后通过镀液在刀具毛坯平面上均匀撒布一层人造金刚石磨料,并镀上一层镍,使磨料被包覆在刀具毛坯表面形成切削刃。此法也可制造锥角较大近似平面的刀具,例如,用此法制造电镀金刚石气门铰刀,用以修配汽车发动机缸体上的气门座锥面,比用高速钢气门铰刀加工的生产率提高近 3 倍。同样可用于制造金刚石小锯片,只需将锯片不需镀层的地方绝缘,而在最外圆和两侧面上用镍镶嵌镀上一薄层聚晶金刚石或立方氮化硼磨料。

切割花岗岩等建筑材料的金刚石锯片,在五金、建材商店可以购到。

思考题与习题

4.1 从原理、机理上来分析电化学加工,有无可能发展成为"纳米级加工"或"原子级加工"技术? 原则上要采用哪些措施才能实现?

4.2 为什么说电化学加工过程中的阳极溶解是氧化过程,而阴极沉积是还原过程?

4.3 原电池、微电池、干电池、蓄电池中的正极和负极,与电解加工中的阳极和阴极有何区别？两者的电流(或电子流)方向有何区别？

4.4 举例说明电极电势理论在电解加工中有什么具体应用？

4.5 阳极钝化现象在电解加工中是优点还是缺点？举例说明。

4.6 在厚度为 64 mm 的低碳钢钢板上用电解加工方法加工通孔，已知阴极直径 $\phi24$ mm，端面平衡间隙 $\Delta_b = 0.2$ mm。求：

① 当阴极侧面不绝缘时，加工的通孔在钢板的上表面及下表面其孔径各是多少？

② 当阴极侧面绝缘且阴极侧面工作圈高度 $b = 1$ mm 时，所加工的孔径是多少？

4.7 电解加工(如套料、成型加工等)的自动进给系统和电火花加工的自动进给系统有何异同？为什么会形成这些不同？

4.8 电解加工时，何谓电流效率？它与电能利用率有何不同？如果用 12 V 的直流电源(如汽车蓄电池)作电解加工，电路中串联一个滑杆电阻来调节电解加工时的电压和电流(例如调到两极间隙电压为 8 V)，这样是否会降低电解加工时的电流效率？为什么？

4.9 电解加工时的电极间隙蚀除特性与电火花加工时的电极间隙蚀除特性有何不同？为什么？

4.10 如何利用电极间隙的理论进行电解加工阴极工具的设计？

第5章
激光加工技术

激光技术是20世纪60年代初发展起来的一门新兴科学,随着大功率激光器的出现,在材料加工方面,已逐步形成一种崭新的加工方法——激光加工(Lasser Beam Machining,简称 LBM)。激光加工可以用于打孔、切割、电子器件的微调、焊接、热处理以及激光存储等各个领域。由于激光加工不需要加工工具,而且加工速度快、表面变形小,可以在空气中加工各种材料,易进行自动化控制,已经在生产实践中越来越多地显示了它的优越性,所以很受人们的重视。

激光加工是利用光的能量经过透镜聚焦后,在焦点上达到很高的能量密度,靠光热效应来加工各种材料。人们曾用透镜将太阳光聚焦,使纸张木材引燃,但无法用作材料加工。这是因为:

① 地面上太阳光的能量密度不高。

② 太阳光不是单色光,而是由红橙黄绿青蓝紫等多种不同波长的光组成的多色光,聚焦后焦点并不在同一平面内。

只有激光是可控的单色光。它强度高、能量密度大,聚焦后可以在空气介质中高速熔化、气化各种材料,且日益获得广泛的应用。

5.1　激光加工的原理和特点

5.1.1　激光的产生原理

1.光的物理概念及原子的发光过程

(1) 光的物理概念

光究竟是什么?直到近代,人们才认识到光既具有波动性,又具有微粒性,也就是说,光具有波粒二象性。

根据光的电磁学说,可以认为光实质上是在一定波长范围内的电磁波,同样也有波长λ、频率ν、波速c(在真空中,$c = 3 \times 10^{10}$ cm/s $= 3 \times 10^8$ m/s),它们三者之间的关系为

$$\lambda = \frac{c}{\nu} \tag{5.1}$$

如果把所有电磁波按波长和频率依次进行排列,就可以得到电磁波波谱(图5.1)。

人们能够看见的光称为可见光,它的波长为 0.4 ~ 0.76 μm。根据波长不同,可见光分为红、橙、黄、绿、青、蓝、紫七种光,波长大于 0.76 μm 的称红外光或红外线,小于 0.4 μm 的称紫外光或紫外线。

根据光的量子学说，又可以认为光是一种具有一定能量的以光速运动的微粒子流，这种具有一定能量的粒子就称为光子。不同频率的光对应于不同能量的光子，光子的能量与光的频率成正比，即

$$E = h\nu \qquad (5.2)$$

式中　　E——光子能量；

　　　　ν——光的频率；

　　　　h——普朗克常数(J·s)。

对应于波长为 $0.4~\mu m$ 的紫光的光子能量等于 4.96×10^{-17} J；对应于波长为 $0.7~\mu m$ 的红光的光子能量等于 2.84×10^{-17} J。一束光的强弱与这束光所含的光子多少有关，对同一频率的光来说，所含的光子数多，即表现为强；反之，表现为弱。

（2）原子的发光

原子由原子核和绕原子核运动的电子组成。原子的内能就是电子绕原子核运动的动能和电子被原子核吸引的位能之和。如果由于外界的作用，使电子与原子核的距离增大或缩小，则原子的内能也随之增大或缩小。只有电子在最靠近原子核的轨道上运动才是最稳定的，人们把这时原子所处的能级状态称为基态。当外界传给原子一定的能量时（例如用光照射原子），原子的内能增加，外层电子的轨道半径扩大，被激发到高能级，称为激发态或高能态。图 5.2 是氢原子的能级，图中最低的能级 E_1 称为基态，其余 E_2、E_3 等都称为高能态。

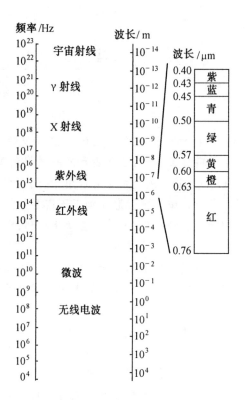

图 5.1　电磁波波谱图

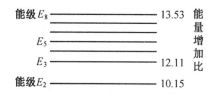

图 5.2　氢原子的能级

被激发到高能级的原子一般是很不稳定的，它总是力图回到能量较低的能级去，原子从高能级回落到低能级的过程，称为"跃迁"。

在基态时，原子可以长时间地存在，而在激发状态的各种高能级的原子停留的时间（称为寿命）一般都较短，常在 $0.01~\mu s$ 左右。但有些原子或离子的高能级或次高能级却有较长的寿命，这种寿命较长的较高能级，称为亚稳态能级。气体激光器中的氦原子、二氧化碳分子以及固体激光材料中的铬或钕离子等都具有亚稳态能级，这些亚稳态能级的存在是形成激光的重要条件。

当原子从高能级跃迁回到低能级或基态时，常常会以光子的形式辐射出光能量，所放出光的频率 ν 与高能态 E_n 和低能态 E_1 之差有如下关系

$$\nu = \frac{E_n - E_1}{h} \tag{5.3}$$

式中　　h—— 普朗克常数($J \cdot s$)。

原子从高能态自发地跃迁到低能态而发光的过程,称为自发辐射,日光灯、氙灯等光源都是由于自发辐射而发光的。由于各个受激原子自发跃迁返回基态时在时序上先后不一,辐射出来的光子在各个方向上。加之它们的激光能级很多,自发辐射出来光的频率和波长大小不一,所以单色性很差,方向性也很差。

物质的发光除自发辐射外,还存在一种受激辐射。当一束光入射到具有大量激发态原子的系统中,若这束光的频率 ν 与 $\frac{E_2 - E_1}{h}$ 很接近,则处在激发能级上的原子,在这束光的刺激下会跃迁回较低能级,同时发出一束光,这束光与入射光有着完全相同的特性,它的频率、相位、传播方向、偏振方向都是完全一致的。因此可以认为它们是一模一样的,相当于把入射光放大了,这样的发光过程称为受激辐射,受激辐射是产生激光的基础。

2. 激光的产生

某些具有亚稳态能级结构的物质,在一定外来光子能量激发的条件下,会吸收光能,使处在较高能级(亚稳态)的原子(或粒子)数目大于处于低能级(基态)的原子数目,这种现象称为"粒子数反转"。在粒子数反转的状态下,如果有一束光子照射该物体,而光子的能量恰好等于这两个能级相对应的能量差,这时就能产生受激辐射,输出大量的光能。

例如,人工晶体红宝石的基本成分是氧化铝,其中掺有质量分数为 0.05% 的氧化铬,正铬离子镶嵌在氧化铝的晶体中,能发射激光的是正铬离子。当脉冲氙灯照射红宝石时,使处于基态 E_1 的铬离子大量激发到 E_n 状态,由于 E_n 寿命很短,E_n 状态的铬离子又很快地跳到寿命较长的亚稳态 E_2。如果照射光足够强,就能够在 3 ms 时间内,把半数以上的原子激发到高能级 E_n,并转移到 E_2。从而在 E_2 和 E_1 之间实现了粒子数反转,如图 5.3 所示。这时当有频率为 $\nu = \frac{E_2 - E_1}{h}$ 的光子

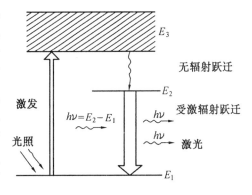

图 5.3　粒子数反转的建立和激光的形成

去照射"刺激"它时,就可以产生从能级 E_2 到 E_1 的受激辐射跃迁,出现雪崩式连锁反应,发出频率 $\nu = \frac{E_2 - E_1}{h}$ 的单色性好的光,这就是激光。

5.1.2　激光的特性

激光也是一种光,它具有一般光的共性(如光的反射、折射、绕射以及光的干涉等),也有它的特性。

普通光源的发光是以自发辐射为主,基本上是无秩序地、相互独立地产生光发射的,发出的光波无论方向、位相或者偏振状态都是不同的。而激光则不同,它的光发射是以受

激辐射为主，因而发光物质中基本上是有组织地、相互关联地产生光发射的，发出的光波具有相同的频率、方向、偏振态和严格的位相关系。

正是这个质的区别，才导致激光具有亮度高、单色性好、相干性好和方向性好的特性。下面分别进行论述。

1. 亮度高

所谓亮度是指光亮源在单位面积上某一方向的单位立体角内发射的光功率。从表5.1可以看出，一台红宝石脉冲激光器的亮度要比高压脉冲氙灯高37亿倍，比太阳表面的亮度也要高20多亿倍，所以激光的亮度特别高。

表 5.1　光源亮度比较

光　　源	亮度 /(cd · m^{-2})①	光　　源	亮度 /(cd · m^{-2})①
蜡烛	约 0.5	太阳	约 1.65×10^9
电灯	约 470	高压脉冲氙灯	约 10^9
炭弧	约 9 000	每平方厘米输出功率为 1 GW、发散角为毫弧度的红宝石脉冲激光器	约 3.7×10^{19}
超高压水银灯	约 1.2×10^5		

① $1(\text{cd} \cdot \text{m}^2)(坎／米^2) = 10^{-4}\text{sb}$(熙提，非法定计量单位)。

激光的强度和亮度之所以如此高，原因在于激光可以实现光能在空间上和时间上的亮度集中。

就光能在空间上的集中而论，如果能将分散在 180°立体角范围内的光能全部压缩到 0.18°立体角范围内发射，则在不必增加总发射功率的情况下，发光体在单位立体角内的发射功率就可提高 100 万倍，亦即其亮度提高 100 万倍。通过聚焦透镜再把直径为 1 ~ 5 mm 的光束聚焦到焦点直径为 0.01 ~ 0.05 mm 的光斑，亮度在平面内又提高了上万倍。

就光能量在时间上的集中而论，如果把 1 s 内所发出的光压缩在亚毫秒数量级的时间内发射，形成短脉冲，则在总功率不变的情况下，瞬时脉冲功率又可以提高几个数量级，从而大大提高了激光的亮度。

2. 单色性好

在光学领域中，"单色"是指光的波长(或者频率)为一个确定的数值，实际上严格的单色光是不存在的，波长为 λ_0 的单色光都是指中心波长为 λ_0、谱线宽为 $\Delta\lambda$ 的一个光谱范围。$\Delta\lambda$ 称为该单色光的谱线宽，是衡量单色性好坏的尺度，$\Delta\lambda$ 越小，单色性就越好。

在激光出现以前，单色性最好的光源要算氪灯，它发出的单色光 $\lambda_0 = 605.7$ nm，在低温条件下，$\Delta\lambda$ 只有 0.000 47 nm。激光出现后，单色性有了很大的飞跃，单纵模稳频激光的谱线宽度可以小于 10^{-8} nm，单色性比氪灯提高了上万倍。

3. 相干性好

光源的相干性可以用相干时间或相干长度来量度。相干时间是指光源先后发出的两束光能够产生干涉现象的最大时间间隔。在这个最大的时间间隔内光所走的路程(光程)就是相干长度，它与光源的单色性密切有关，即

$$L = \frac{\lambda_0^2}{\Delta \lambda} \tag{5.4}$$

式中　L——相干长度;

　　　λ_0——光源的中心波长;

　　　$\Delta \lambda$——光源的谱线宽度。

这就是说,单色性越好,$\Delta \lambda$ 越小,相干长度就越大,光源的相干性也越好。普通光源发出的光均包含较宽的波长范围,而激光为单一波长,它与普通光源相比,谱线宽度窄 $3n$ 个数量级。某些单色性很好的激光器所发出的光,采取适当措施以后,其相干长度可达到几十千米,可用作长距离的精密长度测量。而单色性很好的氪灯所发出的光,相干长度仅为 78 cm,用它进行干涉测量时最大可测长度只有 38.5 cm,其他光源的相干长度就更小了。

4.方向性好

光束的方向性是用光束的发散角来表征的。普通光源由于各个发光中心是独立地发光,而且各具有不同的方向,所以发射的光束是很发散的。即使是加上聚光系统,要使光束的发散角小于 0.1 sr,仍是十分困难的。激光则不同,它的各个发光中心是互相关联地定向发射,所以可以把激光束压缩在很小的立体角内,发散角甚至可以小到 0.1×10^{-3} sr 左右。

5.1.3　激光加工的原理和特点

激光加工是一种重要的高能束加工方法,是在光热效应下产生的高温熔融和冲击波的综合作用过程。它利用激光高强度、高亮度、方向性好、单色性好的特性,通过一系列的光学系统聚焦成平行度很高的微细光束(直径几微米至几十微米),获得极高的能量密度($10^8 \sim 10^{10}$ W/cm²)照射到材料上,使材料在极短的时间内(千分之几秒甚至更短)光能转变为热能,被照部位迅速升温,材料发生气化、熔化、金相组织变化以及产生相当大的热应力,以达到加热和去除材料的目的。激光加工时,为了达到各种加工要求,激光速与工件表面需要作相对运动,同时光斑尺寸、功率以及能量需求可调。

① 聚焦后,激光加工的功率密度可高达 $10^8 \sim 10^{10}$ W/cm²,光能转化为热能,几乎可以熔化、气化任何材料。例如,耐热合金、陶瓷、石英、金刚石等硬脆材料都能加工。

② 激光光斑大小可以聚焦到微米级,输出功率可以调节,因此可用于精密微细加工。

③ 加工所用工具是激光束,是非接触加工,所以没有明显的机械力,没有工具损耗问题。加工速度快、热影响区小,容易实现加工过程自动化。能在常温、常压下于空气中加工,还能通过透明体进行加工,如对真空管内部进行焊接加工等。

④ 和电子束加工等比较起来,激光加工装置比较简单,不要求复杂的抽真空装置。

⑤ 激光加工是一种瞬时、局部熔化、气化的热加工,影响因素很多,因此,精微加工时,精度,尤其是重复精度和表面粗糙度不易保证,必须进行反复试验,寻找合理的参数,才能达到一定的加工要求。由于光的反射作用,对于表面光泽或透明材料的加工,必须预先进行色化或打毛处理,使更多的光能被吸收后转化为热能用于加工。

⑥ 加工中产生的金属气体及火星等飞溅物,要注意通风抽走,操作者应戴防护眼镜。

5.2 激光加工的基本设备

5.2.1 激光加工设备的组成部分

激光加工的基本设备包括激光器、电源、光学系统及机械系统四大部分。

（1）激光器

激光器是受激辐射的光放大器，是激光加工的核心设备，它把电能转变成光能，产生激光束。

（2）激光器电源

激光器电源为激光器提供所需要的能量及控制功能。

（3）光学系统

光学系统包括激光聚焦系统和观察瞄准系统，后者能观察和调整激光束的焦点位置，并将加工位置显示在投影仪上。

（4）机械系统

机械系统主要包括床身、能在三坐标范围内移动的工作台及机电控制系统等。随着电子技术的发展，目前已采用计算机来控制工作台的移动，实现激光加工的数控操作。

5.2.2 激光加工常用激光器

目前常用的激光器按激活介质的种类，主要可以分为固体激光器和气体激光器。按激光器的工作方式，可大致分为连续激光器和脉冲激光器。表 5.2 列出了激光加工常用激光器的主要性能特点。

1. 固体激光器

固体激光器一般采用光激励，能量转化环节多，光的激励能量大部分转换为热能，所以效率低。为了避免固体介质过热，固体激光器通常多采用脉冲工作方式，并采用合适的冷却装置，较少采用连续工作方式。由于晶体缺陷和温度引起的光学不均匀性，固体激光器不易获得单模而用于多模输出。

表 5.2 常用激光器的性能特点

种类	工作物质	激光波长/μm	发散角/rad	输出方式	输出能量或功率	主要用途
固体激光器	红宝石 (Al_2O_3, Cr^{3+})	0.69(红色)	$10^{-2} \sim 10^{-8}$	脉冲	几个至 10 J	打孔、焊接
	钕玻璃 (Nd^{3+})	1.06(红外)	$10^{-2} \sim 10^{-3}$	脉冲	几个至几十焦耳	打孔、焊接
	掺钕钇铝石榴石 YAG $(Y_3Al_5O_{12}, Nd^{3+})$	1.06(红外)	$10^{-2} \sim 10^{-3}$	脉冲	几个至几十焦耳	打孔、切割、焊接、微调
				连续	100 至 1 000 W	
气体激光器	二氧化碳 (CO_2)	10.6(远红外)	$10^{-2} \sim 10^{-3}$	脉冲	几焦耳	切割、焊接、热处理、微调
				连续	几十至几千瓦	
	氩 (Ar^+)	0.514 5(绿色) 0.488 0(青色)				光盘录刻存储

（1）固体激光器的基本组成

由于固体激光器的工作物质尺寸比较小，因而其结构比较紧凑。图 5.4 是固体激光器的结构示意图，它包括工作物质、光泵、玻璃套管和滤光液、冷却水、聚光器以及谐振腔等部分。

光泵是供给工作物质光能用的，一般都用氙灯或氪灯作为光泵。脉冲状态工作的氙灯有脉冲氙灯和重复脉冲氙灯两种。前者只能每隔几十秒钟工作一次，后者可以每秒工作几次至十几次，后者的电极需要用水冷却。

聚光器的作用是把氙灯发出的光能聚集在工作物质上，一般可将氙灯发出来的 80% 左右的光能集中在工作物质上。常用的聚光器有如图 5.5 所示的各种形式。图 5.5(a)为圆球形，图 5.5(b)为圆柱形，图 5.5(c)为椭圆柱形，图 5.5(d)为紧包裹形。其中圆柱形加工制造方便，用得较多。椭圆柱形聚光效果较好，也常被采用。为了提高反射率，聚光器内面需磨平抛光至 $Ra0.025~\mu m$，并蒸镀一层银膜、金膜或铝膜。

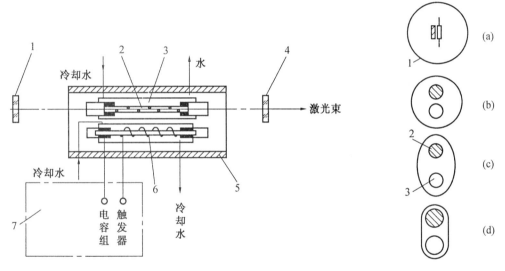

图 5.4　固体激光器结构示意图
1—全反射镜;2—工作物质;3—玻璃套管;4—部分反射镜;
5—聚光器;6—氙灯;7—电源

图 5.5　各种聚光器
1—聚光器;2—工作物质;
3—氙灯

玻璃套管和其中的滤光液是为了滤去氙灯发出的紫外线成分，因为这些紫外成分对于钕玻璃和掺钕钇铝石榴石等激光工作物质都是十分有害的，它会使激光器的效率显著日益下降，常用的滤光液是重铬酸钾溶液。

谐振腔由两块反射镜组成，其作用是使激光沿轴向来回反射共振，用于加强和改善激光的输出。

（2）固体激光器的分类

固体激光器常用的工作物质有红宝石、钕玻璃和掺钕钇铝石榴石三种。

① 红宝石激光器。红宝石是掺有质量分数为 0.05% 氧化铬的氧化铝晶体，发射 $\lambda = 0.697~3~\mu m$ 的可见红光，它易于获得相干性好的单模输出，稳定性好。

红宝石激光器是三能级系统激光器，主要是铬离子起受激发射作用。图 5.6 表示红宝石激光跃迁情况。在高压氙灯的照射下，铬离子从基态 E_1 被抽运到 E_3 吸收带，由于 E_3 平均寿命短，在小于 10^{-7} s 内，大部分粒子通过无辐射跃迁落到亚稳态 E_2 上，E_2 的平均寿命为 3×10^{-3} s，比 E_3 高数万倍，所以在 E_2 上可储存大量粒子，实现 E_2 和 E_1 能级之间的粒子数反转，发射 $\nu = \dfrac{E_2 - E_1}{h}$，$\lambda = 0.694\ 3\ \mu m$ 的激光。红宝石激光器一般都是脉冲输出。工作频率一般小于 1 次/s。

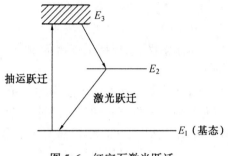

图 5.6　红宝石激光跃迁

红宝石激光器在激光加工发展初期用得较多，现在大多已被钕玻璃激光器和掺钕钇铝石榴石激光器所代替。

② 钕玻璃激光器。钕玻璃是掺有少量氧化钕(Nd_2O_3)的非晶体硅酸盐玻璃，钕离子(Nd^{3+})的质量分数为 1% ~ 5% 左右，吸收光谱较宽，发射 $\lambda = 1.06\ \mu m$ 的红外激光。

钕玻璃激光器是四能级系统激光器，因为有中间过渡能级，所以比红宝石之类的三能级系统更容易实现粒子数反转，如图 5.7 所示。在通常情况下，处于基态 E_1 的钕离子吸收氙灯的很宽范围的光谱而被激发到 E_4 能级，E_4 能级的平均寿命很短，通过无辐射跃迁到 E_3 能级，E_3 能级寿命可长达 3×10^{-4} s，所以较易形成 E_3 和 E_2 能级的粒子数反转，当 E_3 能级粒子回到 E_2 能级时，发出波长为 $1.06\ \mu m$ 的红外激光。

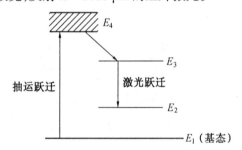

图 5.7　钕玻璃激光跃迁

钕玻璃激光器的效率可达 2% ~ 3% 左右，钕玻璃棒具有较高的光学均匀性，光线的发射角小，特别适用于精密微细加工。钕玻璃价格低，易做成较大尺寸，输出功率可以做得比较大。其缺点是导热性差，必须有合适的冷却装置。一般以脉冲方式工作，工作频率每秒几次，广泛用于打孔、切割、焊接等工作。

③ 掺钕钇铝石榴石(YAG)激光器。掺钕钇铝石榴石是在钇铝石榴石($Y_3Al_5O_{12}$)晶体中掺入质量分数为 1.5% 左右的钕而成。和钕玻璃激光器一样属于四能级系统，产生激光的也是钕离子，也发射 $1.06\ \mu m$ 波长的红外激光。

钇铝石榴石晶体的热物理性能好，有较大的导热性，膨胀系数小，机械强度高，它的激励阈值低，效率可达 3%。钇铝石榴石激光器可以脉冲方式工作，工作频率可达 10 ~ 100 次/s，接近于连续输出方式工作。连续输出功率可达几百瓦，尽管其价格比钕玻璃贵，但由于其性能优越，广泛用于打孔、切割、焊接、微调等工作。

2. 气体激光器

气体激光器一般直接采用电激励，因其效率高、寿命长、连续输出功率大，可达数千瓦，所以广泛用于切割、焊接、热处理等加工，常用于材料加工的气体激光器有二氧化碳激光器、氩离子激光器等。

（1）二氧化碳激光器

二氧化碳激光器是以二氧化碳气体为工作物质的分子激光器，最大连续输出功率可达万瓦，是目前连续输出功率最高的气体激光器，它发出的谱线是在 $10.6~\mu m$ 附近的红外区，输出最强的激光波长为 $10.6~\mu m$。

二氧化碳激光器的效率可以高达 20% 以上，这是因为二氧化碳激光器的工作能级寿命比较长，大约在 $10^{-1} \sim 10^{-3}$ s 范围内。工作能级寿命长有利于粒子数反转的积累。另外，二氧化碳的工作能级离基态近，激励阈值低，而且电子碰撞分子，把分子激发到工作能级的几率比较大。

为了提高激光器的输出功率，二氧化碳激光器一般都加进氮（N_2）、氦（He）、氙（Xe）等辅助气体和水蒸气。

二氧化碳激光器的一般结构如图5.8所示，它主要包括放电管、谐振腔、冷却系统和激励电源等部分。

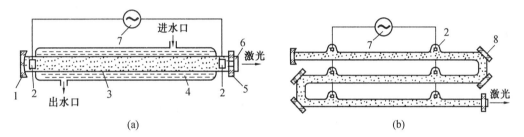

图5.8 二氧化碳激光器的结构示意图

1—反射镜；2—电极；3—放电管；4—冷却水；5—反射镜；6—红外材料；7—电流电源；8—全反射镜

放电管一般用硬质玻璃管做成，对要求高的二氧化碳激光器，可以采用石英玻璃管来制造，放电管的直径约几厘米，长度可以从几十厘米至数十米，二氧化碳气体激光器的输出功率与放电管长度成正比，通常每米长的管子，其输出功率平均可达 $40 \sim 50$ W。为了缩短空间长度，长的放电管可以做成折叠式，如图5.8(b)所示。折叠的两段之间用全反射镜来连接光路。

二氧化碳气体激光器的谐振腔多采用平凹腔，一般总以凹面镜作为全反射镜，而以平面镜作输出端反射镜。全反射镜一般镀金属膜，如金膜、银膜或铝膜。这三种膜对 10.6 μm 激光的反射率都很高，金膜稳定性最好，所以用得最多。输出端的反射镜可有几种形式。第一种形式是在一块全反射镜的中心开一小孔，外面再贴上一块能透过 $10.6~\mu m$ 波长的红外材料，激光就从这个小孔输出。第二种形式是用锗或硅等能透过红外的半导体材料做成反射镜，表面也镀上金膜，而在中央留个小孔不镀金，效果和第一种差不多。第三种形式是用一块能透过 $10.6~\mu m$ 波长的红外材料，加工成反射镜，再在它上面镀以适当反射率的金膜或介质膜。目前第一种形式用得较多。

二氧化碳激光器的激励电源可以用射频电源、直流电源、交流电源和脉冲电源等，其中交流电源用得最为广泛。二氧化碳激光器一般都用冷阴极，常用的电极材料有镍、钼和铝。因为镍发射电子的性能比较好，溅射比较小，而且在适当温度时还有使 CO 还原成

CO_2 分子的催化作用,有利于保持功率稳定和延长寿命。所以,现在一般都用镍作电极材料。

(2) 氩离子激光器

氩离子激光器是惰性气体氩(Ar)通过气体放电,使氩原子电离并激发,实现离子数反转而产生激光,其结构示意图如图 5.9 所示。

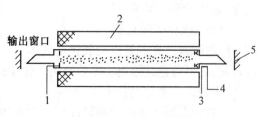

图 5.9　氩离子激光器
1—阳极;2—螺线管;3—阴极;4—灯丝;5—全反射镜

氩离子激光器发出的谱线很多,最强的是波长为 0.514 5 μm 的绿光和波长为 0.488 0 μm 的蓝光。因为其工作能级离基态较远,所以能量转换效率低,一般仅 0.05% 左右。通常采用直流放电,放电电流为 10 ~ 100 A,功率小于 1 W 时,放电管可用石英管,功率较高时,为承受高温而用氧化铍(BeO)或石墨环做放电管。在放电管外加一适当的轴向磁场,可使输出功率增加 1 ~ 2 倍。

由于氩激光器波长短,发散角小,能聚焦成更小的光斑,所以可用于精密微细加工,如用于激光存储光盘基板的蚀刻制造等。

5.3　激光加工工艺及应用

激光束加工的应用极其广泛,在打孔、切割、焊接以及表面淬火、冲击强化、表面合金化、表面融覆等表面处理的众多加工领域都得到了成功的应用。近十年来,激光技术还被应用于快速成型、三维去除加工、微纳米加工中,激光束流加工的发展日新月异,还广泛用于生物和医疗等工程,在此着重介绍激光孔加工和切割加工。

5.3.1　激光打孔

利用激光几乎可在任何材料上打微型小孔,目前已应用于火箭发动机和柴油机的燃料喷嘴加工、化学纤维喷丝板打孔、钟表及仪表中的宝石轴承打孔、金刚石拉丝模加工等方面。

激光打孔适合于自动化连续打孔,如在钟表行业红宝石轴承上加工 $\phi 0.12$ ~ 0.18 mm、深 0.6 ~ 1.2 mm 的小孔,采用自动传送每分钟可以连续加工几十个宝石轴承。又如生产化学纤维用的喷丝板,在 $\phi 100$ mm 直径的不锈钢喷丝板上打 1 万多个直径为 0.06 mm 的小孔,采用数控激光加工,不到半天即可完成。激光打孔的直径可以小到 0.01 mm 以下,深径比可达 50∶1。

激光打孔的成形过程是材料在激光热源照射下产生的一系列热物理现象综合的结果。它与激光束的特性和材料的热物理性质有关,现在就其主要影响因素分述如下。

1. 输出功率与照射时间

激光的输出功率大、照射时间长时,工件所获得的激光能量也大。

激光的照射时间一般为几分之一到几毫秒。当激光能量一定时,时间太长,会使热量传散到非加工区,时间太短,则因功率密度过高而使蚀除物以高温气体喷出,都会使能量的使用效率降低。

2. 焦距与发散角

发散角小的激光束经短焦距的聚焦物镜以后,在焦面上可以获得更小的光斑及更高的功率密度。焦面上的光斑直径小,所打的孔也小,而且,由于功率密度大,激光束对工件的穿透力也大,打出的孔不仅深,而且锥度小。所以,要减小激光束的发散角,并尽可能地采用短焦距物镜(20 mm 左右),只有在一些特殊情况下,才选用较长的焦距。

3. 焦点位置

激光束焦点位置对于孔的形状和深度都有很大影响,如图 5.10(a)、(b)所示。当焦点位置很低时,如图 5.10(a)左所示,透过工作表面的光斑面积很大,这不仅会产生很大的喇叭口,而且由于能量密度减小而影响加工深度。或者说,增大了它的锥度。由图 5.10(a)、(b)左到图 5.10(a)、(b)右,焦点逐步提高,孔深也增加,但如果焦点太高,同样会分散能量密度而无法加工下去。一般激光的实际焦点在工件的表面或略微低于工件表面为宜。

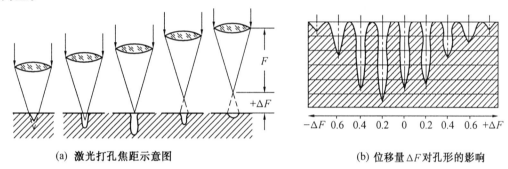

(a) 激光打孔焦距示意图　　　　　　　(b) 位移量 $\triangle F$ 对孔形的影响

图 5.10　焦点位置对孔形的影响
$F = 13.9$ mm; $t_i = 1.5$ ms; $W_m = 1.6$ J

4. 光斑内的能量分布

前面已提及激光束经聚焦后光斑内各部分的光强度是不同的。在基模光束聚焦的情况下,焦点的中心强度 I_0 最大,越是远离中心,光强度越小,能量是以焦点为轴心对称分布的,这种光束加工出的孔是正圆形的,见图 5.11(a)。当激光束不是基模输出时,其能量分布就不是对称的,打出的孔也必然是不对称的,见图 5.11(b)。如果在焦点附近有二个光斑(存在基模和高次模),则打出的孔如图 5.11(c)所示。

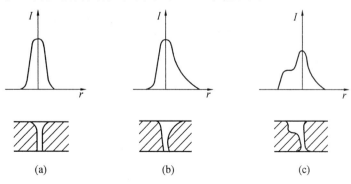

(a)　　　　　　　(b)　　　　　　　(c)

图 5.11　激光能量分布对打孔质量的影响

激光在焦点附近的光强度分布与工作物质的光学均匀性以及谐振腔调整精度直接有关。如果对孔的正圆度要求特别高,就必须在激光器中加上限制振荡的措施,使它仅能在基模振荡。

5.激光的多次照射

用激光照射一次,加工的深度大约是孔径的 5 倍左右,但锥度较大。

如果用激光多次照射,其深度可以大大增加,锥度可以减小,而孔径几乎不变。但是,孔的深度并不是与照射次数成正比,而是加工到一定深度后,由于孔内壁的反射、透射以及激光的散射或吸收以及抛出力减小、排

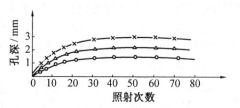

图 5.12　照射次数与孔深关系

单脉冲能量:×—2.0 J;△—1.5 J;°—1.0 J

屑困难等原因,使孔的前端的能量密度不断减小,加工量逐渐减小,以致不能继续打下去。图 5.12 是用红宝石激光器加工蓝宝石时获得的实验曲线。从图中可知,照射 20～30 次以后,孔的深度到达饱和值,如果单脉冲能量不变,就不能继续深加工。

多次照射能在不扩大孔径的情况下将孔打深是由于"光管效应"的结果。图 5.13 是两次照射的光管效应的示意图,第一次照射后打出一个不太深而且带锥度的孔;第二次照射时,聚焦光在第一次照射所打的孔内发散,由于光管效应,发散的光(角度很小)在孔壁上反射而向下深入孔内,因此此第二次照射后所打出的孔是原来孔形的延伸,孔径基本上不改变。所以,多次照射能加工出深而锥度小的孔来,多次照射的焦点位置宜固定在工件表面而不宜逐渐移动。实际上激光多次照射后的孔形并不是很直的小圆柱孔,而是像"花瓶"那样上端有喇叭口,稍下为细颈,中部直径最大,下部为尖锥形,如图 5.13(b)所示。如果要加工较大的孔(大于 $\phi 1$ mm),则需用激光束扫描切割的方法。

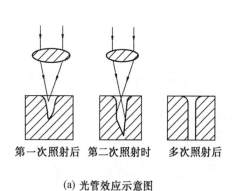

第一次照射后　第二次照射时　多次照射后

(a) 光管效应示意图

(b) 孔形与脉冲数量的关系

图 5.13　多次照射的孔形

工件材料 45 钢;$W_m = 40$ J;$t_i = 13$ ms

6.工件材料

由于各种工件材料的吸收光谱不同,经透镜聚焦到工件上的激光能量不可能全部被吸收,而有相当一部分能量将被反射或透射而散失掉,其吸收效率与工件材料的吸收光谱及激光波长有关。在生产实践中,必须根据工件材料的性能(吸收光谱)去选择合理的激

光器,对于高反射率和透射率的工件应作适当处理,例如打毛或黑化,增大其对激光的吸收效率。

图 5.14 是用红宝石激光器照射钢表面时所获得的工件表面粗糙度与加工深度关系的试验曲线。结果表明,工件表面粗糙度值越小,其吸收效率就越低,打的孔也就越浅。由图可知,表面粗糙度大于 5 μm 时,打孔深度就易于实现;但当表面粗糙度小于 5 μm 时,一次打孔深度就会受到影响,特别在镜面(小于 $Ra0.025$ μm)时,就几乎无法加工。上述试验是用一次照射获得的,如果用激光多次照射,则因激光照射后的痕迹出现不平而提高其吸收效率,有助于激光加工。

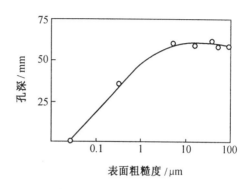

图 5.14 加工面表面粗糙度对加工深度的影响

图 5.15 为激光打孔的一些加工实例,其中图 5.15(a)和 5.15(b)为金属板件群孔和异形孔加工,图 5.15(c)为拉丝模。

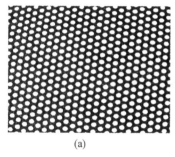
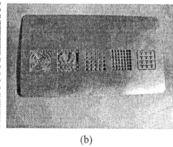
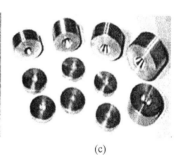

(a)　　　　　　　　　　　(b)　　　　　　　　　　　(c)

图 5.15 激光打孔的加工实例

5.3.2 激光切割

激光切割及其切割范围广、切割速度高、切缝质量好、热影响区小、加工柔性大等优点在现代工业中得到广泛应用,是激光加工技术中最为成熟的技术之一。

激光切割的原理和激光打孔原理基本相同。所不同的是,工件与激光束要相对移动,在生产实践中,一般都是移动工件。如果是直线切割,还可借助于柱面透镜将激光束聚焦成线,以提高切割速度。激光切割大都采用重复频率较高的脉冲激光器或连续输出的激光器。但连续输出的激光束会因热传导而使切割效率降低,同时热影响层也较深。因此,在精密机械加工中,一般都采用高重复频率的脉冲激光器。

YAG 激光器输出的激光已成功地应用于半导体划片,重复频率为 5 ~ 20 Hz,划片速度为 10 ~ 30 mm/s,宽度为 0.06 mm,成品率达 99% 以上,比金刚石划片优越得多,可将 1 cm^2的硅片切割几十个集成电路块或几百个晶体管管芯。同时,还用于化学纤维喷丝头的 Y 形、十字形等型孔加工,精密零件的窄缝切割与划线以及雕刻等。

激光可用于切割各种各样的材料。既可以切割金属,也可以切割非金属;既可以切割无机物,也可以切割皮革之类的有机物。它可以代替锯切割木材,代替剪子切割布料、纸张,还能切割无法进行机械接触的工件(如从电子管外部切割内部的灯丝)。由于激光对被切割材料几乎不产生机械冲击和压力,故适宜于切割玻璃、陶瓷和半导体等既硬又脆的材料。再加上激光光斑小、切缝窄,且便于自动控制,所以更适宜于对细小部件作各种精密切割。

大量的生产实践表明,切割金属材料时,采用同轴吹氧工艺,使切割下来的材料在高温下氧化(燃烧)吹走,可以大大提高切割速度。而且表面粗糙度也有明显改善。切割布匹、纸张、木材等易燃材料时,则采用同轴吹保护气体(二氧化碳、氮气等)快速吹走激光产物,能防止烧焦和缩小切缝以及提高切割速度。

英国产的二氧化碳激光切割机附有氧气喷枪,切割 6 mm 厚的钛板,速度达 3 m/min。美国已用激光代替等离子体切割,速度可提高 25%,费用降低 75%。目前国外动向是发展大功率连续输出的二氧化碳激光器。

图 5.16 是激光切割非金属材料同轴吹气的切割头喷嘴,必要时下部还可喷水,以防止粉尘或引起材料燃烧。

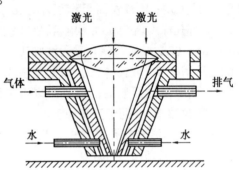

图 5.16　切割非金属材料的喷嘴

大功率二氧化碳气体激光器所输出的连续激光可以切割钢板、钛板、石英、陶瓷及塑料、木材、布匹、纸张等,工艺效果都较好。

表 5.3 和表 5.4 列出二氧化碳激光器对金属和非金属材料切割的有关数据。

表 5.3　二氧化碳激光器对金属材料切割的有关数据

材　料	厚度/mm	切割速度/(m·min^{-1})	激光输出/W	喷吹气体
铝	12.7	0.5	6 000	空气
	13	2.3	15 000	
碳素钢	3	0.6	250	O_2
	6.5	2.3	15 000	空气
	7	0.35	500	O_2
淬火钢	25	1.1	10 000	N_2
	45	0.4	10 000	N_2
不锈钢	2	0.6	250	O_2
	13	1.3	10 000	N_2
	44.5	0.38	12 000	
锰合金钢	4	0.49	250	O_2
	5	0.85	500	O_2
	8	0.53	350	O_2
钛合金	1.46	1.2	400	空气
	5	3.3	850	O_2
锆合金	1.2	2.2	400	空气
钴基合金	2.5	0.35	500	O_2

表 5.4 二氧化碳激光器对非金属材料切割的有关数据

材　　料	厚度/mm	切割速度/(m·min⁻¹)	激光输出/W	喷吹气体
石英	3	0.43	500	N_2
陶瓷	1	0.392	250	N_2
	4.6	0.075	250	N_2
玻璃钢	1.5	0.491	250	N_2
	2.7	0.392	250	N_2
有机玻璃	20	0.171	250	N_2
	25	15	8 000	空气
木材(软)	25	2	2 000	N_2
木材(硬)	25	1	2 000	N_2
聚四氟乙烯	10	0.171	250	N_2
	16	0.075	250	N_2
压制石棉	6.4	0.76	180	空气
涤卡	130	0.214	250	N_2
聚氯乙烯	3.2	3.6	300	空气
混凝土	30	0.4	4 000	—
皮革	3	3.05	225	空气
胶合板	19	0.28	225	空气

图 5.17 为激光切割的加工实例(齿形带和塑料零部件)。

图 5.17 激光切割的加工实例

小功率的激光束可用以对金属或非金属表面进行刻蚀打标,加工出文字图案或工艺美术品。例如,可在竹片上刻写缩微的孙子兵法、毛主席诗词等。图 5.18 为湖南长沙楚天激光公司激光刻蚀打标样件的图案。

图 5.18　激光刻蚀打标样件的图案

思考题与习题

5.1　激光为什么比普通光有更大的瞬时能量和功率密度？为什么称它作"激"光？

5.2　试述激光加工的能量转换过程,即如何从电能具体转换为光能又转换为热能来蚀除材料的？

5.3　固体、气体等不同激光器的能量转换过程是否相同？如不相同,则具体有何不同？

5.4　不同波长的红外线、红光、绿光、紫光、紫外线,光能转换为热能的效率有何不同？

5.5　从激光产生的原理来思考、分析,它如何被逐步应用于精密测量、加工、表面热处理,甚至激光信息存储、激光通信、激光电视、激光计算机等技术领域的？这些应用的共同技术基础是什么？可以从中获得哪些启迪？

第6章

电子束和离子束加工技术

电子束加工(Electron Beam Machining,简称 EBM)和离子束加工(Ion Beam Machining,简称 IBM)是近年来得到较大发展的新兴特种加工。它们在精密微细加工方面,尤其是在微电子学领域中得到较多的应用。电子束加工主要用于打孔、焊接等热加工和电子束光刻化学加工。离子束加工则主要用于离子刻蚀、离子镀膜和离子注入等加工。近期发展起来的亚微米加工和毫微米(纳米)加工技术,主要是采用电子束加工和离子束加工。

6.1 电子束加工

6.1.1 电子束加工的原理和特点

1.电子束加工的原理

如图 6.1 和图 6.2 所示,电子束加工是在真空条件下,利用聚焦后能量密度极高($10^6 \sim 10^9$ W/cm^2)的电子束,以极高的速度冲击到工件表面极小面积上,在极短的时间(几分之一微秒)内,其能量的大部分转变为热能,使被冲击部分的工件材料达到几千摄氏度以上的高温,从而引起材料的局部熔化和气化,被真空系统抽走。

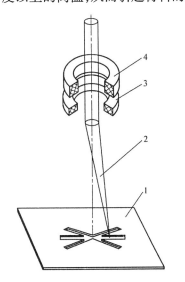

图 6.1　电子束加工原理
1—工件;2—电子束;3—偏转线圈;
4—电磁透镜

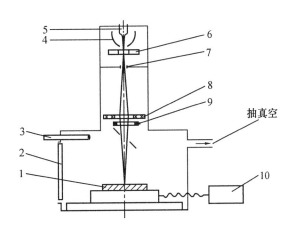

图 6.2　电子束加工装置结构示意图
1—工件;2—带窗真空室门;3—光学观察系统;
4—控制栅极;5—发射电子的阴极;6—加速阳极;
7—光阑;8—电磁透镜;9—偏转线圈;10—工作台系统

控制电子束能量密度的大小和能量注入时间,就可以达到不同的加工目的。如只使材料局部加热就可进行电子束热处理;使材料局部熔化就可进行电子束焊接;提高电子束能量密度,使材料熔化和气化,就可进行打孔、切割等加工;利用较低能量密度的电子束轰击高分子光敏材料时产生化学变化的原理,即可进行电子束光刻加工。

2.电子束加工的特点

① 由于电子束能够极其微细地聚焦,甚至能聚焦到 0.1 μm,所以加工面积和切缝可以很小,是一种精密微细的加工方法。

② 电子束能量密度很高,使照射部分的温度超过材料的熔化和气化温度,去除材料主要靠瞬时蒸发,是一种非接触式加工。工件不受机械力作用,不产生宏观应力和变形。加工材料范围很广,对脆性、韧性、导体、非导体及半导体材料都可加工。

③ 电子束的能量密度高,因而加工生产率很高,例如,每秒钟可以在 2.5 mm 厚的钢板上钻 50 个直径为 0.4 mm 的孔。

④ 可通过磁场或电场对电子束的强度、位置、聚焦等进行直接控制,故整个加工过程便于实现自动化。特别是在电子束曝光中,从加工位置找准到加工图形的扫描,都可实现自动化。在电子束打孔和切割时,可通过电气控制加工异形孔,实现曲面弧形切割等。

⑤ 由于电子束加工是在真空中进行,因而污染少,加工表面不会氧化,特别适用于加工易氧化的金属及合金材料,以及纯度要求极高的半导体材料。

⑥ 电子束加工需要一套专用设备和真空系统,价格较贵,应用有一定的局限性。

6.1.2　电子束加工装置

电子束加工装置的基本结构如图 6.2 所示,它主要由电子枪、真空系统、控制系统和电源等部分组成。

1.电子枪

电子枪是获得电子束的装置。它包括电子发射阴极、控制栅极和加速阳极等,如图 6.2 所示。阴极经电流加热发射电子,带负电荷的电子高速飞向带高电势的阳极(工件),在飞向阳极工件的过程中,经过加速阳极加速,又通过电磁透镜把电子束聚焦成很小的束斑,最后由偏转线圈使电子束在水平面内作偏移扫描。

发射阴极一般用钨或钽制成,在加热状态下发射大量电子。小功率时用钨或钽做成丝状阴极,如图 6.3(a)所示,大功率时用钽做成块状阴极,如图 6.3(b)所示。控制栅极为中间有孔的圆筒形,其上加以较阴极为负的偏压,既能控制电子束的强弱,又有初步的聚焦作用。加速阳极通常接地,而阴极相对为很高的负电压,所以能驱使电子加速。

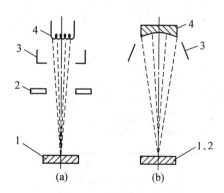

图 6.3　电子枪
1—工件;2—加速阳极;
3—控制栅极;4—发射电子的阴极

2. 真空系统

真空系统是为了保证在电子束加工时维

持 $1.4 \times 10^{-2} \sim 1.4 \times 10^{-4}$ Pa 的真空度。因为只有在高真空中,电子才能高速运动。此外,加工时的金属蒸气会影响电子发射,产生不稳定现象,因此,也需要不断地把加工中生产的金属蒸气抽出去。

真空系统由机械旋转泵和油扩散泵或涡轮分子泵两级组成,先用机械旋转泵把真空室抽至 $1.4 \sim 0.14$ Pa,再用油扩散泵或涡轮分子泵抽至 $0.014 \sim 0.000~14$ Pa 的高真空。

3. 控制系统和电源

电子束加工装置的控制系统包括束流聚焦控制、束流位置控制、束流强度控制以及工作台位移控制等。

束流聚焦控制是为了提高电子束的能量密度,使电子束聚焦成很小的束斑,它基本上决定着加工点的孔径或缝宽。聚焦方法有两种,一种是利用高压静电场使电子流聚焦成细束;另一种是利用"电磁透镜"靠磁场聚焦。后者比较安全可靠。所谓电磁透镜,实际上为一电磁线圈。通电后它产生的轴向磁场与电子束中心线相平行,端面的径向磁场则与中心线相垂直。根据左手定则,电子束在前进运动中切割径向磁场时将产生圆周运动,而在圆周运动时在轴向磁场中又将产生径向运动,所以实际上每个电子的合成运动轨迹为一半径越来越小的空间螺旋线而聚焦交于一点。根据电子光学的原理,为了消除像差和获得更细的焦点,常再进行第二次聚焦。

束流位置控制是为了改变电子束的方向,常用电磁偏转来控制电子束焦点的位置。如果使偏转电压或电流按一定程序变化,电子束焦点便按预定的轨迹运动。

工作台位移控制是为了在加工过程中控制工作台的位置。因为电子束的偏转距离只能在数毫米之内,过大将增加像差和影响扫描轨迹的线性,因此在大面积加工时需要用伺服电动机控制工作台移动,并与电子束的偏转相配合。

电子束加工装置对电源电压的稳定性要求较高,常用稳压设备,这是因为电子束聚焦以及阴极的发射强度与电压波动有密切关系。

6.1.3 电子束加工的应用

电子束加工按其功率密度的能量注入时间的不同,可用于打孔、切割、蚀刻、焊接、热处理和光刻加工等。图 6.4 是电子束应用范围,下面就其主要应用加以说明。

1. 高速打孔

电子速打孔已在生产中实际应用,目前最小直径可达 $\phi 0.003$ mm 左右。例如喷气发动机套上的冷却孔。机翼的吸附屏的孔,不仅孔的密度可以连续变化,孔数达数百万个,而且有时还可改变孔径,最宜用电子束高速打孔,高速打孔也可在工件运动中进行,例如在 0.1 mm 厚的不锈钢上加工直径为 $\phi 0.2$ mm 的孔,速度为每秒 3 000 孔。

在人造革、塑料上用电子束打大量微孔,可使其具有如真皮革那样的透气性。现在生产上已出现了专用塑料打孔机,将电子枪发射的片状电子束分成数百条小电子束同时打孔,其速度可达每秒 50 000 孔,孔径 $120 \sim 40$ μm 可调。

电子束打孔还能加工小深孔,如在叶片上打深度 5 mm、直径 $\phi 0.4$ mm 的孔,孔的深径

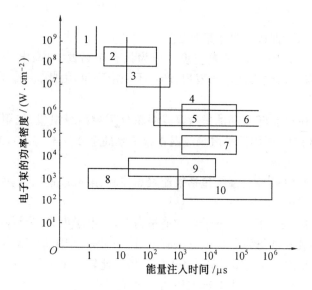

图 6.4 电子束的应用范围

1—升华;2—刻蚀;3—铣削、切割;4—打孔;5—熔炼;6—焊接;

7—淬火硬化;8—电子抗蚀剂;9—塑料打孔;10—塑料聚合

比大于 10:1。

用电子束加工玻璃、陶瓷、宝石等脆性材料时,由于在加工部位附近有很大温差,容易引起变形甚至破裂,所以在加工前或加工时,需用电阻炉或电子束进行预热。

2.加工型孔及特殊表面

图 6.5 为电子束加工的喷丝板异型孔截面的一些实例。出丝口的窄缝宽度为 0.03 ~ 0.07 mm,长度为 0.80 mm,喷丝板厚度为 0.6 mm。为了使人造纤维具有光泽、松软有弹性、透气性好,喷丝板的异型孔都是特殊形状的。

电子束可以用来切割各种复杂型面,切口宽度为 6 ~ 3 μm,边缘最佳表面粗糙度可控制在 Ra0.5 μm 左右。

离心过滤机、造纸化工过滤设备中钢板

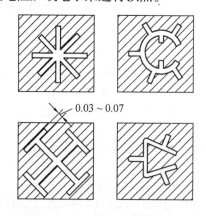

图 6.5 电子束加工的喷丝板异形孔

上的小孔为锥孔(进口小出口大),这样可防止堵塞,并便于反冲清洗。电子束在 1 mm 厚不锈钢板上打 ϕ0.13 mm 的锥孔,每秒可打 400 个孔,在 3 mm 厚的不锈钢板上打 ϕ 1mm 锥形孔,每秒可打 20 个孔。

燃烧室混气板及某些透平叶片需要大量的不同方向的斜孔,使叶片容易散热,从而提高发动机的输出功率。如某种叶片需要打斜孔 30 000 个,使用电子束加工能廉价地实现。燃气轮机上的叶片、混气板和蜂房消音器等三个重要部件已用电子束打孔代替电火花打孔。

电子束不仅可以加工各种直的型孔和型面,而且也可以加工弯孔和曲面。利用电子束在磁场中偏转的原理,使电子束在工件内部偏转。控制电子速度和磁场强度,即可控制曲率半径,加工出弯曲的孔。如果同时改变电子束和工件的相对位置,就可进行切割和开槽。图 6.6(a)是对长方形工件 1 施加磁场之后,若一面用电子束 3 轰击,一面依箭头 1 方向移动工件,就可获得如实线所示的曲面。经图 6.6(a)所示的加工后,改变磁场极性再进行加工,就可获得图 6.6(b)所示的工件。同样原理,可加工出图 6.6(c)所示的弯缝。如果工件不移动,只改变偏转磁场的极性进行加工,则可获得图 6.6(d)所示的入口为一个而出口有两个的弯孔。

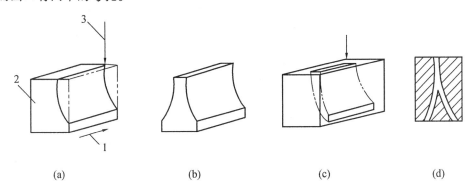

(a)   (b)   (c)   (d)

图 6.6   电子束加工曲面、弯孔
1—工件运动方向;2—工件;3—电子束

3. 刻蚀

在微电子器件生产中,为了制造多层固体组件,可利用电子束对陶瓷或半导体材料刻出许多微细沟槽和孔来,如在硅片上刻出宽 2.5 μm、深 0.25 μm 的细槽,在混合电路电阻的金属镀层上刻出 40 μm 宽的线条。还可在加工过程中对电阻值进行测量校准,这些都可用计算机自动控制完成。

电子束刻蚀还可用于制板,在铜制印刷滚筒上按色调深浅刻出许多大小与深浅不一的沟槽或凹坑,其宽度或直径为 70 ~ 120 μm,深度为 5 ~ 40 μm,小坑、浅坑印出的是浅色,大坑、深坑印出的是深色。

4. 焊接

电子束焊接是利用电子束作为热源的一种焊接工艺。当高能量密度的电子束轰击焊件表面时,使焊件接头处的金属熔融,在电子束连续不断地轰击下,形成一个熔融金属窄而深的毛细管状的熔池,如果焊件按一定速度沿着焊件接缝与电子束作相对移动,则接缝上的熔池由于电子束的离开而重新凝固,使焊件的整个接缝形成一条窄而深的焊缝。

由于电子束的能量密度高,焊接速度快,所以电子束焊接的焊缝深而窄,焊件热影响区小,变形小。电子束焊接不用焊条,焊接过程一般在 10^{-3} Pa 真空中进行,因此焊缝化学成分纯净,焊接接头的强度往往高于母材。图 6.7 为电子束焊机,它有真空室 1,在其上方安装着电子枪 2,焊接过程的观察,通过由铅玻璃做成的观察窗 3、观察窗 5 进行。

电子束焊接可以焊接难熔金属(如钽、铌、钼等),也可焊接钛、锆、铀等化学性能活泼的金属。对于普通碳钢、不锈钢、合金钢、铜、铝等各种金属也能用电子束焊接。它可焊接很薄的工件,也可焊接几百毫米厚的工件。

电子束焊接还能完成一般焊接方法难以实现的异种、不相亲和金属焊接。如铜和不锈钢的焊接,钢和硬质合金的焊接,铬、镍和钼的焊接等。以电子束焊形成的穿透式焊缝接头有广泛的应用领域,可焊接其他方法不能焊接的工件,如图 6.8 所示的结构,就是用电子束同时熔化了三层而焊成的。

由于电子束焊接对焊件的热影响小、变形小,可以在工件精加工后进行焊接。又由于它能够实现异种金属焊接,所以就有可能将复杂的工件分成几个零件,这些零件可以单独地使用最合适的材料,采用合适的方法来加工制造,最后利用电子束焊接成一个完整的零部件,从而可以获得理想的技术性能和显著的经济效益。

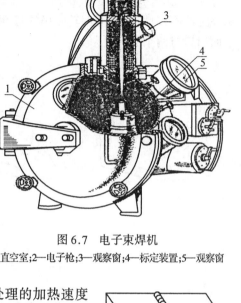

图 6.7　电子束焊机
1—直空室;2—电子枪;3—观察窗;4—标定装置;5—观察窗

5.热处理

电子束热处理也是把电子束作为热源,但适当控制电子束的功率密度,使金属表面加热而不熔化,达到热处理的目的。电子束热处理的加热速度和冷却速度都很高,在相变过程中,奥氏体化时间很短,只有几分之一秒乃至千分之一秒,奥氏体晶粒来不及长大,从而能获得一种超细晶粒组织,可使工件获得用常规热处理不能达到的硬度,硬化深度可达 0.3～0.8 mm。

电子束热处理与激光热处理类同,但电子束的电热转换效率高,可达 90%,而激光的转换效率只有 7%～10%。电子束热处理在真空中进行,可以防止材料氧化,电子束设备的功率可以做得比激光功率大,所以电子束热处理工艺很有发展前途。

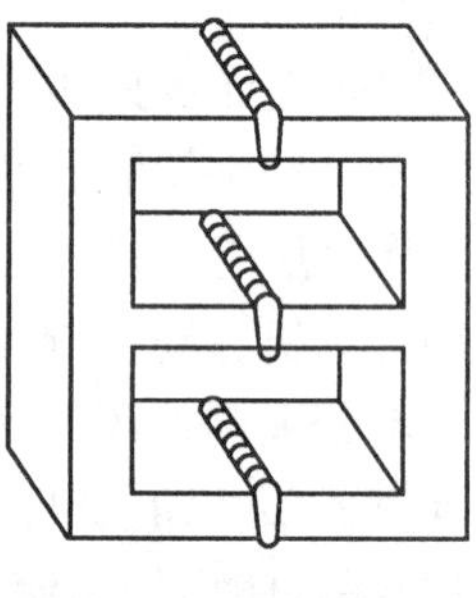

图 6.8　穿透焊缝结构

如果用电子束加热金属达到表面熔化,可在熔化区加入添加其他元素,使金属表面形成一层很薄的新的合金层,从而获得更好的物理力学性能。铸铁的熔化处理可以产生非常细的莱氏体结构,其优点是抗滑动磨损。铝、钛、镍的各种合金几乎全可进行添加元素处理,从而得到很好的耐磨性能。

6.光刻

电子束光刻是先利用低功率密度的电子束照射电致抗蚀剂的高分子材料,由入射电子与高分子相碰撞,使分子的链被切断或重新聚合而引起相对分子质量的变化,这一步骤称为电子束曝光,如图 6.9(a)所示。如果按规定图形进行电子束曝光,就会在电致抗蚀中留下潜像。然后将它浸入适当的溶剂中,则由于相对分子质量不同而溶解度不一样,就会使潜像显影出来,如图 6.9(b)所示。将光刻与离子束刻蚀或蒸镀工艺结合,见图 6.9(c)、(d),就能在金属掩模或材料表面上制出图形来,见图 6.9(e)、(f)。

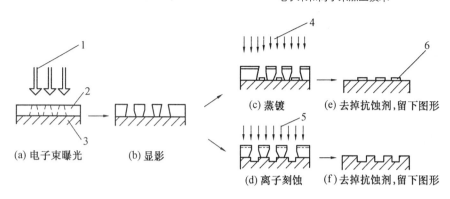

图 6.9　电子束曝光加工过程

1—电子束;2—电致抗蚀剂;3—基板;4—金属蒸气;5—离子束;6—金属

由于可见光的波长大于 $0.4~\mu m$,故曝光的分辨率较难小于 $1~\mu m$,用电子束光刻曝光最佳可达到 $0.25~\mu m$ 的线条宽度的图形分辨率。

电子束曝光可以用电子束扫描,即将聚焦到小于 $1~\mu m$ 的电子束斑在大约 $0.5 \sim 5~mm$ 的范围内按程序扫描,可曝光出任意图形。另一种"面曝光"的方法是使电子束先通过原版,这种原版是用别的方法制成的比加工目标的图形大几倍的模板。再以 $1/5 \sim 1/10$ 的比例缩小投影到电子抗蚀剂上进行大规模集成电路图形的曝光。它可以在几毫米见方的硅片上安排 10 万个晶体管或类似的元件。电子束光刻法对于生产光掩模意义重大,可以制造纳米级尺寸的任意图形。

6.2　离子束加工

6.2.1　离子束加工原理、分类和特点

1.离子束加工的原理和物理基础

离子束加工的原理和电子束加工基本类似,也是在真空条件下,将离子源产生的离子束经过加速聚焦,使之撞击到工件表面。不同的是离子带正电荷,其质量比电子大数千、数万倍,如氩离子的质量是电子的 7.2 万倍,所以一旦离子加速到较高速度时,离子束比电子束具有更大的撞击动能,它是靠微观的机械撞击能量,而不是靠动能转化为热能来加工的。

离子束加工的物理基础是离子束射到材料表面时所发生的撞击效应、溅射效应和注入效应。如图 6.10 所示,具有一定动能的离子斜射到工件材料(或靶材)表面时,可以将表面的原子撞击出来,这就是离子的撞击效应和溅射效应;如果将工件直接作为离子轰击的靶材,工件表面就会受到离子刻蚀(也称离子铣削);如果将工件放置在靶材附近,靶材原子就会溅射到工件表面而被溅射沉积吸附,使工件表面镀上一层靶材原子的薄膜;如果离子能量足够大并垂直工件表面撞击时,离子就会钻进工件表面,这就是离子的注入效应。

2.离子束加工分类

离子束加工按照其所利用的物理效应和达到目的的不同,可以分为四类,即利用离子

撞击的离子刻蚀;利用溅射效应的离子溅射沉积和离子镀;以及利用注入效应的离子注入。图6.10是各类离子加工的示意图。

① 如图6.10(a)所示,离子刻蚀是用能量为 0.5~5 keV[①] 的氩离子倾斜轰击工件,将工件表面的原子逐个剥离。其实质是一种原子尺度的切削加工,所以又称离子铣削。这就是近代发展起来的毫微米加工工艺。

② 如图6.10(b)所示为离子溅射沉积,也是采用能量为 0.5~5 keV 的氩离子,倾斜轰击某种材料制成的靶,离子将靶材原子击出,垂直沉积在靶材附近的工件上,使工件表面镀上一层薄膜,所以溅射沉积是一种镀膜工艺。

③ 离子镀也称离子溅射辅助沉积,是用 0.5~5 keV 的氩离子,不同的是在镀膜时,离子束同时轰击靶材和工件表面,如图6.10(c)所示。目的是为了增强膜材与工件基材之间的结合力。也可将靶材高温蒸发,同时进行离子撞击镀膜。

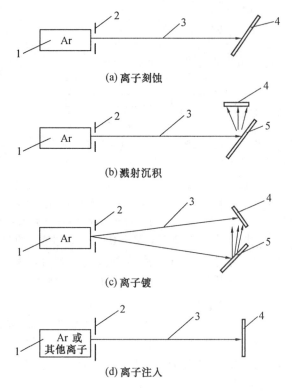

(a) 离子刻蚀

(b) 溅射沉积

(c) 离子镀

(d) 离子注入

图 6.10　各类离子束加工示意图
1—离子源;2—吸极(吸收电子,引出离子);
3—离子束;4—工件;5—靶材

④ 如图6.10(d)所示为离子注入,是采用 5~500 keV 较高能量的离子束,直接垂直轰击被加工材料,由于离子能量相当大,离子就钻进被加工材料的表面层,工件表面层含有注入离子后,就改变了化学成分,从而改变了工件表面层的机械物理和化学性能,所以也称为离子注入表面改性。根据不同的目的选用不同的注入离子,如磷、硼、碳、氮等。

3. 离子束加工的特点

① 由于离子束可以通过电子光学系统进行聚焦扫描,离子束轰击材料是逐层去除原子,离子束流密度及离子能量可以精确控制,所以离子刻蚀可以达到纳米(0.001 μm)级的加工精度。离子镀膜可以控制在亚微米级精度,离子注入的深度和浓度也可极精确地控制。因此,离子束加工是所有特种加工方法中最精密、最微细的加工方法,是当代纳米加工技术的基础。

② 由于离子束加工是在高真空中进行,所以污染少,特别适用于对易氧化的金属、合金材料和高纯度半导体材料的加工。

③ 离子束加工是靠离子轰击材料表面的原子来实现的。它是微观作用,宏观压力很小,故加工应力、热变形等极小,加工质量高,适于对各种材料和低刚度零件的加工。

④ 离子束加工设备费用贵、成本高,加工效率低,因此一般应用范围受到一定限制。

────────────

① 1 eV 即一个电子伏,是一个电子在真空中通过 1 V 电势差加速所获得的能量,也可用能量的单位焦耳(J)来表示,1 eV≈$1.6×10^{-19}$ J。

6.2.2 离子束加工装置

离子束加工装置与电子束加工装置类似,它也包括离子源、真空系统、控制系统和电源等部分。主要的不同部分是离子源系统。

离子源用以产生离子束流。产生离子束流的基本原理和方法是使原子电离。具体办法是把要电离的气态原子(如氩等惰性气体或金属蒸气)注入电离室,经高频放电、电弧放电、等离子体放电或电子轰击,使气态原子电离为等离子体(即正离子数和负电子数相等的混合体)。用一个相对于等离子体为负电势(位)的电极(吸极),就可从等离子体中引出正离子束流。根据离子束产生的方式和用途的不同,离子源有很多型式,常用的有考夫曼型离子源和双等离子管型离子源。

1.考夫曼型离子源

图 6.11 为考夫曼型离子源示意图,它由灼热的灯丝 2 发射电子,电子在阳极 6 的作用下向下方移动,同时受线圈 4 磁场的偏转作用,作螺旋运动前进。惰性气体氩在注入口 3 注入电离室 7,在电子的撞击下被电离成等离子体,阳极 6 和引出电极(吸极)5 上各有 300 个直径为 $\phi0.3$ mm 的小孔,上下位置对齐。在引出电极 5 的作用下,将离子吸出,形成 300 条准直的离子束,再向下则均匀分布在直径为 $\phi5$ cm 的圆面积上。

2.双等离子体型离子源

如图 6.12 所示的双等离子体型离子源是利用阴极 3 和阳极 6 之间低气压直流电弧放电,将氩、氪或氙等惰性气体在阳极小孔上方的低真空中(0.1 ~ 0.01 Pa)等离子体化。中间电极的电势一般比阳极电势(位)低,它和阳极都用软铁制成,因此在这两个电极之间形成很强的轴向磁场,使电弧放电局限在这中间,在阳极小孔附近产生强聚焦高密度的等离子体。引出电极将正离子导向阳极小孔以下的高真空区(1.33×10^{-5} ~ 1.33×10^{-6} Pa),再通过静电透镜形成密度很高的离子束去轰击工件表面。

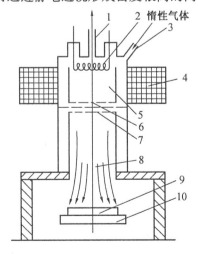

图 6.11 考夫曼型离子源

1—真空抽气口;2—灯丝;3—惰性气体注入口;
4—电磁线圈;5—引出电极;6—阳极;7—电离室;
8—离子束流;9—工件;10—阴极

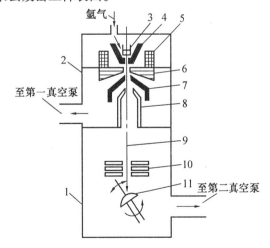

图 6.12 双等离子体型离子源

1—加工室;2—离子枪;3—阴极;4—中间电极;
5—电磁铁;6—阳极;7—控制电极;8—引出电极;
9—离子束;10—静电透镜;11—工件

6.2.3 离子束加工的应用

离子束加工的应用范围正在日益扩大、不断创断。目前用于改变零件尺寸和表面物理力学性能的离子束加工有:用于从工件上作去除加工的离子刻蚀加工;用于给工件表面涂覆的离子镀膜加工;用于表面改性的离子注入加工等。

1.刻蚀加工

离子刻蚀是从工件上去除材料,是一个撞击溅射过程。当离子束轰击工件,入射离子的动量传递到工件表面的原子,传递能量超过了原子间的键合力时,原子就从工件表面撞击溅射出来,达到刻蚀的目的。为了避免入射离子与工件材料发生化学反应,必须用惰性元素的离子。氩气的原子序数高,而且价格便宜,所以通常用氩离子进行轰击刻蚀。由于离子直径很小(约十分之几个纳米),可以认为离子刻蚀的过程是逐个原子剥离的,刻蚀的分辨率可达微米甚至亚微米级,但刻蚀速度很低,剥离速度大约每秒一层到几十层原子。表 6.1 列出了一些材料的典型刻蚀速度。

表 6.1 典型刻蚀速度

靶材料	刻蚀速度/(nm·min^{-1})	靶材料	刻蚀速度/(nm·min^{-1})	靶材料	刻蚀速度/(nm·min^{-1})
Si	36	Ni	54	Cr	20
AsGa	260	Al	55	Zr	32
Ag	200	Fe	32	Nb	30
Au	160	Mo	40		
Pt	120	Ti	10		

条件:1 000 eV、1 mA/cm^2 垂直入射。

刻蚀加工时,对离子入射能量、束流大小、离子入射到工件上的角度以及工作室气压等都能分别调节控制,根据不同加工需要选择参数,用氩离子轰击被加工表面时,其效率取决于离子能量和入射角度。离子能量从 100 eV 增加到 1 000 eV 时,刻蚀速度随能量增加而迅速增加,而后增加速度逐渐减慢。离子刻蚀速度随入射角 θ 增加而增加,但入射角增大会使表面有效束流减小,一般在入射角 $\theta = 40° \sim 60°$时刻蚀效率最高。

离子刻蚀用于加工陀螺仪空气轴承和动压马达上的沟槽,分辨率高,精度、重复一致性好。加工非球面透镜能达到其他方法不能达到的精度。图 6.13 为离子束加工非球面透镜的原理图,为了达到预定的要求,加工过程中不仅要沿自身轴线回转,而且要作摆动运动 θ。可用精确计算值来控制整个加工过程,或利用激光干涉仪在加工过程中边测量

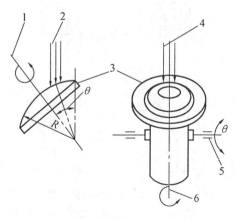

图 6.13 离子束加工非球面透镜原理
1、6—回转轴;2—离子束;3—工件;4—离子束;5—摆动轴

边控制形成闭环系统。

离子束刻蚀应用的另一个方面是刻蚀高精度的图形,如集成电路、声表面波器件、磁泡器件、光电器件和光集成器件等微电子学器件亚微米图形。图 6.14 是离子束用以蚀刻陀螺仪中动压马达止推板和陀螺马达轴上的精密槽线的实例,由图可见,其槽线深度的尺寸为微米级,其公差值则为纳米级。

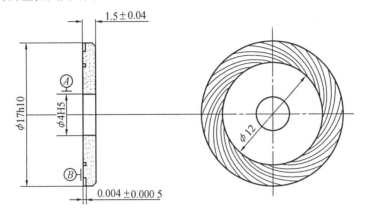

(a) 动压马达止推板上的弯槽(材料钢结硬质合金 GT35)

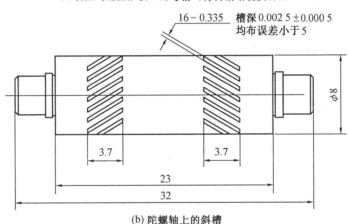

(b) 陀螺轴上的斜槽

图 6.14　离子束精密蚀刻微细槽线实例

由波导、耦合器和调制器等小型光学元件组合制成的光路,称为集成光路。离子束刻蚀已用于制作集成光路中的光栅和波导。

离子束刻写系统的优点在于:分辨率高,可得到小于 10 mm 特征尺寸;可修复光学掩模(将掩模上多余的铅去除);直接离子移植(无掩模)。但与电子束光刻法相比,尽管抗蚀剂的感光度较高,由于重离子不能像电子那样被有效偏转,离子束曝光设备很可能不能解决连续刻写系统的通过量问题。

用离子束轰击已被机械磨光的玻璃时,玻璃表面 1 μm 左右被剥离并形成极光滑的表面。用离子束轰击厚度为 0.2 mm 的玻璃,能改变其折射率分布,使之具有偏光作用。玻璃纤维用离子束轰击后,变为具有不同折射率的光导材料。离子束加工还能使太阳能电池表面具有非反射纹理表面。

离子束刻蚀还用来致薄材料,用于致薄石英晶体振荡器和压电传感器。致薄探测器探头,可以大大提高其灵敏度,如国内已用离子束加工出厚度为 $40~\mu m$ 并且自己支撑的高灵敏探测器头。用于致薄样品,进行表面分析,如用离子束刻蚀可以致薄月球岩石样品,从 $10~\mu m$ 致薄到 $10~nm$。能在 $10~nm$ 厚的 Au – Pa 膜上刻出 $8~nm$ 的线条来。

2. 离子镀膜加工

离子镀膜加工有溅射沉积和离子镀两种。离子镀时工件不仅接受靶材溅射来的原子,还同时受到离子的轰击,这使离子镀具有许多独特的优点。

离子镀膜附着力强、膜层不易脱落。这首先是由于镀膜前离子以足够高的动能冲击基体表面,清洗掉表面的沾污和氧化物,从而提高了工件表面的附着力。其次是镀膜刚开始时,由工件表面溅射出来的基材原子,有一部分会与工件周围气氛中的原子和离子发生碰撞而返回工件。这些返回工件的原子与镀膜的膜材原子同时到达工件表面,形成了膜材原子和基材原子的共混膜层。而后,随膜层的增厚,逐渐过渡到单纯由膜材原子构成的膜层。混合过渡层的存在,可以减少由于膜材与基材两者膨胀系数不同而产生的热应力,增强了两者的结合力,使膜层不易脱落,镀层组织致密,针孔气泡少。

用离子镀的方法对工件镀膜时,其绕射性好,使基板的所有暴露的表面均能被镀覆。这是因为蒸发物质或气体在等离子区离解而成为正离子,这些正离子能随电力线而终止在负偏压基片的所有边。离子镀的可镀材料广泛,可在金属或非金属表面上镀制金属或非金属材料,各种合金、化合物、某些合成材料、半导体材料、高熔点材料均可镀覆。

离子镀技术已用于镀制润滑膜、耐热膜、耐蚀膜、耐磨膜、装饰膜和电气膜等。如在表壳或表带上镀氮化钛膜,这种氮化钛膜呈金黄色,它的反射率与 18K 金镀膜相近,其耐磨性和耐腐蚀性大大优于镀金膜和不锈钢,其价格仅为黄金的 1/60。离子镀装饰膜还用于工艺美术品的首饰、景泰蓝等,以及金笔套、餐具等的修饰上,其膜厚仅 $1.5 \sim 2~\mu m$。

离子镀膜代替镀硬铬,可减少镀铬公害。$2 \sim 3~\mu m$ 厚的氮化钛膜可代替 $20 \sim 25~\mu m$ 的硬铬镀层。航空工业中可采用离子镀铝代替飞机部件镀镉。

用离子镀方法在切削工具表面镀氮化钛、碳化钛等超硬层,可以提高刀具的耐用度。一些试验表明,在高速钢刀具上用离子镀镀金黄色的氮化钛,刀具耐用度可提高 $1 \sim 20$ 倍,也可用于处理齿轮滚刀、铣刀等复杂刀具。

离子镀的种类有很多,常用的离子镀是以蒸发镀膜为基础的,即在真空中使被蒸发物质气化,在气体离子或被蒸发物质离子冲击作用的同时,把蒸发物蒸镀在基体上。空心阳极放电离子镀(HCD)具有较多的优越性,图 6.15 是空心阴极放电离子镀装置示意图,它是应用空心阴极放电技术,采用低电压(几十伏)、大电流

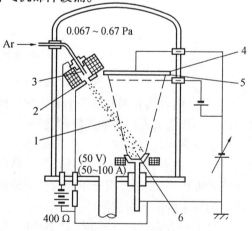

图 6.15 空心阴极放电离子镀装置示意图
1—电子束;2—电子枪;3—空心阴极;
4—基板台;5—基板;6—蒸发物

(100 A 左右)的电子束射入坩埚,加热蒸镀材料并使蒸发原子电离,把蒸镀材料的蒸发与离子化过程结合起来,蒸发材料的原子受到高速电子的撞击,使离子化率高达 22% ~ 40%。这是一种镀膜效率高、膜层质量好的方法。目前已做了大量试验研究工作并已用于工业生产。

3. 离子注入加工

离子注入是向工件表面直接注入离子,它不受热力学限制,可以注入任何离子,且注入量可以精确控制,注入的离子是固溶在工件材料中,含量可达 10% ~ 40%,注入深度可达 1 μm 甚至更深。

离子注入在半导体方面的应用,在国内外都很普遍,它是用硼、磷等"杂质"离子注入半导体,用以改变导电型式(P 型或 N 型)和制造 P – N 结,制造一些通常用热扩散难以获得的各种特殊要求的半导体器件。由于离子注入的数量、P – N 结的含量、注入的区域都可以精确控制,所以成为制作半导体器件和大面积集成电路的重要手段。

离子注入改善金属表面性能正在形成一个新兴的领域。利用离子注入可以改变金属表面的物理化学性能,可以制得新的合金,从而改善金属表面的抗蚀性能、抗疲劳性能、润滑性能和耐磨性能等。表 6.2 是离子注入金属样品后,改变金属表面性能的例子。

离子注入对金属表面进行掺杂,是在非平衡状态下进行的,能注入互不相溶的杂质而形成一般冶金工艺无法制得的一些新的合金。如将 W 注入低温的 Cu 靶中,可得到 W – Cu 合金等。

表 6.2 离子注入金属样品

注入目的	离 子 种 类	能量/keV	剂量/(离子·cm^{-2})
耐腐蚀	B C Al Ar Cr Fe Ni Zn Ga Mo In Eu Ce Ta Ir	20 ~ 100	> 10^{17}
耐磨损	B C Ne N S Ar Co Cu Kr Mo Ag In Sn Pb	20 ~ 100	> 10^{17}
改变摩擦系数	Ar S Kr Mo Ag In Sn Pb	20 ~ 100	> 10^{17}

离子注入可以提高材料的耐腐蚀性能。如把 Cr 注入 Cu,能得到一种新的亚稳态的表面相,从而改善了耐蚀性能。离子注入还能改善金属材料的抗氧化性能。

离子注入可以改善金属的耐磨性能。如在低碳钢中注入 N、B、Mo 等,在磨损过程中,表面局部温升形成温度梯度,使注入离子向衬底扩散,同时注入离子又被表面的位错网络普及,不能推移很深,使在材料磨损过程中,不断在表面形成硬化层,提高耐磨性。

离子注入还可以提高金属材料的硬度,这是因为注入离子及其凝集物将引起材料晶格畸变、缺陷增多的缘故。如在纯铁中注入 B,其显微硬度可提高 20%。用硅注入铁,可形成马氏体结构的强化层。

离子注入可改善金属材料的润滑性能,是因为离子注入表层,在相对摩擦过程中,这些被注入的细粒起到了润滑作用,提高了材料的使用寿命。如把 C$^+$、N$^+$ 注入碳化钨中,其工作寿命可大大延长。

此外,离子注入在光学方面可以制造光波导。例如,对石英玻璃进行离子注入,可增加折射率而形成光波导。还用于改善磁泡材料性能、制造超导性材料,如在铌线表面注入锡,则表面生成具有超导性 Nb$_3$Sn 层的导线。

　　离子注入的应用范围在不断扩大,今后将会发现更多的应用。离子注入金属改性还处于研究阶段,因为它目前生产效率还较低、成本较高。对于一般光学元件或机械零件的表面改性,还要经过一个时期的开发研究,才能实用。

思考题与习题

　　6.1　电子束加工和离子束加工在原理上和在应用范围上有何异同?

　　6.2　电子束加工、离子束加工和激光束加工相比各自的适用范围如何? 三者各有什么优缺点?

　　6.3　电子束、离子束、激光束三者相比,哪种束流和相应的加工工艺能聚焦得更细? 最细的焦点直径大约是多少?

　　6.4　电子束加工装置和示波器、电视机的原理有何异同之处?

第7章
超声加工技术

超声加工(Ultrasonic Machining,简称 USM)有时也称超声波加工。电火花加工和电化学加工都只能加工金属导电材料,不易加工不导电的非金属材料,然而超声加工不仅能加工硬质合金、淬火钢等脆硬金属材料,而且更适合于加工玻璃、陶瓷、半导体锗和硅片等不导电的非金属脆硬材料,同时还可以用于清洗、焊接和探伤等。

7.1 超声加工的基本原理和特点

7.1.1 超声波及其特性

声波是人耳能感受的一种纵波,它的频率在 20 ~ 20 000 Hz 范围内。频率超过一般人耳的听觉上限 20 000 Hz 的声波,称为超声波。频率低于 20 Hz 的声波称为次声波,地震就是一种强度极大的次声波,但是人耳听不到。

超声波和声波一样,可以在气体、液体和固体介质中纵向(前进方向)传播。由于超声波频率高、波长短、能量大,所以传播时反射、折射、共振及损耗等现象更显著。在不同介质中,超声波传播的速度 c 亦不同(例如 $c_{空气} = 331$ m/s;$c_{水} = 1\ 430$ m/s;$c_{铁} = 5\ 850$ m/s),它与波长 λ 和频率 f 之间的关系可表示为

$$\lambda = \frac{c}{f} \tag{7.1}$$

超声波主要具有下列特性:

① 超声波能传递很强的能量。超声波的作用主要是对其传播方向上的障碍物施加压力(声压)。因此,有时可用这个压力的大小来表示超声波的强度,传播的波动能量越强,则压力也越大。

振动能量的强弱可用能量密度来衡量。能量密度就是通过垂直于波传播方向的单位面积上的能量,用符号 J 来表示,单位为 W/cm²,即

$$J = \frac{1}{2}\rho c(\omega A)^2 \tag{7.2}$$

式中　　ρ —— 弹性介质的密度(kg/m³);

　　　　c —— 弹性介质中的波速(m/s);

　　　　A —— 振动的振幅(mm);

　　　　ω —— 圆频率,$\omega = 2\pi f$(rad/s)。

由于超声波的频率 f 很高,故其能量密度可达 100 W/cm² 以上。在液体或固体中传播超声波时,由于介质密度 ρ 和振动频率都比空气中传播声波时高许多倍,因此同一振幅

时,液体、固体中的超声波强度、功率、能量密度要比空气中的超声波高千万倍。

② 当超声波经过液体介质传播时,将以极高的频率压迫液体质点振动,在液体介质中连续地形成压缩和稀疏区域,由于液体基本上不可压缩,由此产生压力正、负交变的液压冲击和空化现象。由于这一过程时间极短,液体空腔闭合压力可达几兆帕,并产生巨大的液压冲击。这一交变的脉冲压力作用在材料的表面上会使其破坏,引起固体物质分散、破碎等效应。

③ 超声波通过不同介质时,在界面上发生波速突变,产生波的反射和折射现象。能量反射的大小,决定于两种介质的波阻抗(密度与波速的乘积 ρc 称为波阻抗),介质的波阻抗相差越大,超声波通过界面时能量的反射率越高。在超声波从液体或固体传入空气或者相反从空气传入液体或固体的情况下,反射率都接近 100% ,因为空气有可压缩性,更阻碍了超声波的传播。为了改善超声波在相邻介质中的传递条件,往往在声学部件的各连接面间加入机油、凡士林作为传递介质,以消除空气引起的衰减。

④ 超声波在一定条件下,会产生波的干涉和共振现象,图 7.1 为超声波在弹性杆中传波时各质点振动的情况,为了更直观表示,图中把各点在水平方向的振幅画在垂直方向。当超声波从杆的一端向另一端传播时,在杆的端部将发生波的反射。所以在有限长度的弹性体中,实际存在着同周期、振幅,传播方向相反的两个波,这两个完全相同的波从相反的方向会合,就会产生波的干涉。当杆长符合某一规律时,杆上有些点在波动过程中位置始终不变,其振幅为零(称为波节),而另一些点振幅最大,其振幅为原振幅的 2 倍(称为波腹)。图 7.1 中 x 表示弹性杆件任意一点 b 相距超声波入射端的距离,若入射波造成点 b 偏离平衡位置的位移为 a_1,反射波造成点 b 偏离平衡位置的位移为 a_2,则有

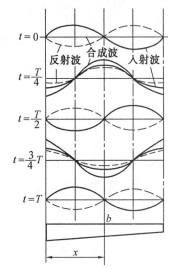

图 7.1　弹性杆内各质点振动情况

$$a_1 = A\sin 2\pi\left(\frac{t}{T} - \frac{x}{\lambda}\right)$$

$$a_2 = A\sin 2\pi\left(\frac{t}{T} + \frac{x}{\lambda}\right)$$

而两个波所造成点 b 的合成位移为 a_r

$$a_r = a_1 + a_2 = 2A\cos\frac{2\pi x}{\lambda}\sin\frac{2\pi}{T} \tag{7.3}$$

式中　　x——点 b 距入射端的距离;

　　　　λ——振动的波长;

　　　　T——振动的周期;

　　　　A——振动的振幅;

　　　　t——振动的某一时刻。

由式(7.3)可知

$$x = k\frac{\lambda}{2}\text{ 时}, a_r\text{ 最大}, \text{点 } b\text{ 为波腹} \tag{7.4}$$

$$x = (2k + 1)\frac{\lambda}{4}\text{ 时}, a_r\text{ 为零}, \text{点 } b\text{ 为波节} \tag{7.5}$$

式中　　k——正整数, $k = 0,1,2,3,\cdots$

为了使弹性杆处于最大振幅共振状态,应将弹性杆设计成半波长的整数倍;而固定弹性杆的支持点,应该选在振动过程中的波节处,这一点不振动,以减少超声能量的损失。

7.1.2　超声加工的基本原理

超声加工是利用工具端面作超声频振动,通过磨料悬浮液加工脆硬材料的一种成形方法。加工原理如图 7.2 所示。加工时,在工具 1 和工件 2 之间加入液体(水或煤油等) 和磨料混合的悬浮液 3,并使工具以很小的力 F 轻轻压在工件上。超声换能器 6 产生 16 000 Hz 以上的超声频纵向振动,并借助于变幅杆把振幅放大到 0.05 ~ 0.1 mm 左右,驱动工具端面作超声振动,迫使工作液中悬浮的磨粒以很大的速度和加速度不断地撞击、抛磨被加工表面,把被加工表面的材料粉碎成很细的微粒,从工件上被打击下来。虽然每次打击下来的材料很少,但由于每秒钟打击的次数达 16 000 次以上,所以仍有一定的加工速度。与此同时,工作液受工具端面超

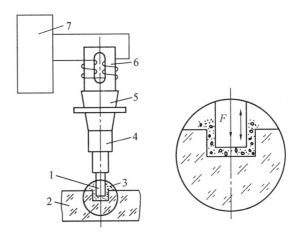

图 7.2　超声加工原理图
1— 工具;2— 工件;3— 磨料悬浮液;4、5— 变幅杆;
6— 换能器;7— 超声波发生器

声振动作用而产生的高频、交变的液压正负冲击波和"空化" 作用,促使工作液钻入被加工材料的微裂缝处,加剧了机械破坏作用。所谓空化作用,是指当工具端面以很大的加速度离开工件表面时,加工间隙内形成负压和局部真空,在工作液体内形成很多微空腔,当工具端面又以很大的加速度接近工件表面时,空泡闭合,引起极强的液压冲击波,可以强化加工过程。此外,正负交变的液压冲击也使悬浮工作液在加工间隙中强迫循环,使变钝了的磨粒及时得到更新。

由此可见,超声加工是磨粒在超声振动作用下的机械撞击和抛磨作用以及超声空化作用的综合结果,其中磨粒的撞击作用是主要的。

既然超声加工是基于局部撞击作用,因此就不难理解,越是硬脆的材料,遭受撞击作用的破坏越大,越易超声加工。相反,脆性和硬度不大的韧性材料,由于它的缓冲作用而难以加工。根据这个道理,人们可以合理选择工具材料,使之既能撞击磨粒,又不致使自身受到很大破坏,例如用 45 钢作工具即可满足上述要求。

7.1.3 超声加工的特点

① 适合于加工各种硬脆材料,特别是不导电的非金属材料,例如,玻璃、陶瓷(氧化铝、氮化硅等)、石英、锗、硅、玛瑙、宝石、金刚石等。对于导电的硬脆金属材料(如淬火钢、硬质合金等),也能进行加工,但加工生产率较低。

② 由于工具可用较软的材料做成较复杂的形状,故不需要使工具和工件作比较复杂的相对运动,因此超声加工机床的结构比较简单,只需一个方向轻压进给,操作、维修方便。

③ 由于去除加工材料是靠极小磨料瞬时局部的撞击作用,故工件表面的宏观切削力很小,切削应力、切削热很小,不会引起变形及烧伤,表面粗糙度也较好,可达 $Ra1 \sim 0.1~\mu m$,加工精度可达 $0.01 \sim 0.02~mm$,而且可以加工薄壁、窄缝、低刚度零件。

7.2 超声加工设备及其组成部分

超声加工设备又称超声加工装置,它们的功率大小和结构形状虽有所不同,但其组成部分基本相同,一般包括超声发生器、超声振动系统、机床本体和磨料工作液循环系统。其主要组成如下:

$$
超声加工机床
\begin{cases}
超声发生器(超声电源)\\
超声振动系统包括: 超声换能器、变幅杆(振幅扩大棒)、工具\\
机床本体包括: 工作头、加压机构及工作进给机构、工作台及其位置调整机构\\
工作液及循环系统和换能器冷却系统包括: 磨料悬浮液循环系统、换能器冷却系统
\end{cases}
$$

7.2.1 超声发生器

超声发生器也称超声波或超声频发生器,其作用是将工频交流电转变为有一定功率输出的超声频电振荡,以提供工具端面往复振动和去除被加工材料的能量。其基本要求是:输出功率和频率在一定范围内连续可调,最好能具有对共振频率自动跟踪和自动微调的功能,此外要求结构简单、工作可靠、价格便宜、体积小等。

超声加工用的超声频发生器,由于功率不同,有电子管的,也有晶体管的,且结构大小也很不同。大功率的(1 kW 以上)超声频发生器,过去往往是电子管式的,但近年来逐渐有被晶体管取代的趋势。不管是电子管或晶体管式的,超声发生器的组成方框图都类似图7.3 所示,分为振荡级、电压放大级、功率级及电源等。

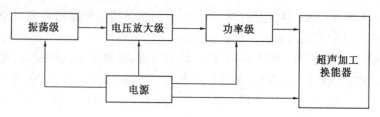

图 7.3 超声发生器的组成方框图

振荡级是由三极晶体管接成电感反馈振荡电路,调节电容量可改变振荡频率,即可调节输出的超声频率。振荡级的输出经耦合至电压放大级进行放大后,利用变压器倒相输送到末级功率(放大)管,功率管有时用多管并联推挽输出,经输出变压器输至换能器。

7.2.2　声学部件

声学部件的作用是把高频电能转变为机械能,使工具端面作高频率小振幅的振动以进行加工。它是超声波加工机床中很重要的部件。声学部件由换能器、变幅杆(振幅扩大棒)及工具组成。

换能器的作用是将高频电振荡转换成机械振动,目前实现这一目的可利用压电效应和磁致伸缩效应两种方法。

1.压电效应超声波换能器

石英晶体、钛酸钡($BaTiO_3$)以及锆钛酸铅($ZrPbTiO_3$)等物质在受到机械压缩或拉伸变形时,在它们两对面的界面上将产生一定的电荷,形成一定的电势;反之,在它们的两界面上加一定的电压,则将产生一定的机械变形,如图7.4所示,这一现象称为"压电效应"。如果两面加上16 000 Hz以上的交变电压,则该物质产生高频的伸缩变形,使周围的介质作超声振动。为了获得最大的超声波强度,应使晶体处于共振状态,故晶体片厚度应为声波半波长或整倍数。

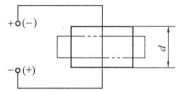

图 7.4　压电效应

石英晶体的伸缩量太小,3 000 V电压才能产生0.01 μm以下的变形。钛酸钡的压电效应比石英晶体大20～30倍,但效率和机械强度不如石英晶体,锆钛酸铅具有二者的优点,一般可用作超声波清洗。中、小功率(250 W以下)的超声波加工的换能器,常制成圆形薄片,两面镀银,先加高压直流电进行极化,一面为正极,另一面为负极。使用时,常将两片叠在一起,正极在中间,负极在两侧经上下端块用螺钉夹紧(图7.5),装夹在机床主轴头的变幅杆(振幅扩大棒)的上端。正极必须与机床主轴绝缘。为了导电引线方便,常用一镍片夹在两压电陶瓷片正极之间作为接线端片。压电陶瓷片的自振频率与其厚薄、上下端块质量及夹紧力等成反比。

2.磁致伸缩效应超声波换能器

铁(Fe)、钴(Co)、镍(Ni)及其合金的长度能随其所处的磁场强度的变化而伸缩的现象,称为磁致伸缩效应。其

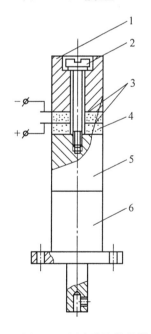

图 7.5　压电陶瓷换能器
1—上端块;2—压紧螺钉;3—导电镍片;
4—压电陶瓷;5—下端块;6—变幅杆

中镍在磁场中的最大缩短量为其长度的0.004%,铁和钴则在磁场中为伸长,当磁场消失后又恢复原有尺寸,如图7.6所示。这种材料的棒杆在交变磁场中其长度将交变伸缩,其

端面将交变振动。

　　为减小磁致伸缩材料换能器的高频涡流损耗，超声加工中常用纯镍片迭成封闭磁路的镍棒换能器，如图7.7所示。在两芯柱上同向绕以线圈，通入高频电流使之伸缩，它比压电式换能器有较高机械强度和较大输出功率，常用于中功率和大功率的超声加工。其缺点是镍片的涡流发热损失较大，能量转换效率较低，加工过程中需用水冷却，否则温度升高至约200℃的"居里点"时，磁致伸缩效应将消失，线圈绕组的绝缘材料也会被烧坏。

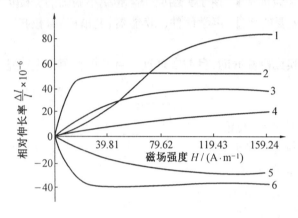

图7.6　几种材料的磁致伸缩曲线

1—$w(Ni)75\% + w(Fe)25\%$；2—$w(Co)49\% + w(V)2\% + w(Ni)49\%$；3—$w(Ni)6\% + w(Fe)94\%$；4—$w(Ni)29\% + w(Fe)71\%$；5—退火 Co；6—Ni

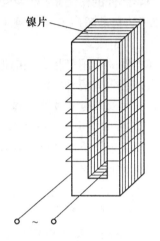

图7.7　磁致伸缩换能器

　　如果通入磁致伸缩换能器线圈中的电流是交流正弦波形，那么每一周波的正半波和负半波将引起磁场两次大小变化，使换能器也伸缩两次，出现"倍频"现象。倍频现象使振动节奏模糊，并使共振长度变短，对结构和使用均不利。为了避免这种不利的倍频现象，常在换能器的交流励磁电路中引入一个直流电源，叠加一个直流分量，使之成为脉动直流励磁电流，如图7.8所示。或者并联一个直流励磁绕组，加上一个恒定的直流磁场。

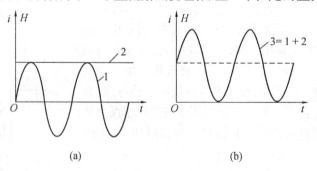

图7.8　倍频现象

1—交流；2—直流；3—脉动直流

　　镍棒的长度也应等于超声波半波长或其整倍数，使之处于共振状态，故共振频率为20 kHz左右的换能器，其长度约为125 mm，参见计算公式(7.7)。

3. 变幅杆(振幅扩大棒)

压电或磁致伸缩的变形量是很小的(即使在共振条件下,其振幅也超不过 0.005 ~ 0.01 mm),不足以直接用来加工,超声波加工需 0.01 ~ 0.1 mm 的振幅,因此必须通过一个上粗下细的棒杆将振幅加以扩大,此杆称为变幅杆(振幅扩大棒),如图 7.9 所示,图 7.9(a) 为锥形的,图7.9(b) 为指数形的,图 7.9(c) 为阶梯形的。

变幅杆之所以能扩大振幅,是由于通过它的每一截面的振动能量是不变的(略去传播损耗),截面小的地方能量密度大。由式 (7.2) 知,能量密度 J 正比于振幅 A 的平方,即

$$A^2 = \frac{2J}{\rho c \omega^2}$$

所以

$$A = \sqrt{\frac{2J}{K}} \qquad (7.6)$$

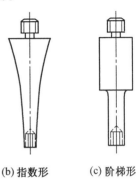

(a) 锥形   (b) 指数形   (c) 阶梯形

图 7.9   几种变幅杆

式中 K——常数,$K = \rho c \omega^2$。

由式(7.6) 可见,截面越小,能量密度就越大,振动振幅也就越大。

为了获得较大的振幅,也应使变幅杆的固有振动频率和外激振动频率相等,处于共振状态。为此,在设计、制造变幅杆时,应使其长度 L 等于超声波振动的半波长或其整倍数。

由于声速 c 等于波长 λ 乘频率 f,即

$$c = \lambda f \qquad \lambda = \frac{c}{f} \qquad (7.7)$$

所以

$$L = \frac{\lambda}{2} = \frac{1}{2} \frac{c}{f}$$

式中 λ——超声波的波长;

c——超声波在物质中的传播速度(在钢中 c = 5 050 m/s);

f——超声波频率,加工时 f 可在 16 000 ~ 25 000 Hz 内调节,以获得共振状态。

由此可以算出超声波在钢铁中传播的波长 λ = 0.31 ~ 0.2 m,故钢扩大棒的长度一般在半波长 100 ~ 160 mm 之间。

变幅杆可制成锥形的、指数形的、阶梯形的等,如图 7.9 所示。锥形的"振幅扩大比" 较小(5 ~ 10 倍),但易于制造;指数形的扩大比中等(10 ~ 20 倍),使用中振幅比较稳定,但不易制造;阶梯形的扩大比较大(20 倍以上),亦易于制造,但当它受到负载阻力时振幅减小的现象也较严重,扩大比不稳定,而且在粗细过渡的地方容易产生应力集中而疲劳断裂,为此须加过渡圆弧。实际生产中,加工小孔、深孔常用指数形变幅杆;阶梯形变幅杆因设计、制造容易,一般也常采用。

必须注意,超声加工时虽然工具端面在作超声振动,但并不是整个变幅杆和工具都是在作上下高频振动,它和低频或工频振动的概念完全不一样。超声波在金属棒杆内主要以纵波形式传播,引起杆内各点沿波的前进方向一般按正弦规律在原地作往复振动,并以声速传导到工具端,使工具端面作超声振动。对于工具端面:

瞬时位移量	$S = A \sin \omega t$	(7.8)
最大位移量	$S_{max} = A$	(7.9)
瞬时速度	$v = \omega A \cos \omega t$	(7.10)
最大速度	$v_{max} = \omega A$	(7.11)
瞬时加速度	$a = -\omega^2 A \sin \omega t$	(7.12)
最大加速度	$a_{max} = -\omega^2 A$	(7.13)

式中　　A——位移的振幅;

　　　　ω——超声的角频率,$\omega = 2\pi f$;

　　　　f——超声频率;

　　　　t——时间。

设超声振幅 $A = 0.002$ mm,频率 $f = 20\,000$ Hz,则可算出工具端面的最大速度 $v_{max} = \omega A = 2\pi f A = 251.3$ mm/s,最大加速度 $a_{max} = \omega^2 A = 31\,582\,880$ mm/s² $= 31\,582.9$ m/s² $= 3\,223\,g$,即是重力加速度 g 的 $3\,000$ 余倍,当振幅 $A = 0.01$ mm 时,工具端部的最大速度、最大加速度都将增大到上述各值的 5 倍,最大加速度值将是重力加速度 g 的 $16\,000$ 余倍。由此可见,其加速度是很大的,不难理解,有微裂纹的零部件,在超声振动下很易断裂。

4.工具

超声波的机械振动经变幅杆放大后即传给工具,使磨粒和工作液以一定的能量冲击工件,并加工出一定的尺寸和形状。

工具的形状和尺寸决定于被加工表面的形状和尺寸,它们相差一个"加工间隙"(稍大于平均的磨粒直径)。当加工表面积较小时,工具和扩大棒做成一个整体,否则可将工具用焊接或螺纹连接等方法固定在扩大棒下端。当工具不大时,可以忽略工具对振动的影响,但当工具较大时,会减低声学头的共振频率,工具较长时,应对扩大棒长度进行修正,使其满足半个波长的共振条件。

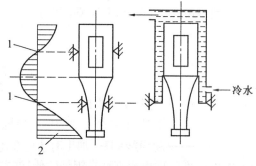

图 7.10　声学头的固定
1—波节点;2—振幅

整个声学头的连接部分应接触紧密,否则超声波传递过程中将损失很大能量。在螺纹连接处应涂以凡士林油,绝不可存在空气间隙,因为超声波通过空气时很快衰减。换能器、扩大棒或整个声学头应选择在振幅为零的"波节点"(或称"驻波点"),夹固支承在机床上,如图 7.10 所示。

7.2.3　机床

超声加工机床一般比较简单,包括支撑声学部件的机架及工作台,使工具以一定压力作用在工件上的进给机构,以及床体等部分。图 7.11 是国产 CSJ - 2 型超声加工机床简图。如图所示,4、5、6 为声学部件,安装在一根能上下移动的导轨上,导轨由上下两组滚动导轮定位,使导轮能灵活精密地上下移动。工具的向下进给及对工件施加压力靠声学部件自重,为了能调节压力大小,在机床后部有可加减的平衡重锤 2,也有采用弹簧或其他办法加压的。

7.2.4 磨料工作液及其循环系统

简单的超声波加工装置,其磨料是靠人工输送和更换的,即在加工前将悬浮磨料的工作液浇注堆积在加工区,加工过程中定时抬起工具并补充磨料。亦可利用小型离心泵使磨料悬浮液搅拌后注入加工间隙中去。对于较深的加工表面,应将工具定时抬起以利磨料的更换和补充。

效果较好而又最常用的工作液是水,为了提高表面质量,有时也用煤油或机油作工作液。磨料常用碳化硼、碳化硅或氧化铝等,其粒度大小根据加工生产率和精度等要求来选定。用颗粒大的磨料加工时生产率高,但精度及表面粗糙度则较差。

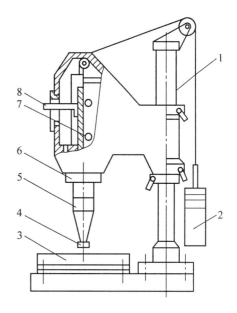

图 7.11　CSJ - 2 型超声加工机床
1—支架;2—平衡重锤;3—工作台;4—工具;
5—振幅扩大棒;6—换能器;7—导轨;8—标尺

7.3　超声加工的速度、精度、表面质量及其影响因素

7.3.1　加工速度及其影响因素

加工速度是指单位时间内去除材料的多少,单位通常以 g/min 或 mm³/min 表示。玻璃的最大加工速度可达 2 000 ~ 4 000 mm³/min。

影响加工速度的主要因素有:工具振动频率、振幅、工具和工件间的静压力、磨料的种类和粒度、磨料悬浮液的浓度、供给及循环方式、工具与工件材料、加工面积、加工深度等。

1. 工具的振幅和频率的影响

过大的振幅和过高的频率会使工具和变幅杆承受很大的内应力,可能超过它的疲劳强度而降低使用寿命,而且在连接处的损耗也增大,因此一般振幅在 0.01 ~ 0.1 mm,频率在 16 000 ~ 25 000 Hz 之间。实际加工中应调至共振频率,以获得最大的振幅。

2. 进给压力的影响

加工时工具对工件应有一个合适的进给压力,压力过小,则工具末端与工件加工表面间的间隙增大,从而减弱了磨料对工件的撞击力和打击深度;压力过大,会使工具与工件间隙减小,磨料和工作液不能顺利循环更新,都将降低生产率。

一般而言,加工面积小时,单位面积最佳静压力可较大。例如,采用圆形实心工具在玻璃上加工孔时,加工面积在 5 ~ 13 mm² 范围内,其最佳静压力约为 400 kPa,当加工面积在 20 mm² 以上时,最佳静压力约在 200 ~ 300 kPa 之间。

3.磨料的种类和粒度的影响

磨料硬度越高,加工速度越快,但要考虑价格成本。加工金刚石和宝石等超硬材料时,必须用金刚石磨料;加工硬质合金、淬火钢等高硬脆性材料时,宜采用硬度较高的碳化硼磨料;加工硬度不太高的脆硬材料时,可采用碳化硅;至于加工玻璃、石英、半导体等材料时,用刚玉之类氧化铝(Al_2O_3)作磨料即可。

另外,磨料粒度越粗,加工速度越快,但精度和表面粗糙度则变差。

4.磨料悬浮液浓度的影响

磨料悬浮液浓度低,加工间隙内磨粒少,特别在加工面积和深度较大时,可能造成加工区局部无磨料的现象,使加工速度大大下降。随着悬浮液中磨料浓度的增加,加工速度也增加。但浓度太高时,磨料在加工区域的循环运动和对工件的撞击运动受到影响,又会导致加工速度降低。通常采用的浓度为磨料对水的质量比约为 0.5 ~ 1。

5.被加工材料的影响

被加工材料越脆,则承受冲击载荷的能力越低,因此越易被去除加工;反之韧性较好的材料则不易加工。如以玻璃的可加工性(生产率)为 100%,则锗、硅半导体单晶为 200% ~ 250%,石英为 50%,硬质合金为 2% ~ 3%,淬火钢为 1%,不淬火钢小于 1%。

7.3.2　加工精度及其影响因素

超声加工的精度,除受机床、夹具精度影响之外,主要与磨料粒度、工具精度及其磨损情况、工具横向振动大小、加工深度、被加工材料性质等有关。一般加工孔的尺寸精度可达 ± 0.02 ~ 0.05 mm。

1.孔的加工范围

在通常加工速度下,超声加工最大孔径和所需功率的大致关系见表 7.1。一般超声加工的孔径范围约为 0.1 ~ 90 mm,深度可达直径的 10 ~ 20 倍以上。

表7.1　超声加工功率和最大加工孔径的关系

超声电源输出功率/W	50 ~ 100	200 ~ 300	500 ~ 700	1 000 ~ 1 500	2 000 ~ 2 500	4 000
最大加工盲孔直径/mm	5 ~ 10	15 ~ 20	25 ~ 30	30 ~ 40	40 ~ 50	> 60
用中空工具加工最大通孔直径/mm	15	20 ~ 30	40 ~ 50	60 ~ 80	80 ~ 90	> 90

2.加工孔的尺寸精度

当工具尺寸一定时,加工出孔的尺寸将比工具尺寸有所扩大,加工出孔的最小直径 D_{min} 约等于工具直径 D_t 加所用磨料颗粒平均直径 d_s 的 2 倍,即

$$D_{min} = D_t + 2d_s \tag{7.14}$$

表 7.2 是几种磨料粒度及其基本磨粒尺寸范围。

表7.2　磨料粒度及其基本磨粒尺寸范围

磨料粒度	120#	150#	180#	240#	280#	W40	W28	W20	W14	W10	W7
基本磨粒尺寸范围/μm	125 ~ 100	100 ~ 80	80 ~ 63	63 ~ 50	50 ~ 40	40 ~ 28	28 ~ 20	20 ~ 14	14 ~ 10	10 ~ 7	7 ~ 5

在采用 240# ~ 280# 磨粒时,超声加工孔的精度一般可达 ± 0.05 mm,采用 W28 ~ W7 磨粒时,可达 ± 0.02 mm 或更高。

此外,对于加工圆形孔,其形状误差主要有椭圆度和锥度。椭圆度大小与工具横向振动大小和工具沿圆周磨损不均匀有关。锥度大小与工具磨损量有关。如果采用工具或工件旋转的方法,可以提高孔的圆度和生产率。

7.3.3　表面质量及其影响因素

超声加工具有较好的表面质量,不会产生表面烧伤和表面变质层。

超声加工的表面粗糙度也较好,一般可在 $Ra1 ~ 0.1\ \mu m$ 之间,取决于每粒磨粒每次撞击工件表面后留下的凹痕大小,它与磨料颗粒的直径、被加工材料的性质、超声振动的振幅以及磨料悬浮工作液的成分等有关。

当磨粒尺寸较小、工件材料硬度较大、超声振幅较小时,则加工表面粗糙度将得到改善,但生产率则也随之降低。

磨料悬浮工作液体的性能对表面粗糙度的影响比较复杂。实践表明,用煤油或润滑油代替水可使表面粗糙度有所改善。

7.4　超声加工的应用

超声加工的生产率虽然比电火花、电解加工等低,但其加工精度和表面粗糙度都比它们好,而且能加工半导体、非导体的脆硬材料(如玻璃、石英、宝石、锗、硅,甚至金刚石等)。即使是电火花加工后的一些淬火钢、硬质合金冲模、拉丝模、塑料模具,最后还常用超声抛磨进行光整加工。

7.4.1　型孔、型腔加工

超声加工目前在各工业部门中主要用于对脆硬材料圆孔、型孔、型腔、套料、微细孔等进行加工,如图 7.12 所示。

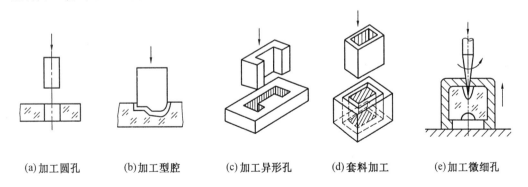

(a) 加工圆孔　　(b) 加工型腔　　(c) 加工异形孔　　(d) 套料加工　　(e) 加工微细孔

图 7.12　超声加工的型孔、型腔类型

7.4.2　切割加工

用普通机械加工切割脆硬的半导体材料是很困难的,采用超声切割则较为有效。图7.13为用超声加工法切割单晶硅片示意图。用锡焊或铜焊将工具(薄钢片或磷青铜片)焊接在变幅杆的端部。加工时喷注磨料液,一次可以切割10~20片。

图7.14所示为成批切槽(块)刀具,它采用了一种多刃刀具,即包括一组厚度为0.127 mm的软钢刃刀片,间隔1.14 mm,铆合在一起,然后焊接在变幅杆上。刀片伸出的高度应足够在磨损后可作几次重磨。在最外边的刀片应比其他刀片高出0.5 mm,切割时插入坯料的导槽中,起定位作用。

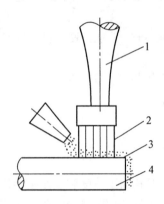

图7.13　超声切割单晶硅片
1—变幅杆;2—工具(薄钢片);3—磨料液;
4—工件(单晶硅)

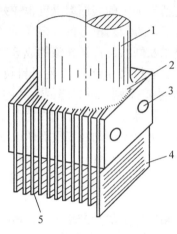

图7.14　成批切槽(块)刀具
1—变幅杆;2—焊缝;3—铆钉;
4—导向片;5—软钢刀片

加工时喷注磨料液,将坯料片先切割成1 mm宽的长条,然后将刀具转过90°,使导向片插入另一导槽中,进行第二次切割以完成模块的切割加工,图7.15所示为已切成的陶瓷模块。

7.4.3　复合加工

在超声加工硬质合金、耐热合金等硬质金属材料时,加工速度较低,工具损耗较大。为了提高加工速度和降低工具损耗,可以把超声加工和其他加工方法相结合进行复合加工。例如,采用超声与电化学或电火花加工相结合的方法来加工喷油嘴、喷丝板上的小孔或窄缝,可以大大提高加工速度和质量。

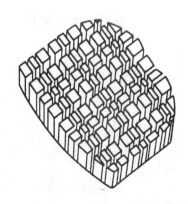

图7.15　切割成的陶瓷模块

1.超声电火花复合加工

超声与电火花复合加工小孔、窄缝及精微异形孔时,可获得较好的工艺效果。其方法如图7.16(a)所示,是在普通电火花加工时引入超声波,使电极工具端面作超声振动。超声声学部件夹固在电火花加工机床主轴头下部,电火花加工用的方波脉冲电源(RC 线路脉冲电源也可)接到工具和工件上(精加工时工件接正极),加工时主轴作伺服进给,工具端面作超声振动。当不加超声时电火花精加工的放电脉冲利用率为 3% ~ 5%,加上超声振荡后,电火花精加工时的有效放电脉冲利用率可提高到 50% 以上,从而提高生产率 2 ~ 20 倍,越是小面积、小用量加工,相对生产率的提高倍数就越多。随着加工面积(例如 $\phi0.5$ mm 以上)和加工用量(脉宽、峰值电流、峰值电压)的增大,工艺效果即逐渐不明显,与不加超声时的指标相接近。

超声电火花复合精微加工时,超声功率和振幅不宜大于 1 μm,否则将引起工具端面和工件瞬时接触频繁短路,导致电弧放电。

2. 超声电解复合加工

图 7.16(b)为超声电解复合加工小孔和深孔的示意图。工件 4 接直流电源 6 的正极,工具 3(钢丝、钨丝或铜丝)接负极,工件与工具间施加 6 ~ 18 V 的直流电压,采用钝化性电解液混加磨料作电解液,被加工表面在电解液中产生阳极溶解,电解产物和阳极钝化膜被超声频振动的工具和磨料破坏,由于超声振动引起的空化作用加速了钝化膜的破坏和磨料电解液的循环更新,从而使加工速度和质量大大提高。

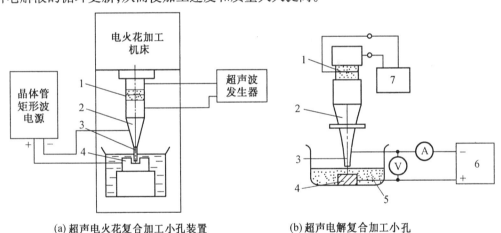

(a) 超声电火花复合加工小孔装置   (b) 超声电解复合加工小孔

图 7.16　超声电火花复合加工和超声电解复合加工

1—压电陶瓷;2—变幅杆;3—工具电极;4—工件;5—电解液和磨料;6—直流电源;7—超声发生器

3. 超声抛光及电解超声复合抛光

超声振动还可用于研磨抛光电火花或电解加工之后的模具表面、拉丝模小孔等,改善表面粗糙度。超声研磨抛光时,工具与工件之间最好有相对转动或往复移动。

在光整加工中,利用导电油石或镶嵌金刚石颗粒的导电工具,对工件表面进行电解超声复合抛光加工,更有利于改善表面粗糙度。如图 7.17 所示,用一套声学部件使工具头产生超声振动,并在超声变幅杆上接直流电源的阴极,在被加工工件上接直流电源阳极。电解液由外部导管导入工作区,也可以由变幅杆内的导管流入工作区。于是在工具和工件之间产生电解反应,工件表面发生电化学阳极溶解,电解产物和阳极钝化膜不断地被高频振动的工具头刮除并被电解液冲走。此法由于有超声波的作用,使油石的自砺性好,电解液在超声波作用下的空化作用,使工件表面的钝化膜去除加快,这相当于增加了金属表面活性,使金属表面凸起部分优先溶解,从而达到了平整的效果。工件表面的粗糙度可达到 $Ra0.1 \sim 0.05\ \mu m$。

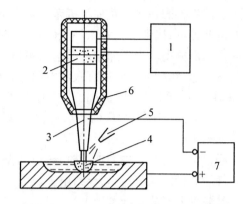

图 7.18 所示为超声波磨削切割金刚石。金刚石 4 粘结在工具头 3 上,通过变幅杆 2 使金刚石作超声振动,转动着的切割圆片 5 和工件金刚石一起浸入金刚砂磨料的悬浮液中(如用金刚石圆锯片作为切割圆片 5,则可不用金刚石磨料),用重锤 6 轻轻加一定的压力。利用超声波振动磨削切割金刚石,可大大提高生产率和节省金刚砂磨料的消耗。

图 7.17 手携式电解超声复合抛光原理图

1—超声波发生器;2—压电陶瓷换能器;3—变幅杆;
4—导电油石;5—电解液喷嘴;6—工具手柄;
7—直流电源

在切削加工中引入超声振动(如在对耐热钢、不锈钢等硬韧材料进行车削、钻孔、攻螺纹时),可以降低切削力,改善表面粗糙度,延长刀具寿命和提高加工速度等。图 7.19 即为超声振动车削示意图。

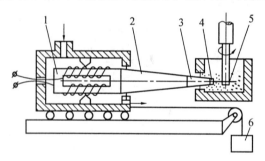

图 7.18 超声波切割金刚石

1—换能器;2—变幅杆;3—工具头;4—金刚石(工件);
5—切割圆片(工具);6—重锤

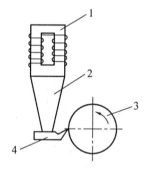

图 7.19 超声振动车削加工

1—换能器;2—变幅杆;
3—工件;4—车刀

7.4.4 超声清洗

超声清洗的原理主要是基于超声频振动在液体中产生的交变冲击波和空化作用。液体中发生空化时,局部压力可高达上千大气压,局部温度可达 5 000 K。超声波在清洗液(汽油、煤油、酒精、丙酮或水等)中传播时,液体分子往复高频振动产生正负交变的冲击波。当声强达到一定数值时,液体中急剧生长微小空化气泡并瞬时强烈闭合,产生的微冲击波使被清洗物表面的污物遭到破坏,并从被清洗表面脱落下来。即使是被清洗物上的窄缝、细小深孔、弯孔中的污物,也很易被清洗干净。虽然每个微气泡的作用并不大,但每秒钟有千万个空化气泡在作用,因此具有很好的清洗效果。所以,超声振动被广泛用于对喷油嘴、喷丝板、微型轴承、仪表齿轮及零件、手表整体机芯、印制电路板、集成电路微电子器件的清洗,可获得很高的净化度。图 7.20 为超声清洗装置示意图。

超声清洗时,清洗液会逐渐变脏,相当于"盆汤"洗澡,被清洗的表面总会有残余的污

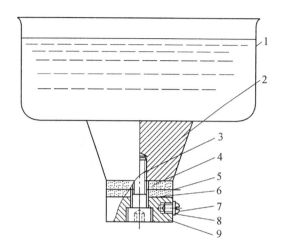

图 7.20　超声清洗装置

1—清洗槽;2—变幅杆;3—压紧螺钉;4—压电陶瓷换能器;5—镍片(＋);
6—镍片;7—接线螺钉;8—垫圈;9—钢垫块

染物。采用超声气相清洗,可以解决上述弊病,达到更好的清洗效果。超声气相清洗装置
是由超声清洗槽、气相清洗槽、蒸馏回收槽、水分分离器、超声波发生器等组成,如图7.21
所示。零件经过4、7槽两次超声波清洗后,即悬吊于气相清洗槽 8 的上方进行"淋浴"气

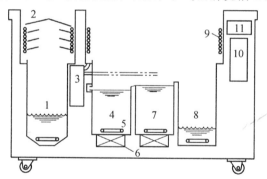

图 7.21　四槽式超声波气相清洗机简图

1—蒸馏回收槽;2—冷凝器;3—水分分离器;4—第一超
声清洗槽;5—加热装置;6—超声换能器;7—第二超声
清洗槽;8—气相清洗槽;9—冷排管;10—超声波发生
器;11—操作面板

相清洗。气相清洗剂是选用沸点低(40～50℃)、不易燃、化学性质稳定的有机溶剂,如三氯
乙烯、三氯乙烷或氟氢化合物等。当气相清洗槽 8 内的溶剂被底部的加热装置加热后即
迅速蒸发、蒸气遇零件后即在其表面凝结成雾滴对零件进行初步淋洗,在槽的上方有冷凝
器3,清洗液蒸气遇冷后即凝结下降,对工件起彻底的淋浴清洗作用,最后回落到气相清
洗槽 8 中。超声清洗剂还可以通过独立的蒸馏回收槽蒸馏回收重新使用。超声清洗槽的
输出功率范围为 150～2 000 W,振荡频率为 28～46 kHz,各槽均装有过滤器,以滤除大于
等于5 μm的污物。

将一定频率和一定振幅的超声波引入液体,有时还能使半固体颗粒粉碎细化,起"乳化"作用,有时又能使乳化液分层,起"破乳"作用,这些与超声的频率、振幅和功率有关。

7.4.5 超声焊接塑料

一种新颖的塑料加工技术——超声波塑料焊接,以其高效、优质、美观、节能等优越性已经发展起来。超声焊接塑料既不要添加任何粘接剂、填料或溶剂,也不消耗大量热源,具有操作简便,焊接速度快、焊接强度与本体一样强,生产效率高等优点。图7.22是超声塑料焊接原理图。当超声作用于热塑性塑料的接触面时,每秒数万次的高频振动把超声能量传送到焊区,两焊件交界面处声阻大,会产生局部高温,接触面迅速熔化,在一定的压力作用下,使其融合成一体。当超声停止作用后,让压力持续几秒钟,使其凝固定型,这样就形成一个坚固的分子链,其焊接强度接近原材料强度。超声波塑料焊接质量决定于振幅 A、压力 p 和焊接时间 T,焊接所需能量 $E = ApT$。

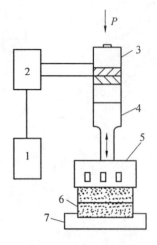

图7.22　超声塑料焊接装置

1—焊接程序控制器;2—超声发生器;3—换能器;4—变幅杆;5—工具头;6—焊件;7—工作台

思考题与习题

7.1　超声加工时的进给系统有何特点?

7.2　一共振频率为 25 kHz 的磁致伸缩型超声清洗器底面中心点的最大振幅为 0.01 mm,试计算该点最大速度和最大加速度。它是重力加速度 g 的多少倍? 如果是共振频率为 50 kHz 的压电陶瓷型超声清洗器,底面中心点的最大振幅为 0.005 mm,则该点最大速度和加速度又是多少?

7.3　试判断超声加工时:(1) 工具整体在作超声振动;(2)只有工具端面在作超声振动;(3)工具各个横截面都在作超声振动,但各截面同一时间的振幅并不一样;(4)工具各个横截面依次都在作"原地踏步"式的振动。以上各点,哪种说法最确切? 有无更确切的说法?

7.4　超声波为什么能"强化"工艺过程,试举出几种超声波在工业、农业或其他行业中的应用。

7.5　超声波可用于加工、清洗、焊接和探伤,其在本质、机理上有何共同关联之处?

第 8 章

快速成形技术

20 世纪 80 年代后发展起来的快速成形技术（Rapid Protoyping，简称 RP）是近 20 年来制造领域的一次重大突破，对制造业的影响可与 20 世纪 50～60 年代的数控技术相比。快速成形技术是由 CAD 模型直接驱动、快速制造任意复杂形状的三维物理实体的技术。它基于离散/堆积成形原理，综合了机械工程、CAD、数控技术、激光技术及材料科学技术，可以自动、直接、快速、精确地将设计思想转变为具有一定功能的原型或直接制造零件，从而可以对产品设计进行快速评估、修改及功能试验，大大缩短了产品的研制周期。以 RP 系统为基础发展起来并已成熟的快速工装模具制造、快速精铸技术，则可实现零件的快速制造。它是基于一种全新的制造概念——增材加工法。

我国于 20 世纪 90 年代初先后有：武汉华中科技大学快速制造中心、陕西省激光快速成形与模具制造工程研究中心、西安交通大学先进制造技术研究所、北京隆源自动成型系统有限公司、北京清华大学殷华实业有限公司等，在快速成形工艺研究、成形设备开发、数据处理及控制软件、新材料的研发等方面做了大量卓有成效的工作，赶上了世界发展的步伐并有所创新，现都已开发研制出系列化的快速成形商品化设备可供订购，并定期举办快速成形技术培训班。我国中国机械工程学会下属的特种加工学会，于 2001 年增设了快速成形专业委员会，开展快速成形技术的普及和提高工作。

在众多的快速成形工艺中，具有代表性的工艺是：光敏树脂液相固化成形、选择性粉末烧结成形、薄片分层叠加成形和熔丝堆积成形。下面将对这些典型工艺的原理、特点等分别进行阐述。

8.1 光敏树脂液相固化成形

光敏树脂液相固化成形又称光固化立体造型或立体光刻（Stereolithography，简称 SL）。它由 Charles Hul 发明并于 1984 年获美国专利。1988 年美国 3D 系统公司推出商品化的世界上第一台快速原型成形机。SLA 系列成形机占据着 RP 设备市场较大的份额。

8.1.1 光敏树脂液相固化成形——SL 工艺原理

SL 工艺是基于液态光敏树脂的光聚合原理工作的。这种液态材料在一定波长（$\lambda = 325$ nm）和功率（$P = 30$ mW）的紫外激光的照射下能迅速发生光聚合反应，相对分子质量急剧增大，材料也就从液态转变成固态。

图 8.1 为 SL 工艺原理图。液槽中盛满液态光敏树脂，激光束在偏转镜作用下，在液体表面上扫描，扫描的轨迹及激光的有无均由计算机控制，光点扫描到的地方，液体就固

化。成形开始时,工作平台托盘 5 在液面下一个确定的深度,液面始终处于激光的焦点平面内,聚焦后的光斑在液面上按计算机的指令逐点扫描即逐点固化。当一层扫描完成后,未被照射的地方仍是液态树脂。然后升降台带动托盘 5 平台使其高度下降一层(约 0.1 mm),已成形的层面上又布满一层液态树脂,刮平器将黏度较大的树脂液面刮平,然后再进行下一层的扫描,新的一层固体牢固地粘在前一层上,如此重复,直到整个零件制造完毕,得到一个三维实体原型。

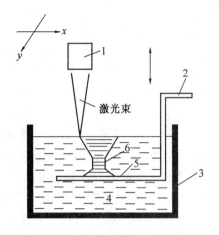

图 8.1   光敏树脂液相固化成形(SL)原理
1—扫描镜;2—Z 轴升降台;3—树脂槽;
4—光敏树脂;5—托盘;6—零件

    SL 方法是目前 RP 技术领域中研究得最多的方法,也是技术上最为成熟的方法。SL 工艺成形的零件精度较高。多年的研究改进了截面扫描方式和树脂成形性能,使该工艺的精度能达到或小于 0.1 mm。

8.1.2   特点和成形材料

    SL 方法的特点是精度高、表面质量好、原材料利用率将近 100%,能制造形状特别复杂(如空心零件)、特别精细(如首饰、工艺品等)的零件。制作出来的原型件,可快速翻制各种模具。

    SL 工艺的成形材料称为光固化树脂(或称光敏树脂),光固化树脂材料中主要包括齐聚物、反应性稀释剂及光引发剂。根据引发剂的引发机理,光固化树脂可以分为三类:自由基光固化树脂、阳离子光固化树脂和混杂型光固化树脂。

    自由基光固化树脂、阳离子光固化树脂和混杂型光固化树脂各有许多优点,目前的趋势是使用混杂型光固化树脂。

8.1.3   SL 光敏树脂液相固化成形设备和应用

    现已有多种型号的此类商品设备,如华中科技大学快速制造中心、武汉滨湖机电技术产业公司的 HRPL－Ⅰ型光固化快速成形系统、清华大学的 CPS 快速成形机和西安交通大学激光快速成形与模具制造中心的 LPS－600 和 LPS－350 型的激光快速成形机等。

    图 8.2(a)为 CPS－250 型液相固化快速成形机的外形及结构组成,图 8.2(b)为 Z 轴升降工作台,图 8.2(c)为 X–Y 工作台,图 8.2(d)为光学系统示意图。

    CPS 快速成形机采用普通紫外光源,通过光纤将经过一次聚焦后的普通紫外光导入透镜,经过二次聚焦后,照射在树脂液面上。二次聚焦镜夹持在二维数控工作台上,实现 X–Y 二维扫描运动,配合 Z 轴升降运动,从而获得三维实体。

    Z 轴升降工作台主要完成托盘的升降运动。在制作过程中,进行每一层的向下步进,制作完成后,工作台快速提升出树脂液面,以方便零件的取出。其运动采用步进电动机驱

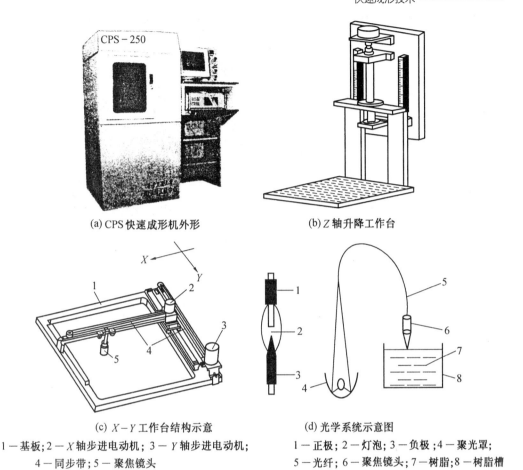

(a) CPS 快速成形机外形　　　　　　(b) Z 轴升降工作台

(c) X - Y 工作台结构示意　　　　　　(d) 光学系统示意图

1—基板;2—X 轴步进电动机;3—Y 轴步进电动机;　　1—正极;2—灯泡;3—负极;4—聚光罩;
4—同步带;5—聚焦镜头　　　　　　　　　　　　5—光纤;6—聚焦镜头;7—树脂;8—树脂槽

图 8.2　CPS - 250 型液相固化快速成形机的外形及结构组成

动、丝杠传动、导轨导向的方式,以保证 Z 向的运动精度。结构包括步进电动机、滚珠丝杠副、导轨副、吊梁、托板、立板,如图 8.2(b)所示。

　　X - Y 方向工作台主要完成聚焦镜头在液面上的二维精确扫描,实现每一层的固化。采用步进电动机驱动、精密同步带传动、精密导轨导向的运动方式,如图 8.2(c)所示。

　　光学系统的光源采用紫外汞氙灯,用椭球面反射罩实现第一次反射聚焦,聚焦后经光纤耦合传导,由透镜实现二次聚焦,将光照射到树脂液面上,光路原理见图 8.2(d)。

　　光敏树脂液相固化成形的应用有很多方面,可直接制作各种树脂功能件,用于结构验证和功能测试;可制作比较精细和复杂的零件;可制造出有透明效果的制件;制作出来的原型件可快速翻制各种模具,如硅橡胶模、金属冷喷模、陶瓷模、合金模、电铸模、环氧树脂模和气化模等。

　　图 8.3 是光固化法制作的一些实例,其中图 8.3(a)为嵌套类原型件,其表面制作有文字,图 8.3(b)为一套装配件原型,图 8.3(c)为薄叶片原型,图 8.3(d)为薄壁复杂型面。

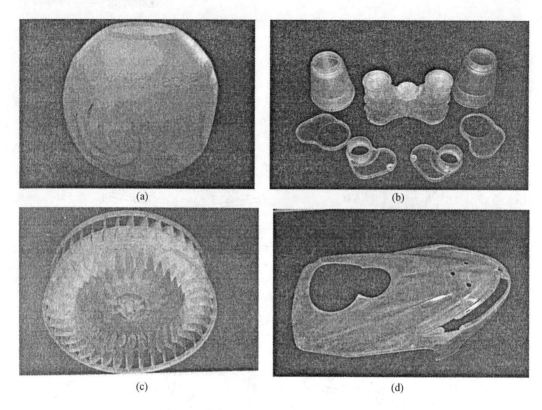

图 8.3 光敏树脂液相固化成形工艺的制作实例

8.2 选择性激光粉末烧结成形

选择性激光粉末烧结成形(Selected Laser Sintering,简称 SLS)工艺又称为选区激光烧结,由美国德克萨斯大学奥斯汀分校的 C.R.Dechard 于 1989 年研制成功。该方法已被美国 DTM 公司商品化。

8.2.1 选择性激光粉末烧结成形——SLS 工艺原理

SLS 工艺是利用粉末材料(金属粉末或非金属粉末)在激光照射下烧结的原理,在计算机控制下层层堆积成形。

如图 8.4 所示,此法采用 CO_2 激光器作能源,目前使用的造型材料多为各种粉末材料。在工作台上均匀铺上一层很薄(0.1~0.2 mm)的粉末,激光束在计算机控制下按照零件分层轮廓有选择性地进行烧结,一层完成后再进行下一层烧结。全部烧结完后去掉多余的粉末,再进行打磨、烘干等处理,便获

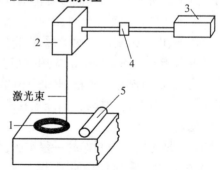

图 8.4 选择性激光粉末烧结成形(SLS)原理
1—零件;2—扫描镜;3—激光器;
4—透镜;5—刮平辊子

得零件。

8.2.2　特点和成形材料

SLS 工艺的特点是材料适应面广,不仅能制造塑料零件,还能制造陶瓷、石蜡等材料的零件。特别是可以直接制造金属零件,这使 SLS 工艺颇具吸引力。

另一特点是 SLS 工艺无需加支撑,因为未被烧结的粉末起到了支撑的作用。因此可以烧结制造空心、多层镂空的复杂零件。

SLS 烧结成形用的材料早期采用蜡粉及高分子塑料粉,用金属或陶瓷粉进行黏结或烧结的工艺也已达到实用阶段。任何受热黏结的粉末都有被用作 SLS 原材料的可能性,原则上包括了塑料、陶瓷、金属粉末及它们的复合粉。

近年来开发的较为成熟的用于 SLS 工艺的材料如表 8.1 所示。

表 8.1　用于 SLS 工艺的材料一览表

材　　料	特　　性
石蜡	主要用于失蜡铸造,制造金属型
聚碳酸酯	坚固耐热,可以制造微细轮廓及薄壳结构,也可以用于消失模铸造,正逐步取代石蜡
尼龙、纤细尼龙、合成尼龙(尼龙纤维)	它们可用于制造测试功能零件,其中合成尼龙制件具有最佳的力学性能
钢铜合金	具有较高的强度,可用于制作注塑模

为了提高原型的强度,用于 SLS 工艺材料的研究转向金属和陶瓷,这也正是 SLS 工艺与 SL、LOM 工艺的优越之处。

近年来,金属粉末的制取越来越多地采用雾化法。主要有两种方式:离心雾化法和气体雾化法。它们的主要原理是使金属熔融,将金属液滴高速甩出并急冷,随后形成粉末颗粒。

SLS 工艺还可以采用其他粉末(如聚碳酸酯粉末),当烧结环境温度控制在聚碳酸酯软化点附近时,其线胀系数较小,进行激光烧结后,被烧结的聚碳酸酯材料翘曲较小,具有很好的工艺性能。

8.2.3　SLS 选择性激光粉末烧结成形设备和应用

此类国产设备有华中科技大学研制的 HRPS – 111A 型系列激光粉末烧结系统和清华大学研制的 AFS – 300 型激光快速成形机。图 8.5 为两种选择性激光粉末烧结成形设备的外形。

图 8.6 为 AFS – 300 型激光选择性粉末烧结快速成形机的结构示意图。机械结构主要由机架、工作平台、铺粉机构、两个活塞缸、集料箱、加热灯和通风除尘装置组成。

(a) HRPS－111A 型激光粉末烧结机

(b) AFS－300型激光粉末烧结机

图 8.5　两种选择性激光粉末烧结成形设备的外形

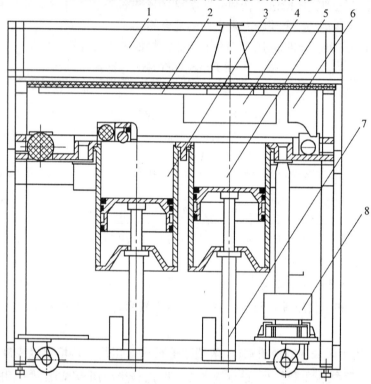

图 8.6　AFS－300 型激光选择性粉末烧结快速成形机的结构示意图

1—激光室；2—铺粉机构；3—供料缸；4—加热灯；5—成形料缸；6—排尘装置；7—滚珠丝杠螺母机构；8—料粉回收箱

图 8.7 为激光烧结成形机光路系统的主要组成部件，具体有激光器、反射镜、扩束聚焦系统、扫描器、光束合成器、指示光源。其中 CO_2 激光器的最大输出功率为 50 W，扫描器由两个相互垂直的反射镜组成。每个反射镜有一个振动电动机驱动，激光束先入射到 X 镜，从 X 镜反射到 Y 镜，再由 Y 镜反射到加工表面，电动机驱动反射镜振动，同时激光束在有效视场内扫描。

X 镜和 Y 镜分别驱使光点在 X 方向和 Y 方向扫描，扫描角度通过微机接口进行数控，这样可使光点精密定位在视场内任一位置。扫描振镜的全扫描角(光学角)为 40°，视场的线性范围由扫描半径确定，光点的定位精度可达全视场的 1/65 535。

指示光源——由于加工用的激光束是不可见光，不便于调试和操作，可取将可见光束与激光束合并在一起的做法,实现清晰观察激光光路。

SLS 激光粉末烧结的应用范围与 SL 工艺类似,可直接用于制作各种高分子粉末材料的功能件,用于结构验证和功能测试,并可用于装配样机。制件可直接作精密铸造用的蜡模和砂型、型芯,制作出来的原型件可快速翻制各种模具,如硅橡胶模、金属冷喷模、陶瓷模、合金模、电铸模、环氧树脂模和气化模等。

图 8.8 是选择性激光粉末烧结成形的实例,其中 8.8(a)为用于装配验证原型件,8.8(b)为内燃机进气管功能测试原型件,8.8(c)为金属零件,8.8(d)为用于快速铸造的样件。

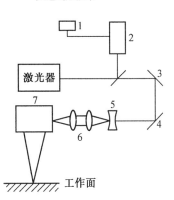

图 8.7　激光烧结成形机光路系统
1—指示光源;2—光束合成器;3—反射镜 1;
4—反射镜 2;5—扩束镜;6—聚焦镜;7—扫描器

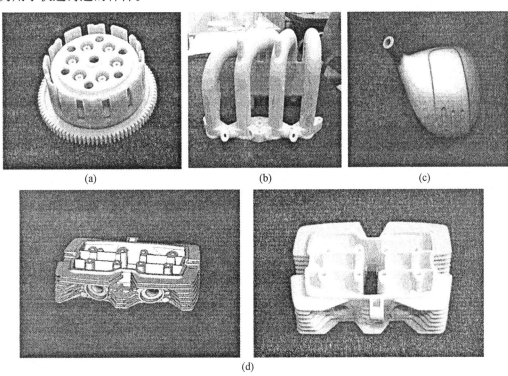

(a)　　　　　　(b)　　　　　　(c)

(d)

图 8.8　选择性激光粉末烧结成形工艺的制作实例

8.3　薄片分层叠加成形

薄片分层叠加成形(Laminated Object Manufacturing,简称 LOM)工艺又称叠层实体制造或分层实体制造,由美国 Helisys 公司于 1986 年研制成功,并推出商品化的机器。因为常用纸作为原料,故又称纸片叠层法。

8.3.1 薄片分层叠加成形——LOM 工艺原理

LOM 工艺采用薄片材料(如纸、塑料薄膜等)作为成形材料,片材表面事先涂覆上一层热熔胶。加工时,用 CO_2 激光器(或刀)在计算机控制下按照 CAD 分层模型轨迹切割片材,然后通过热压辊热压,使当前层与下面已成形的工件层粘结,从而堆积成形。

图 8.9 是 LOM 工艺的原理图。用 CO_2 激光器在刚粘结的新层上切割出零件截面轮廓和工件外框,并在截面轮廓与外框之间多余的区域内切割出上下对齐的网格;激光切割完成后,升降工作台带动已成形的工件下降,与带状片材(料带)分离;供料机构转动收料轴和供料轴,带动料带移动,使新层移到加工区域;升降工作台上升到加工平面,热压辊热压,工件的层数增加一层,高度增加一个料厚,再在新层上切割截面轮廓。如此反复直至零件的所有截面切割、粘结完,得到三维的实体零件。

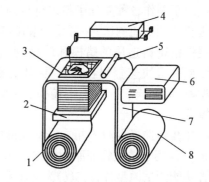

图 8.9 薄片分层叠加成形(LOM)原理
1—收料轴;2—升降台;3—加工平面;4—CO_2 激光器;
5—热压辊;6—控制计算机;7—料带;8—供料轴

8.3.2 特点和成形材料

LOM 工艺只需在片材上切割出零件截面的轮廓,而不用扫描整个截面。因此易于制造大型、实体零件。零件的精度较高(小于 0.15 mm)。工件外框与截面轮廓之间的多余材料在加工中起到了支撑作用,所以 LOM 工艺无需加支撑。

LOM 工艺的成形材料常用成卷的纸,纸的一面事先涂覆一层热熔胶,偶尔也有用塑料薄膜作为成形材料。

对纸材的要求是应具有抗湿性、稳定性、涂胶浸润性和抗拉强度。

热熔胶应保证层与层之间的粘结强度,分层叠加成形工艺中常采用 EVA 热熔胶,它由 EVA 树脂、增黏剂、蜡类和抗氧剂等组成。

8.3.3 LOM 分层叠加成形设备和应用

图 8.10 是国产 SSM-800 型分层叠加成形设备的组成,由激光系统、走纸机构、X、Y 扫描机构和 Z 轴升降机构、加热辊等组成,分布在设备的前部和后背部。

薄片分层叠加快速成形工艺和设备由于其成形材料纸张较便宜,运行成本和设备投资较低,故获得了一定的应用。可以用来制作汽车发动机曲轴、连杆、各类箱体、盖板等零部件的原型样件。

图 8.11 是薄片分层叠加成形工艺制作的一些实例。其中图 8.11(a)为地球仪模型,图 8.11(b)为小型发动机零件原型件图,8.11(c)为轿车零件原型件,图 8.11(d)为电话机面板原型件。

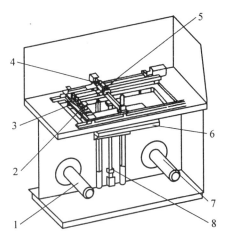

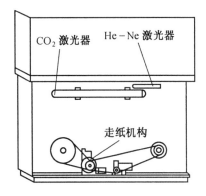

(a) 前面部分　　　　　　　　　　　　　　(b) 背后部分

图 8.10　SSM - 800 型分层叠加成形设备

1—收纸辊;2—测高;3—热压系统;4—X、Y 轴;5—激光头;6—工作平台;7—送纸辊;8—Z 轴

(a)　　　　　　　　　　　　　　　　　(b)

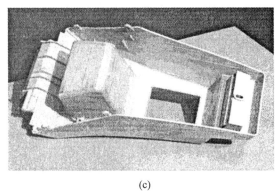

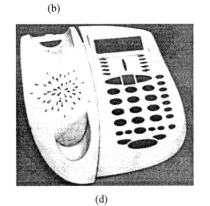

(c)　　　　　　　　　　　　　　　　　(d)

图 8.11　薄片分层叠加成形工艺的制作实例

8.4　熔丝堆积成形

熔丝堆积成形(Fused Deposition Modeling,简称 FDM)工艺由美国学者 Dr. Scott Crump 于 1988 年研制成功,并由美国 Stratasys 公司推出商品化的机器。

8.4.1　熔丝堆积成形——FDM 工艺原理

FDM 工艺是利用热塑性材料的热熔性、粘结性在计算机控制下层层堆积成形。图 8.12 表示了 FDM 工艺原理,材料先抽成丝状,通过送丝机构送进喷头,在喷头内被加热熔化,喷头沿零件截面轮廓和填充轨迹运动,同时将熔化的材料挤出,材料迅速固化,并与周围的材料粘结,层层堆积成形。

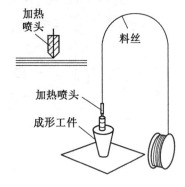

图 8.12　熔线堆积成形(FDM)工艺原理图

8.4.2　特点和成形材料

该工艺不用激光,因此使用、维护简单,成本较低。用蜡成形的零件原型可以直接用于失蜡铸造。用 ABS 工程塑料制造的原型因具有较高强度而在产品设计、测试与评估等方面得到广泛应用。由于以 FDM 工艺为代表的熔融材料堆积成形工艺具有一些显著优点,所以发展极为迅速。

成形材料是 FDM 工艺的基础,FDM 工艺中使用的材料除成形材料外还有支撑材料。

1. 成形材料

FDM 工艺常用 ABS 工程塑料丝作为成形材料,对其要求是熔融温度低(80 ~ 120℃)、黏度低、粘结性好、收缩率小。影响材料挤出过程的主要因素是黏度。材料的黏度低、流动性好,阻力就小,有助于材料顺利地挤出。材料的流动性差,需要很大的送丝压力才能挤出,会增加喷头的启停响应时间,从而影响成形精度。

熔融温度低对 FDM 工艺的好处是多方面的。熔融温度低,可以使材料在较低的温度下挤出,有利于提高喷头和整个机械系统的寿命;可以减少材料在挤出前后的温差,减少热应力,从而提高原型的精度。

粘结性主要影响零件的强度。FDM 工艺是基于分层制造的一种工艺,层与层之间黏结性好坏决定了零件成形以后的强度。黏结性过低,有时在成形过程中由于热应力就会造成层与层之间的开裂。收缩率在很多方面影响零件的成形精度。

2. 支撑材料

支撑材料是加工中采取的辅助手段,在加工完毕后必须去除,所以支撑材料与成形材料的亲和性不能太好。

8.4.3　FDM 熔丝堆积成形设备和应用

MEM – 250 – Ⅱ型设备是实现熔丝堆积 FDM 工艺的国产设备,见图 8.13。它利用

ABS 丝材通过喷头加热至熔融状态后从喷头挤出,在数控系统控制下层层堆积成形。

熔丝堆积成形工艺和设备有一定的应用面。由于 FDM 工艺的一大优点是可以成形任意复杂程度的零件,经常用于成形具有很复杂的内腔、孔等零件。

图 8.14 为熔丝堆积成形工艺的一些制作实例,其中图 8.14(a)为底盖原型件,图 8.14(b)为框架原型件,图 8.14(c)为小型电子器件外壳原型体,图 8.14(d)为下颌骨原型件。

表 8.2 为上述几种最常用的 RP 快速成形工艺优缺点比较。

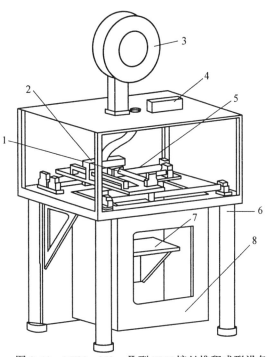

图 8.13　MEM-250-Ⅱ型 FDM 熔丝堆积成形设备
1—X 扫描机构;2—加热喷头;3—丝盘;4—送丝机构;
5—Y 扫描机构;6—框架;7—工作平台;8—成形室

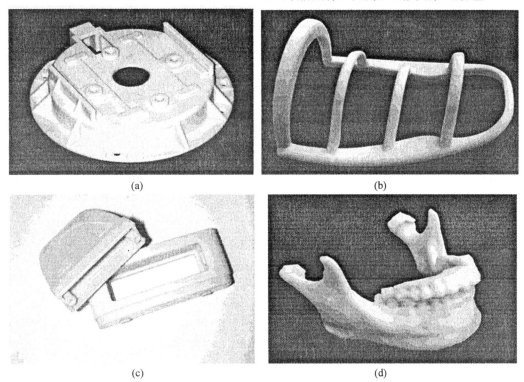

(a)　　　　　　　　　　(b)

(c)　　　　　　　　　　(d)

图 8.14　熔丝堆积成形工艺的制作实例

表8.2 几种常用的 RP 快速成形工艺优缺点比较

RP快速成形工艺＼有关指标	精度	表面质量	材料质量	材料利用率	运行成本	生产成本	设备费用	市场占有率/%
液相固化 SL 法	好	优	较贵	接近100%	较高	高	较贵	70
粉末烧结 SLS 法	一般	一般	较贵	接近100%	较高	一般	较贵	10
薄片叠层 LOM 法	一般	较差	较便宜	较差	较低	高	较便宜	7
熔丝堆积 FDM 法	较差	较差	较贵	接近100%	一般	较低	较便宜	6

除了上述四种典型快速成形加工工艺之外,还有三维喷涂黏结工艺(Three Dimensind Printing and Gluining,简称三维打印或 3DP)、光掩膜法(Solid Groound Curing,简称 SGC)和弹道微粒制造工艺(Ballistic Particle Manufacturing,简称 BMP)等。快速成形工艺目前主要是加工原型件,而不是实际工件。未来快速成形工艺的发展趋势是金属零件的直接快速制造和快速模具制造等。

思考题与习题

8.1 快速成形的工艺原理与常规加工工艺有何不同? 它具有什么特点?

8.2 试对常用的快速成形工艺的缺点作一优比较。

8.3 快速成形技术对新产品试制有何作用?

第9章

其他特种加工技术

其他特种加工是指电火花、线切割、电化学、激光、电子束、离子束、超声加工等以外的一些特种加工方法,由于它们在生产中应用面较窄,故不单独成章介绍,而集中于同一章中介绍。

9.1 化 学 加 工

化学加工(Chemical Machining,简称 CHM)是利用酸、碱、盐等化学溶液对金属产生化学反应使金属腐蚀溶解,从而改变工件尺寸和形状(以至表面性能)的一种加工方法。

化学加工的应用形式很多,但属于成形加工的主要有化学铣切(化学蚀刻)和光化学腐蚀加工方法,属于表面加工的有化学抛光和化学镀膜等。

9.1.1 化学铣切加工

1.化学铣切加工的原理、特点和应用范围

化学铣切(Chemical Milling,简称 CHM)实质上是较大面积和较深尺寸的化学蚀刻(Chemical Etching),它的原理如图 9.1 所示。先把工件非加工表面用耐腐蚀性涂层保护起来,需要加工的表面露出来,浸入到化学溶液中进行腐蚀,使金属按特定的部位溶解去除,达到加工目的。之所以称为铣切,是沿用了铣削切削的名称。

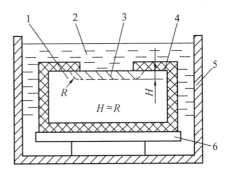

图 9.1 化学蚀刻加工原理

1—工件材料;2—化学溶液;3—化学腐蚀部分;4—保护层;5—溶液箱;6—工作台

金属的溶解作用,不仅在垂直于工件表面的深度方向进行,而且在保护层下面的侧向也进行溶解,并呈圆弧状,如图 9.1 和图 9.3 中的 H 和 R。

金属的溶解速度与工件材料的种类和溶液成分有关。

化学铣切的特点:

① 可加工任何难切削的金属材料,而不受任何硬度和强度的限制,如铝合金、钼合金、钛合金、镁合金、不锈钢等;

② 适于大面积加工,可同时加工多个零件;

③ 加工过程中不会产生应力、裂纹、毛刺等缺陷,表面粗糙度可达 $Ra2.5 \sim 1.25\ \mu m$;

④ 加工操作技术比较简单。

化学铣切的缺点：

① 不适宜加工窄而深的槽和型孔等；

② 原材料中缺陷和表面不平度、划痕等不易消除；

③ 腐蚀液对设备和人体有危害，故需有适当的防护性措施。

化学铣切的应用范围：

① 主要用于较大工件的金属表面局部厚度的减薄加工。铣切厚度一般小于 $10 \sim 20$ mm。例如：在航空和航天工业中常用于局部减轻火箭、飞行器外壳结构件的质量，并把厚板加工成刚度较高的筋壁；亦适用于大面积或不利于机械加工的薄壁形整体壁板的加工。

② 用在厚度小于 1.5 mm 薄壁零件上加工复杂的形孔。

近年来也已采用大型多轴数控机床来铣削加工内外表面上的筋壁。

2.化学铣切工艺过程

化学铣切的主要过程如图 9.2 所示，其中主要的工序是涂保护层、刻形和化学腐蚀。

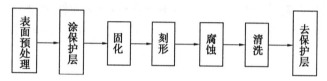

图9.2   化学蚀刻工艺过程

（1）涂复

在涂保护层之前，必须把工件表面的油污、氧化膜等清除干净，再在相应的腐蚀液中进行预腐蚀。在某些情况下还要先进行喷砂处理，使表面形成一定的粗糙度，以保证涂层与金属表面黏结牢固。

保护层必须具有良好的耐酸、碱性能，并在化学蚀刻过程中保持固有的黏结力。

常用的保护层有氯丁橡胶、丁基橡胶、丁苯橡胶等耐蚀涂料。

涂复的方法有刷涂、喷涂、浸涂等。涂层要求均匀，不允许有杂质和气泡。涂层厚度一般控制在 0.2 mm 左右。涂后需经一定时间并在适当温度下加以固化。

（2）刻形或划线

刻形是根据样板的形状和尺寸，把待加工表面的涂层去掉，以便进行腐蚀加工。

刻形一般采用手术刀沿样板轮廓切开保护层，再把不要的部分剥掉。图 9.3 所示是刻形尺寸关系示意图。

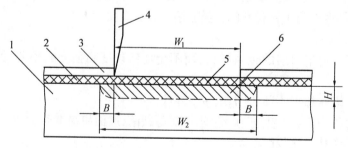

图9.3   刻形尺寸关系示意图

1—工件材料；2—保护层；3—刻形样板；4—刻形刀；5—应切除的保护层；6—蚀除部分

实验证明,当蚀刻深度达到某值时,其尺寸关系可用下式表示

$$K = 2H(W_2 - W_1) = H/B \tag{9.1}$$

或

$$H = KB$$

式中　K——腐蚀系数,根据溶液成分、浓度、工件材料等因素,由实验确定;

　　　　H——腐蚀深度;

　　　　B——侧面腐蚀宽度;

　　　　W_1——刻形尺寸;

　　　　W_2——最终腐蚀尺寸。

刻形样板多采用 1 mm 左右的硬铝板制作。

3.腐蚀

化学蚀刻的溶液随加工材料而异,其配方见表 9.1。

表 9.1　加工材料及腐蚀溶液配方

加工材料	溶液的组成	加工温度/℃	腐蚀速度/(mm·min^{-1})
铝、铝合金	NaOH 150 ~ 300 g/L(Al5 ~ 50 g/L)	70 ~ 90	0.02 ~ 0.05
	FeCl$_3$ 120 ~ 180 g/L	50	0.025
铜、铜合金	FeCl$_3$ 300 ~ 400 g/L	50	0.025
	(NH$_4$)$_2$S$_2$O$_3$ 200 g/L	40	0.013 ~ 0.025
	CuCl$_2$ 200 g/L	55	0.013 ~ 0.015
镍、镍合金	HNO$_3$ 48% + H$_2$SO$_4$ 5.5% + H$_3$PO$_4$ 11% + CH$_3$COOH 5.5%	45 ~ 50	0.025
	FeCl$_3$ 34 ~ 38 g/L	50	0.013 ~ 0.025
不锈钢	HNO$_3$ 3 mol/L + HCl 2 mol/L + HF4 mol/L + C$_2$H$_4$O$_2$ 0.76 mol/L (Fe:0 ~ 60 g/L)	30 ~ 70	0.03
	FeCl$_3$ 35 ~ 38 g/L	55	0.02
碳钢、合金钢	HNO$_3$ 20% + H$_2$SO$_4$ 5% + H$_3$PO$_4$ 5%	55 ~ 70	0.018 ~ 0.025
	FeCl$_3$ 35 ~ 38 g/L	50	0.025
	HNO$_3$ 10% ~ 35%	50	0.025
钛、钛合金	HF 10% ~ 50%	30 ~ 50	0.013 ~ 0.025
	HF 3 mol/L + HNO$_3$ 2 mol/L + HCl 0.5 mol/L(Ti5 ~ 31 g/L)	20 ~ 40	0.001

注:① 表中 g/L 为质量浓度,mol/L 为物质的量浓度单位。

　　② 表中百分数均为体积分数。

表 9.1 中所列腐蚀速度只是在一定条件下的平均值,实际上腐蚀速度还受溶液浓度、温度和金相组织等因素的影响。

9.1.2　光化学腐蚀加工

光化学腐蚀加工(Optical Chemical Machining,简称 OCM)简称光化学加工。它是光学照

相制版和光刻(化学腐蚀)相结合的一种精密微细加工技术。它与化学蚀刻(化学铣削)的主要区别是不靠样板人工刻形、划线,而是用照相感光来确定工件表面要蚀除的图形、线条,因此可以加工出非常精细的文字图案,目前已在工艺美术、机制工业和电子工业中获得应用。

1.照相制版的原理和工艺

(1)照相制版的原理

照相制版是把所需之图像摄影到照相底片上,并经过光化学反应将图像复制到涂有感光胶的铜板或锌板上,再经过坚膜固化处理,使感光胶具有一定的抗蚀能力,最后经过化学腐蚀,即可获得所需图形的金属板。

照相制版不仅是印刷工业的关键工艺,而且还可以加工一些机械加工难以解决的具有复杂图形的薄板、薄片或在金属表面上蚀刻图案、花纹等。

(2)工艺过程

图9.4所示为照相制版的工艺过程方框图。其主要工序包括:原图、照相、涂复、曝光、显影、固膜、腐蚀等。

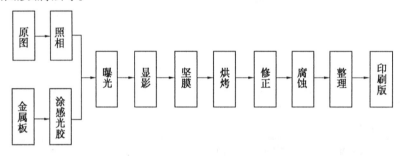

图9.4 照相制版工艺过程方框图

① 原图和照相。原图是将所需图形按一定比例放大描绘在纸上或刻在玻璃上,一般需放大几倍,然后通过照相将原图按需要大小缩小在照相底片上。照相底片一般采用涂有卤化银的感光版。

② 金属板和感光胶的涂复。金属版多采用微晶锌板和钝铜板,但要求具有一定的硬度和耐磨性,表面光整、无杂质、氧化层、油垢等,以增强对感光胶膜的吸附能力。

常用的感光胶有聚乙烯醇、骨胶、明胶等,其配制方法见表9.2。

表9.2 感光胶的配方

配方	感光胶成分		方　　法	浓度	备注
Ⅰ	甲:聚乙烯醇(聚合度1 000~1 700)　80 g 水　　　　　　　　　　　600 mL 烷基苯磺酸钠　　　　　　4~8滴	各成分混合后放容器内蒸煮至透明	甲、乙两液冷却后混合并过滤	甲液加乙液约 800 mL,4°Bé	放在暗处
	乙:重铬酸铵　　　　　　　　12 g 水　　　　　　　　　　　200 mL	溶化			
Ⅱ	甲:骨胶(粒状或块状)　　　500 g 水　　　　　　　　　　1 500 mL	在容器内搅拌蒸煮溶解	甲、乙两液混合并过滤	甲液加乙液约 2 300 ~ 2 500 mL,8°Bé	放在暗处(冬天用热水保温使用)
	乙:重铬酸铵　　　　　　　　75 g 水　　　　　　　　　　　600 mL	溶化			

③ 曝光、显影和坚膜。曝光是将原图照相底片紧紧密合在已涂复感光胶的金属板上,通过紫外光照射,使金属板上的感光胶膜按图像感光。照相底片上的不透光部分,由于挡住了光线照射,胶膜不参与光化学反应,仍是水溶性的,照相底片上的透光部分,由于参与了化学反应,使胶膜变成不溶于水的配合物,然后经过显影,把未感光的胶膜用水冲洗掉,使胶膜呈现出清晰的图像,其原理见图 9.5。

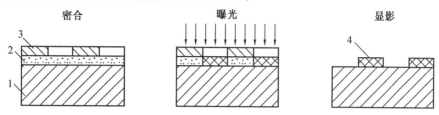

图 9.5 照相制板曝光、显影示意图

1—金属板;2—感光膜;3—照相底片;4—成像胶膜

为提高显影后胶膜的抗蚀性,可将制版放在坚膜液中进行处理,坚膜液成分和处理时间见表 9.3。

表 9.3 坚膜液成分和处理时间

感光胶	坚膜液		处 理 时 间	备 注
聚乙烯醇	铬酸酐　　400 g 水　　4 000 mL	新坚膜液	春、秋、冬季 10 s,夏季 5~10 s	用水冲净, 晾干烘烤
		旧坚膜液	30 s 左右	

④ 固化。经过感光坚膜后的胶膜,抗蚀能力仍不强,必须进一步固化。聚乙烯醇胶一般在 180 ℃ 下固化 15 min,即呈深棕色。因固化温度还与金属板分子结构有关,微晶锌板固化温度不超过 200 ℃,铜板固化温度不超过 300 ℃,时间 5~7 min,表面呈深棕色为止。固化温度过高或时间太长,深棕色变黑,致使胶裂或碳化,丧失了抗蚀能力。

⑤ 腐蚀。经固膜后的金属版,放在腐蚀液中进行腐蚀,即可获得所需图像,其原理如图 9.6 所示,腐蚀液成分见表 9.4。

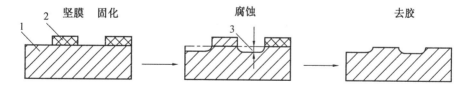

图 9.6 照相制版的腐蚀原理示意图

1—显影后的金属片;2—成像胶膜;3—腐蚀深度

表 9.4 照相制版腐蚀液配方

金属板	腐蚀液成分	腐蚀温度/℃	转速/(r·min⁻¹)
微晶锌板	硝酸 10~11.5°Bé + 2.5%~3% 添加剂	22~25	250~300
紫铜板	三氯化铁 27~30°Bé + 1.5% 添加剂	20~25	250~300

注:添加剂是为防止侧壁腐蚀的保护剂;表中的百分数均为体积分数。

随着腐蚀的加深,在侧壁方向也产生腐蚀作用(称为"钻蚀"),影响到形状和尺寸精度。一般印刷板的腐蚀深度和侧面坡度都有一定的要求(图9.7)。为了腐蚀成这种形状,必须进行侧壁保护,其方法是在腐蚀液中添加保护剂,并采用专用的腐蚀装置(图9.8),就能形成一定的腐蚀坡度。

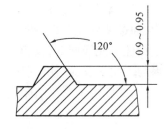

图9.7　金属板的腐蚀坡度

例如,腐蚀锌板的保护剂主要是磺化蓖麻油等成分。当金属板腐蚀时,在机械冲击力的作用下,吸附在金属底面的保护剂分子容易被冲散,使腐蚀作用不断进行。而吸附于侧面的保护剂分子,因不易被冲散,故形成保护层,阻碍了腐蚀作用,因此自然形成一定的腐蚀坡度,如图9.9所示。

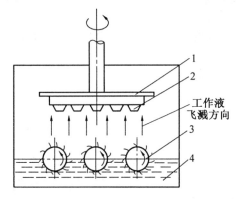

图9.8　侧壁保护腐蚀机原理图

1—固定转盘;2—印刷板;3—叶轮;4—腐蚀液

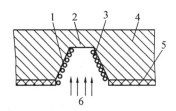

图9.9　腐蚀坡度形成原理

1—侧面;2—底面;3—保护剂分子;
4—金属板;5—胶膜;6—腐蚀液

腐蚀铜板的保护剂由乙烯基硫脲和二硫化甲脒组成,在三氯化铁腐蚀液中腐蚀铜板时,能产生一层白色氧化层,可起到保护侧壁的作用。

另一种保护侧壁的方法是所谓有粉腐蚀法,其原理是把松香粉刷嵌在腐蚀露出的图形侧壁上,加温溶化后松香粉附于侧壁表面,也能起到保护侧壁的作用。此法需重复许多次才能腐蚀到所要求的深度,操作比较费事,但设备要求简单。

2.光刻加工的原理和工艺

(1)光刻加工的原理、特点和应用范围

光刻是利用光致抗蚀剂的光化学反应特点,将掩模版上的图形精确地印制在涂有光致抗蚀剂的衬底表面,再利用光致抗蚀剂的耐腐蚀特性,对衬底表面进行腐蚀,可获得极为复杂的精细图形。

光刻的精度甚高,其尺寸精度可达到0.01~0.005 mm,是半导体器件和集成电路制造中的关键工艺之一。特别是对大规模集成电路、超大规模集成电路的制造和发展,起了极大的推动作用。

利用光刻原理还可制造一些精密产品的零部件,如刻线尺、刻度盘、光栅、细孔金属网板、电路布线板、晶闸管元件等。

(2) 光刻的工艺过程

图 9.10 所示为光刻的主要工艺过程,图 9.11 是半导体光刻工艺过程示意图。

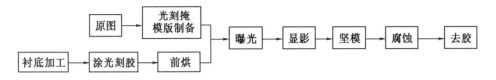

图 9.10　光刻的主要工艺过程

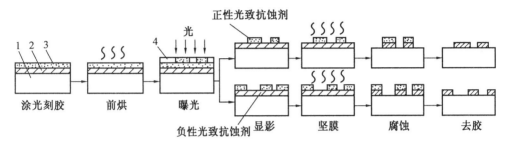

图 9.11　半导体光刻工艺过程示意图

1—衬底(硅);2—光刻薄膜(SiO₂);3—光致抗蚀剂;4—掩模版

① 原图和掩模版的制备。原图制备首先在透明或半透明的聚酯基板上,涂复一层醋酸乙烯树脂系的红色可剥性薄膜,然后把所需的图形按一定比例放大几倍至几百倍,用绘图机绘图刻制可剥性薄膜,把不需要部分的薄膜剥掉,从而制成原图。

如在半导体集成电路的光刻中,为了获得精确的掩模版,需要先利用初缩照相机把原图缩小制成初缩版,然后采用分步重复照相机将初缩版精缩,使图形进一步缩小,从而获得尺寸精确的照相底版。再把照相底版用接触复印法将图形印制到涂有光刻胶的高纯度铬薄膜板上,经过腐蚀,即获得金属薄膜图形掩膜版。

② 涂复光致抗蚀剂。光致抗蚀剂是光刻工艺的基础。它是一种对光敏感的高分子溶液。根据其光化学特点,可分为正性和负性两类。

凡能用显影液把感光部分溶除,而得到和掩模版上挡光图形相同的抗蚀涂层的一类光致抗蚀剂,称为正性光致抗蚀剂,反之则为负性光致抗蚀剂。

在半导体工业中常用的光致抗蚀剂有:聚乙烯醇－肉桂酸脂系(负性)、二叠氮系(负性)和酯－二叠氮系(正性)等。

③ 曝光。曝光光源的波长应与光刻胶感光范围相适应,一般采用紫外光,其波长约为 0.4 μm。

曝光方式常用接触式曝光法,即将掩模版与涂有光致抗蚀剂的衬底表面紧密接触而进行曝光;另一种是采用光学投影曝光,此时掩模版不与衬底表面直接接触。

随着电子工业的发展,对精度要求更高的精细图形进行光刻时,其最细的线条宽度要求到 1 μm 以下,紫外光已不能满足要求,需采用电子束、离子束或 X 射线等曝光新技术。电子束曝光可以刻出宽度为 0.25 μm 的细线条。

④ 腐蚀。不同的光刻材料,需采用不同的腐蚀液。腐蚀的方法有多种(如化学腐蚀、

电解腐蚀、离子腐蚀等),其中常用的是化学腐蚀法,即采用化学溶液对带有光致抗蚀剂层的衬底表面进行腐蚀。常用的化学腐蚀液见表9.5。

表9.5　常用的化学腐蚀液

被腐蚀材料	腐蚀液成分	腐蚀温度/℃
铝(Al)	质量分数在80%以上的磷酸	约80
金(Au)	碘化铵溶液加少量碘	常温
铬(Cr)	m(高锰酸钾)$:m$(氢氧化钠)$:V$(水)$=3\text{ g}:1\text{ g}:100\text{ mL}$	约60
二氧化硅(SiO$_2$)	V(氢氟酸)$:m$(氟化铵)$:V$(去离子水)$=3\text{ mL}:6\text{ g}:100\text{ mL}$	约32
硅(Si)	V(发烟硝酸)$:V$(氢氟酸)$:V$(冰醋酸)$:V$(溴)$=5:3:3:0.06$	约0
铜(Cu)	三氯化铁溶液	常温
镍－铬合金	m(硫酸铈)$:V$(硝酸)$:V$(水)$=1\text{ g}:1\text{ mL}:10\text{ mL}$	常温
氧化铁	磷酸＋铝(少量)	常温

⑤ 去胶。为去除腐蚀后残留在衬底表面的抗蚀胶膜,可采用氧化去胶法,即使用强氧化剂(如硫酸－过氧化氢混合液等)将胶膜氧化破坏而去除,也可采用丙酮、甲苯等有机溶剂去胶。

9.1.3　化学抛光

化学抛光(Chemical Polish,简称CP)的目的是改善工件表面粗糙度或使表面平滑化和光泽化。

1.化学抛光的原理和特点

化学抛光一般是用硝酸或磷酸等氧化剂溶液在一定条件下使工件表面氧化,此氧化层又能逐渐溶入溶液,表面微凸起处被氧化较快而溶解较多,微凹处则被氧化较慢而溶解较少。同样凸起处的氧化层又比凹处更多、更快地扩散溶解于酸性溶液中,因此使加工表面逐渐被整平,达到表面平滑化和光泽化。

化学抛光的特点是:可以大面或多件抛光薄壁、低刚度零件,可以抛光内表面和形状复杂的零件,不需外加电源、设备,操作简单、成本低。其缺点是:化学抛光效果比电解抛光效果差,且抛光液用后处理较麻烦。

2.化学抛光的工艺要求及应用

(1) 金属的化学抛光

常用硝酸、磷酸、硫酸、盐酸等酸性溶液抛光铝、铝合金、钼、钼合金、碳钢及不锈钢等,有时还加入明胶或甘油之类的添加剂。

抛光时必须严格控制溶液温度和时间。温度从室温到90℃,时间自数秒到数分钟,具体要根据材料、溶液成分和试验才能确定最佳值。

(2) 半导体材料的化学抛光

如锗和硅等半导体基片在机械研磨平整后,还要最终用化学抛光去除表面杂质和变质层。常用氢氟酸和硝酸、硫酸的混合溶液或双氧化和氢氧化铵的水溶液。

9.1.4　化学镀膜

化学镀膜的目的是在金属或非金属表面镀上一层金属,起装饰、防腐或导电作用。

1.化学镀膜的原理和特点

化学镀膜的原理是在含金属盐溶液的镀液中加入一种化学还原剂,将镀液中的金属离子还原后沉积在被镀零件表面。

其特点是:有很好的均镀能力,镀层厚度均匀,这对大表面和精密复杂零件很重要;被镀工件可为任何材料,包括非导体(如玻璃、陶瓷、塑料等);不需电源,设备简单,镀液一般可连续、再生使用。

2.化学镀膜的工艺要点及应用

化学镀铜主要用硫酸铜,镀镍主要用氯化镍,镀铬用溴化铬,镀钴用氯化钴溶液,以次磷酸钠或次硫酸钠作为还原剂,也有选用酒石酸钾钠或葡萄糖等为还原剂的。对特定的金属,需选用特定的还原剂。镀液成分、质量分数、温度和时间都对镀层质量有很大影响。镀前还应对工件表面除油、去锈等净化处理。

应用最广的是化学镀镍、钴、铬、锌,其次是镀铜、锡。在电铸前,常用化学镀膜方法在非金属的表面镀上一层很薄的银或铜,以用于导电层和脱模。

9.2　等离子体加工

9.2.1　基本原理

等离子体加工又称等离子弧加工(Plasma Arc Machining,简称PAM),是利用电弧放电使气体电离成过热的等离子气体流束,靠局部熔化及气化来去除材料的。等离子体被称为物质的第四种状态,物质通常以气、液、固三种状态存在。等离子体是高温电离的气体,它是由气体原子或分子在高温下获得能量电离之后,离解成带正电荷的离子和带负电荷的自由电子,整体的正负离子数目和正负电荷数值仍相等,因此称为等离子体。

图 9.12 为等离子体加工原理示意图。该装置由直流电源供电,钨电极 5 接阴极,工件 9 接阳极。利用高频振荡或瞬时短路引弧的方法,使钨电极与工件之间形成电弧。电弧的温度很高,使工质气体的原子或分子在高温中获得很高的能量。其电子冲破了带正

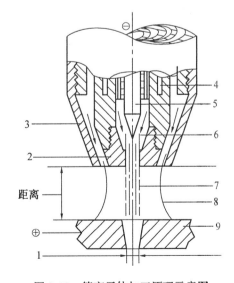

图 9.12　等离子体加工原理示意图
1—切缝;2—喷嘴;3—保护罩;4—冷却水;5—钨电极;
6—工质气体;7—等离子体电弧;8—保护气体屏;9—工件

电的原子核的束缚,成为自由的负电子,而原来呈中性的原子失去电子后成为正离子。这种电离化的气体,正负电荷的数量仍然相等,从整体看呈电中性,称之为等离子体电弧。在电弧外围不断送入工质气体,回旋的工质气流还形成与电弧柱相应的气体鞘,压缩电弧,使其电流密度和温度大大提高。采用的工质气体有氮、氩、氦、氢或是这些气体的混合。

等离子体具有极高的能量密度是由下列三种效应造成的。

1. 机械压缩效应

电弧在被迫通过喷嘴通道喷出时,通常对电弧产生机械压缩作用,而喷嘴通道的直径和长度对机械压缩效应的影响很大。

2. 热收缩效应

喷嘴内部通入冷却水,使喷嘴内壁受到冷却,温度降低,因而靠近内壁的气体电离度急剧下降,导电性差,电弧中心导电性好,电离度高,电弧电流被迫在电弧中心高温区通过,使电弧的有效截面缩小,电流密度大大增加。这种因冷却而形成的电弧截面缩小作用,就是热收缩效应。一般高速等离子气体流量越大,压力越大,冷却越充分,则热收缩效应越强烈。

3. 磁收缩效应

由于电弧电流周围磁场的作用,迫使电弧产生强烈的收缩作用,使电弧变得更细,电弧区中心电流密度更大,电弧更稳定而不扩散。

上述三种压缩效应的综合作用,使等离子体的能量高度集中,电流密度、等离子体电弧的温度都很高,达到 $11\,000 \sim 28\,000℃$(普通电弧仅 $5\,000 \sim 8\,000℃$),气体的电离度也随之剧增,并以极高的速度($800 \sim 2\,000$ m/s,比声速还高)从喷嘴孔喷出,具有很大的动能和冲击力,当达到金属表面时,可以释放出大量的热能,加热和熔化金属,并将熔化了的金属材料吹除。

等离子体加工有时称为等离子体电弧加工或等离子体电弧切割。

同时也可把图 9.12 中的喷嘴接直流电源的阳极,钨电极接阴极,使阴极钨电极和阳极喷嘴的内壁之间发生电弧放电,吹入的工质气体受电弧作用加热膨胀从喷嘴喷出形成射流(称为等离子体射流),使放在喷嘴前面的材料充分加热。由于等离子体电弧对材料直接加热,因而比用等离子体射流对材料的加热效果好得多。因此,等离子体射流主要用于各种材料的喷镀及热处理等方面;等离子电弧则用于金属材料的加工、切割及焊接等。

等离子电弧不但具有温度高、能量密度大的优点,而且焰流可以控制。适当调节功率大小、气体类型、气体流量、进给速度、火焰角度及喷射距离等,就可以利用一个电极加工不同厚度的多种材料。

9.2.2 材料去除速度和加工精度

等离子体切割的速度是很高的,成形切割厚度为 25 mm 铝板时的切割速度为 760 mm/min,而厚度为 6.4 mm 钢板的切割速度为 4 060 mm/min。采用水喷时可增加碳钢的切割速度,对厚度为 5 mm 的钢板,切割速度为 6 100 mm/min。

切边的斜度一般为 $2° \sim 7°$,当认真控制工艺参数时,斜度可保持在 $1° \sim 2°$。厚度小于

25 mm 的金属,切缝宽度为 2.5 ~ 5 mm;厚度达 150 mm 的金属,切缝宽度为 10 ~ 20 mm。

等离子体加工孔的直径在 10 mm 以内。当钢板厚度为 4 mm 时,加工精度为 ± 0.25 mm;当钢板厚度达 35 mm 时,加工孔或槽的精度为 ± 0.8 mm。

加工后的表面粗糙度通常为 $Ra1.6 ~ 3.2\ \mu m$,热影响层分布的深度为 1 ~ 5 mm,决定于工件的热学性质、加工速度、切割深度及所采用的加工参数。

9.2.3　设备和工具

简单的等离子体加工装置有手持等离子体切割器和小型手提式装置;比较复杂的有程序控制和数字程序控制的设备、多喷嘴的设备;还有采用光学跟踪的设备。工作台尺寸达 13.4 m × 25 m,切割速度为 50 ~ 6 100 mm/min。在大型程序控制成形切削机床上可安装先进的等离子体切割系统,有喷嘴的自适应控制,以自动寻找和保持喷嘴与板材的正确距离。除了平面成形切割外,还有用于车削、开槽、钻孔和刨削的等离子体加工设备。

切割用的直流电源空载电压一般为 300 V 左右,用氩气作为切割气体时空载电压可以降低为 100 V 左右。常用的电极为铈钨或钍钨。用压缩空气作为工质气体切割时使用的电极为金属锆或铪。使用的喷嘴材料一般为钝铜或锆铜。

9.2.4　实际应用

等离子体加工已广泛用于切割。各种金属材料,特别是不锈钢、铜、铝的成形切割,已获得重要的工业应用。它可以快速而较整齐地切割软钢、合金钢、钛、铸铁、钨、钼等。切割不锈钢、铝及其合金的厚度一般为 3 ~ 100 mm。等离子体还用于金属的穿孔加工。此外,等离子体弧还作为热辅助加工。这是一种机械切削和等离子弧的复合加工方法,在切削过程中,用等离子弧对工件待加工表面进行加热,使工件材料变软,强度降低,从而使切削加工有切削力小、效率高、刀具寿命长等优点,已用于车削、开槽、刨削中。

等离子体电弧焊接已得到广泛应用,使用的气体为氩气。用直流电源可以焊接不锈钢和各种合金钢,焊接厚度一般在 1 ~ 10 mm,1 mm 以下的金属材料用微束等离子弧焊接。近代又发展了交流、脉冲等离子体弧焊铝及其合金的新技术。等离子体弧还用于各种合金钢的熔炼,熔炼速度快,质量好。

等离子体表面加工技术近年来有了很大的发展。日本近年试制成功一种很容易加工的超塑性高速钢,就是采用这一技术实现的;采用等离子体对钢材进行预热处理和再结晶处理,使钢材内部形成微细化的金属结晶微粒。结晶微粒之间联系韧性很好,所以具有超塑性能,加工时不易碎裂。

采用等离子体表面加工技术,还可提高某些金属材料的硬度,例如使钢板表面氮化,可大大提高钢材的硬度。在氧等离子体中,采用微波放电,可使硅、铝等进行氧化,制得超高纯度的氧化硅和氧化铝。采用无线电波放电,在氮等离子体中,对钛、锆、铌等金属进行氮化,可制得氮化钛、氮化锆、氮化铌等化合物。由直流辉光放电发生的氩等离子体,使四氯化钛、氢气与甲烷发生反应,可在金属表面生成碳化钛,大大提高了材料的强度和耐磨性能。

等离子体还用于人造器官的表面加工:采用氨和氢－氮等离子体,对人造心脏表面进行加工,使其表面生成一种氨基酸,这样,人造心脏就不易受人体组织排斥和血液排斥,使人造心脏植入手术更易获得成功。

等离子体加工时,会产生噪声、烟雾和强光,故要求对其工作地点进行控制和防护。常采用高速流动的水屏,即高速流动的水通过一个围绕在切削头上的环管喷出,这样就形成了一个水的屏幕或防护罩,从而大大减少了等离子体加工过程中产生的光、烟和噪声的不良影响。在水中混入染料,可以降低电弧的照射强度。

9.3 挤压珩磨

挤压珩磨在国外称磨料流动加工(Abrasive Flow Machining 简称 AFM),是 20 世纪 70 年代发展起来的一项表面加工的新技术,最初主要用于去除零件内部通道或隐蔽部分的毛刺而显示出优越性,随后扩大应用到零件表面的抛光。

9.3.1 基本原理

挤压珩磨是利用一种含磨料的半流动状态的黏弹性磨料介质在一定压力下强迫在被加工表面上流过由磨料颗粒的刮削作用去除工件表面微观不平材料的工艺方法。图 9.13 为其加工过程的示意图。工件安装并被压紧在夹具中,夹具与上、下磨料室相连,磨料室内充以黏弹性磨料,由活塞在往复运动过程中通过黏弹性磨料对所有表面施加压力,使黏弹性磨粒在一定压力作用下反复在工件待加工表面上滑移通过,类似用砂布均匀压在工件上慢速移动那样,从而达到表面抛光或去毛刺的目的。

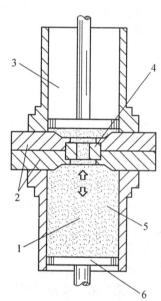

当下活塞对黏弹性磨料施压推动磨料自下而上运动时,上活塞在向上运动的同时,也对磨料施压,以便在工件加工面的出口方向造成一个背压。由于有背压的存在,混在黏弹性介质中的磨料才能在挤压珩磨过程中实现切削作用,否则工件加工区将会出现加工锥度及尖角倒圆等缺陷。

图 9.13 挤压珩磨原理图
1—黏性磨料;2—夹具;3—上部磨料室;4—工件;5—下部磨料室;6—液压操纵活塞

9.3.2 挤压珩磨的工艺特点

1.适用范围

由于挤压珩磨介质是一种半流动状态的黏弹性材料,它可以适应各种复杂表面的抛光和去毛刺,如各种型孔、型面及齿轮、叶轮、交叉孔、喷嘴小孔、液压部件、各种模具等等,所以它的适用范围是很广的,而且几乎能加工所有的金属材料,同时也能加工陶瓷、硬塑料等。

2.抛光效果

加工后的表面粗糙度与原始状态和磨料粒度等有关,一般可降低为加工前表面粗糙度值的1/10,最低的表面粗糙度可以达到 $Ra0.025\ \mu m$ 的镜面。磨料流动加工可以去除0.025 mm深度的表面残余应力,可以去除前面工序(如电火花加工、激光加工等)形成的表面变质层和其他表面微观缺陷。

3.材料去除速度

挤压珩磨的材料去除量一般为0.01~0.1 mm,加工时间通常为1~5 min,最多十几分钟即可完成,与手工作业相比,加工时间可减少90%以上。对一些小型零件,多件同时加工可大大提高生产率,多件装夹小零件的生产率每小时可达1 000件。

4.加工精度

挤压珩磨是一种表面加工技术,因此它不能修正零件的形状误差。切削均匀性可以保持在被切削量的10%以内,因此不至于破坏零件原有的形状精度。由于去除量很少,可以达到较高的尺寸精度,一般尺寸精度可控制在微米数量级。

9.3.3　黏弹性磨料介质

黏弹性磨料介质由一种半固体、半流动性的高分子聚合物和磨料颗粒均匀混合而成。这种高分子聚合物是磨料的载体,能与磨粒均匀黏结,而与金属工件不发生黏附。它主要用于传递压力、携带磨粒流动,还能起到润滑作用。

磨粒一般使用氧化铝、碳化硼、碳化硅磨料。当加工硬质合金等坚硬材料时,可以使用金刚石粉。磨料粒度范围是 $8^{\#}$ ~ $600^{\#}$;质量分数范围10% ~ 60%。应根据不同的加工对象确定具体的磨料种类、粒度和质量分数。

碳化硅磨料主要用于去毛刺。粗磨料可获得较快的去除速度;细磨料可以获得较好的粗糙度,故一般抛光时都用细磨料,对微小孔的抛光,应使用更细的磨料。此外,还可利用细磨料($600^{\#}$ ~ $800^{\#}$)作为添加剂来调配基体介质的稠度。在实际中常是几种粒度的磨料混合使用,以获得较好的性能。

9.3.4　机床和夹具

国内外有少数工厂生产挤压、珩磨机床,并可配套提供相应的黏弹性磨料。

夹具是挤压珩磨的重要组成部分,是实现理想效果的一个重要措施,它需要根据具体的工件形状、尺寸和加工要求进行设计,但有时需通过试验加以确定。

夹具的主要作用除了用来安装、夹紧零件、容纳介质并引导它通过零件以外,更重要的是要控制介质的流程。因为黏弹性磨料介质和其他流体的流动一样,最容易通过那些路程最短、截面最大、阻力最小的路径。为了引导介质到所需的零件部位进行切削,可以对夹具进行特殊设计,在某些部位进行阻挡、拐弯、干扰,迫使黏弹性磨料通过所需要加工的部位。例如,为了对交叉通道表面进行加工,出口面积必须小于入口面积。为了获得理想的结果,有时必须有选择地把交叉孔封死或有意识地设计成不同的通道截面(如加挡板、芯块等),以达到各交叉孔内压力平衡,加工出均匀一致的表面。

图 9.14 为采用挤压珩磨对交叉孔零件进行抛光和去毛刺的夹具结构原理图。

图 9.15 为对齿轮齿形部分进行抛光和去毛刺的夹具结构原理图。

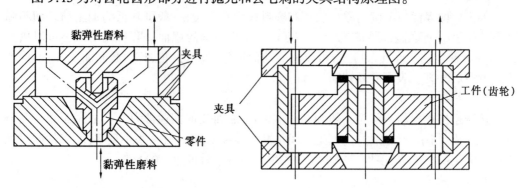

图 9.14 加工交叉孔零件的夹具结构原理图   图 9.15 抛光外齿轮的夹具结构原理图

夹具内部的密封必须可靠,微小的泄漏都将引起夹具和工件磨损,影响加工效果。

9.3.5 实际应用

挤压珩磨可用于边缘光整、倒圆角、去毛刺、抛光和少量的表面材料去除,特别适用于内部通道的抛光和去毛刺,从软的铝到韧性的镍合金材料均可进行挤压珩磨加工。

挤压珩磨已用于硬质合金拉丝模、挤压膜、拉伸模、粉末冶金模、叶轮、齿轮、燃料旋流器等的抛光和去毛刺,还用于去除电火花加工、激光加工或渗氮处理这类热能加工产生的不希望有的变质层。

9.4 水射流切割

9.4.1 基本原理

水射流切割(Water Jet Cutting,简称 WJC)又称液体喷射加工(Liguid Jet Machining,简称 LJM),是利用高压高速水流对工件的冲击作用来去除材料的,有时简称水切割或俗称水刀,如图 9.16 所示。采用水或带有添加剂的水,以 $500 \sim 900$ m/s 的高速冲击工件进行加工或切割。水经水泵后通过增压器增压,储液蓄能器使脉动的液流平稳。水从孔径为 $0.1 \sim 0.5$ mm 的人造蓝宝石喷嘴喷出,直接压射在工件加工部位上。加工深度取决于液压喷射的速度、压力及压射距离。被水流冲刷下来的"切屑"随着液流排出,入口处束流的功率密度可达 10^6 W/mm^2。

9.4.2 材料去除速度和加工精度

切割速度取决于工件材料,并与所用的功率大小成正比,与材料厚度成反比,不同材料的切割速度如表 9.6 所示。

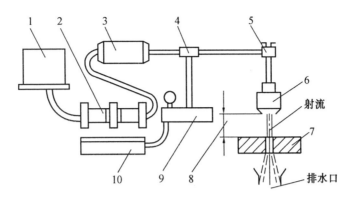

图 9.16　水射流切割原理图
1—带有过滤器的水箱;2—水泵;3—储液蓄能器;4—控制器;5—阀;
6—蓝宝石喷嘴;7—工件;8—压射距离;9—液压机构;10—增压器

切割精度主要受喷嘴轨迹精度的影响,切缝大约比所采用的喷嘴孔径大 0.025 mm,加工复合材料时,采用的射流速度要高,喷嘴直径要小,并具有小的前角,喷嘴紧靠工件,喷射距离要小,喷嘴越小,加工精度越高,但材料去除速度降低。

切边质量受材料性质的影响很大,软材料可以获得光滑表面,塑性好的材料可以切割出高质量的切边。液压过低,会降低切边质量,尤其对复合材料,容易引起材料离层或起鳞。采用正前角(图 9.17)将改善切割质量。进给速度低,可以改善切割质量,因此,加工复合材料时,应采用较低的切割速度,以避免在切割过程中出现材料的分层现象。

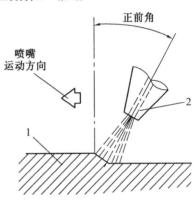

图 9.17　水射流喷嘴角度
1—工件;2—喷嘴

水中加入添加剂能改善切割性能和减少切割宽度。另外,喷射距离对切口斜度的影响很大,距离越小,切口斜度也越小,有时为了提高切割速度和厚度,在水中混入磨料细粉。

切割过程中,"切屑"混入液体中,故不存在灰尘,不会有爆炸或火灾的危险。对某些材料,射流束中夹杂有空气,将增加噪声,噪声随喷射距离的增加而增加。在液体中加入添加剂或调整到合适的喷射前角,可以降低噪声。

9.4.3　设备和工具

水射流切割需要液压系统和机床,但机床不是通用性的,每种机床的设计应符合具体的加工要求。液压系统产生的压力应能达到 400 MPa,液压系统还包括控制器、过滤器及耐用性好的液压密封装置。加工区需要一个排水系统和储液槽。

水射流切割时,作为工具的射流束是不会变钝的,喷嘴寿命也相当长。液体要经过很好的过滤,过滤后的微粒小于 0.5 μm,液体经过脱矿质和去离子处理,可以减少对喷嘴的腐蚀。切割时的摩擦阻尼很小,所需夹具也较简单。另外,还可以用多个喷嘴作多路切割。

水射流切割已采用程序控制和数字控制系统,数控水射流加工机床的工作台尺寸大于 1.5 m×2 m,移动速度大于 380 mm/s。

9.4.4　实际应用

水射流切割可以加工很薄、很软的金属和非金属材料,例如,铜、铝、铅、塑料、木材、橡胶、纸等七八十种材料和制品。水射流切割可以代替硬质合金切槽刀具,而且切边的质量很好。所加工的材料厚度少则几毫米,多则几百毫米。例如,切割 19 mm 厚的吸音天花板,采用的水压为 310 MPa,切割速度为 0.75 m/min。还可切割厚 125 mm 玻璃绝缘材料。由于加工的切缝较窄,可节约材料和降低加工成本。

由于加工温度较低,因而可以切割木板和纸品,还能在一些化学加工的零件保护层表面上划线。表 9.6 所列为水射流切割常用的加工参数,表 9.7 为部分材料水射流加工的切割速度。

表 9.6　水射流切割常用的加工参数

液体	种类:水或水中加入添加剂 添加剂:丙三醇(甘油)、聚乙烯、长链形聚合物 压力:70～415 MPa 射流速度:300～900 m/s 流量:7.5 L/min 射流对工件的作用力:45～134 N
喷嘴	材料:常用人造金刚石,也有用淬火钢、不锈钢 直径:0.05～0.38 mm 角度:与垂直方向的夹角为 0°～30°
性能	功率:38 kW 切割速度(即进给速度):见表 9.7 切缝宽度:0.075～0.41 mm 压射距离:2.5～50 mm,常用的为 3 mm

表 9.7　部分材料水射流加工的切割速度

材　　料	厚度/mm	喷嘴直径/mm	压力/MPa	切割速度/(m·s⁻¹)
吸音板	19	0.25	310	0.012 5
玻璃钢板	3.55	0.25	412	0.002 5
环氧树脂石墨	6.9	0.35	412	0.027 5
皮革	4.45	0.05	303	0.009 1
胶质(化学)玻璃	10	0.38	412	0.07
聚碳酸酯	5	0.38	412	0.10
聚乙烯	3	0.05	286	0.009 2
苯乙烯	3	0.075	248	0.006 4

美国汽车工业中用水射流来切割石棉刹车片、橡胶基地毯、复合材料板、玻璃纤维增强塑料等。航天工业用以切割高级复合材料、蜂窝状夹层板、钛合金元件和印制电路板等,可提高疲劳寿命。也可用以切割、消毁废炮弹、炸弹等危险品。

影响水射流切割广泛应用的主要因素是一次性初期投资较高。

9.5 磁性磨料研磨加工和磁性磨料电解研磨加工

磁性磨料研磨加工(Magnetic Abrasive Machining,简称 MAM)又称磁力研磨或磁磨料加工,它和磁性磨料电解研磨加工(Magnetic Abrasive Electrochemical Machining,简称 MAECM)是近 10 年来发展起来的光整加工工艺,在精密仪器制造业中得到日益广泛的应用。

9.5.1 基本原理

磁性磨料研磨的原理在本质上和机械研磨相同,只是磨料是导磁的,磨料作用于工件表面的研磨力是磁场形成的。

图 9.18 为对圆柱表面进行磁性磨料研磨加工原理示意图。在垂直于工件圆柱面轴线方向加一磁场,在 S、N 两磁极之间加入磁性磨料,磁性磨料吸附在磁极和工件表面上,并沿磁力线方向排列成有一定柔性的"磨料刷"。工件一边旋转,一边作轴向振动。磁性磨料在工件表面轻轻刮擦、挤压、窜滚,从而将工件表面上极薄的一层金属及毛刺切除,使微观不平度逐步整平。

图 9.19 为磁性磨料电解研磨原理示意图。它是在磁性磨料研磨的基础上,再加上电解加工的阳极溶解作用,以加速阳极工件表面的整平过程,提高工艺效果。

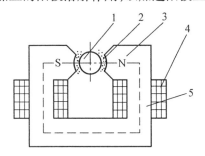

图 9.18 磁性磨料研磨加工原理示意图
1—工件;2—磁性磨料;3—磁极;4—励磁线圈;5—铁心

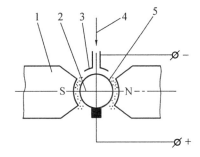

图 9.19 磁性磨料电解研磨原理示意图
1—磁极;2—工件;3—阴极及喷嘴;4—电解液;5—磁性磨料

磁性磨料电解研磨的表面光整效果是在以下三种因素作用下产生的:

(1)电化学阳极溶解作用

阳极工件表面的金属原子在电场及电解液的作用下失去电子成为金属离子溶入电解液,或在金属表面形成氧化膜或氢氧化膜即钝化膜,微凸处比凹处的氧化过程更显著。

(2)磁性磨料的刮削作用

实际上主要是刮除工件表面的金属钝化膜,而不是刮金属本身,使其露出新的金属原子,从而实现阳极的不断溶解。

(3)磁场的加速、强化作用

电解液中的正、负离子在磁场中受到洛仑兹力作用,使离子运动轨迹复杂化。当磁力线方向和电力线方向垂直时,离子按螺旋线轨迹运动,增加了运动长度,增加了电解液的电离度,促进了电化学反应,降低了浓差极化。

9.5.2　设备和工具

一般都是用台钻、立钻或车床等改装或者设计成专用夹具装置。目前还没有定型的商品化机床生产厂。

工件转速可在 200~2 000 r/min 之间,工件轴向振动频率可在 10~100 Hz 之间,振幅可在 0.5~5 mm 之间,根据工件大小和光整加工的要求而定。

小型零件的磁力系统可采用永磁材料,以节省电能消耗,大中型零件的磁力系统则用导磁性较好的软钢、低碳钢或硅钢片制成磁极、铁心回路,外加励磁线圈并通以直流电,即成为电磁铁。

磁性磨料是将铁粉或铁合金(如硼铁、锰铁或硅铁)的粉和氧化铝或碳化硅、碳化钨等磨料加入黏结剂搅拌均匀后加压烧结经粉碎而成的。同时也可将铁粉和磨料混合后用环氧树脂等黏结成块,然后粉碎、筛选成不同粒度。磨料在研磨过程中始终吸附在磁极间,很少流失,但研磨日久后磨粒会破碎变钝,且磨料中混有大量金属微屑变脏而需更换。

至于磁性磨料电解研磨,则还应有电解加工用的低压直流电源和相应的电解液及泵、箱等循环浇注系统。

9.5.3　实际应用

磁性磨料研磨和其电解研磨适用于导磁材料的表面光整加工、棱边倒角和去毛刺等。磁性磨料研磨既可用于加工外圆表面,也可用于加工平面或内孔表面,甚至齿轮齿面、螺纹和钻头等复杂表面的抛光,如图 9.20 所示。

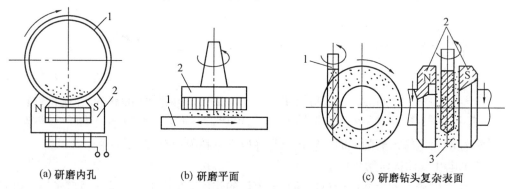

(a) 研磨内孔　　　　　(b) 研磨平面　　　　　(c) 研磨钻头复杂表面

图 9.20　磁性磨料研磨应用实例示意图

1—工件毛坯;2—磁极;3—磁性磨料

9.6　铝合金微弧氧化表面陶瓷化处理技术

微弧氧化表面处理是基于电火花(短电弧)放电和电化学、化学等综合作用使铝及铝合金表面生长、形成一层很薄的多功能的陶瓷膜,这是近年来国内外竞相研究的一项已实用化的表面处理新技术。

铝(还有镁和钛)及其合金因其质量小而被广泛应用于航天、航空和其他民用工业中。但其缺点是表面硬度低、不耐磨损。哈尔滨工业大学所属的黑龙江中俄科技合作及产业化中心在三年前引进俄罗斯先进技术的基础上,掌握了在铝及铝合金等表面上用电火花微弧放电氧化原理,使之在表面生成三氧化二铝(Al_2O_3)为主的陶瓷薄层的现代先进技术,并开发出系列化的微弧氧化脉冲电源产品。北京师范大学、西安理工大学等也进行了这方面的研究,并也有商品化的脉冲电源产品。

为了提高铝及铝合金的耐磨、耐腐蚀性能,早在数十年前就产生了铝表面阳极氧化工艺,它是在特定的电解液中将铝接低电压直流电源的阳极,在电化学的作用下,铝表面生成一层多孔、高电阻率的氧化层薄膜,经过后继处理,可以提高铝及铝合金的表面硬度和耐磨性,有的还可进行着色等处理,已广泛用于铝制品等工业部门中。

本书中所述的铝合金微弧氧化表面处理技术,不同于上述铝阳极表面氧化技术,所形成的陶瓷膜也远比阳极氧化膜具有更多的功能和更好的性能。根据工件材料成分、工作液成分、脉冲电源波形和工艺参数的不同,微弧氧化后的表面陶瓷层具有不同的多种功能和应用范围。

9.6.1 微弧氧化后形成表面陶瓷层的功能和用途

1.高硬度、抗磨表层

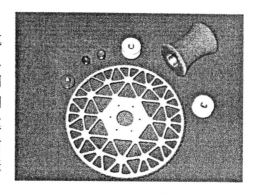

微弧氧化后生成的陶瓷薄层的硬度和抗磨性可高于淬火钢、硬质合金,因此,在航天、航空或要求质量小而耐磨的产品中,可以用铝合金代替钢材制作气动、液压伺服阀的阀套、阀芯和气缸、液压缸。可在纺织机械高速运动的纱锭部件铝合金表面微弧氧化生成耐磨的陶瓷层。图 9.21 为纺织机械铝合金表面微弧氧化后形成表面陶瓷层的耐磨零件。

图 9.21　纺织机械中微弧氧化后的耐磨零件

2.减磨表面

由于微弧氧化后可以使之成为含有微孔隙的陶瓷表层,在使用传统润滑剂时摩擦系数可降低为 0.12 ~ 0.06。如果在微孔隙中填充以二硫化钼或聚四氟乙烯等固体润滑剂,则更有独特的减摩擦、磨损效果,可用于汽车、摩托车活塞或其他需低摩擦系数的场合。

3.耐腐蚀表面

能耐酸、碱、海水、盐雾等的腐蚀,可用作化工、船舶、潜水艇、深水器械等设备的防腐保护层。

4.电绝缘层

电阻率可达 $10^6 \sim 10^{10} \; \Omega \cdot cm$。很薄的陶瓷表层,其绝缘强度可达几十兆欧以上,可耐高压 100 ~ 1 000 V。适用于内部要良好导电及外部要良好绝缘性能的精密、微小的特殊机构。

5. 热稳定、绝热、隔热表层

由于表面覆盖有耐高温的陶瓷层,所以铝合金在短时间内可耐受 800～900℃,甚至 2 000℃的高温,可以提高铝、镁、钛等合金部件的工作温度。可用于火箭、火炮等需瞬时耐高温的零件。

6. 光吸收与光反射表层

做成不同性能、不同颜色的陶瓷层,例如,黑色或白色,可吸收或反射光能大于 80%,或用于太阳能吸热器或电子元件的散热片。铝、镁、钛及其合金做成彩色的陶瓷表层,可以作为手机外壳等高级装饰材料。

7. 催化活性表层

使之生成在内燃机活塞顶部,可把 CO 催化氧化成 CO_2,可减少沉积炭黑和 CO 的排放量。

8. 抑制生物、细菌表层

微弧氧化时在陶瓷层中加入磷等某些化学物质,可以抑制某些生物生长,可用于防止在海水中船舶表面生长附着海藻、海蛎子等生物,或抑制电冰箱内壁生长细菌。

9. 亲生物层

陶瓷表层加入钙等对生物亲和、活化的物质,可使植入体内钛合金的假肢表面易于附着生长骨骼、微细血管和神经细胞的生物组织。

由此可见,在铝、钛等合金表面的微弧氧化生成陶瓷层的技术,有很大的应用及发展前途。

下面主要以铝合金表面微弧氧化生成高硬度、耐磨损的陶瓷层为例,论述微弧氧化表面处理技术的工艺和原理,并探讨其电极间反应等机理。

9.6.2 微弧氧化表面处理技术的工艺特点

微弧氧化表面生成陶瓷层的基本原理是利用 400～500 V 高压电源产生电火花在铝合金表面微弧放电,使铝和工作液中的氧在瞬时高温下发生电、物理、化学反应,生成三氧化二铝(Al_2O_3)的陶瓷薄层,牢固地生长附着在原铝合金的表面上。

经过微弧氧化处理形成的 Al_2O_3 层的厚度可达 1～200 μm,甚至更厚。其基本性能和陶瓷(刚玉)类似,具有很高的硬度(显微硬度为 1 000～1 500 HV)、耐磨性及耐高温性能,还具有很高的绝缘电阻和耐酸碱腐蚀性能等。此陶瓷层由内向外可以分为过渡层、致密层和疏松层。靠近铝合金基体的是过渡层,它和基体紧密牢固结合。其上是致密层,其主要结构组织是硬度较高耐磨的 α 相 Al_2O_3($\alpha - Al_2O_3$),内有少量的 γ 相 Al_2O_3($\gamma - Al_2O_3$),越向表层,$\gamma - Al_2O_3$ 质量分数越大,而且含有大量的小气孔,组织粗糙疏松、脆而硬度低,但摩擦时可以含润滑油。以厚 150 μm 的陶瓷层为例,原始表面以下约 75 μm 为致密层;而原始表面以上约 75 μm 为疏松层,而且越靠近表面越疏松,气孔率越高,如图 9.22 所示。

图中疏松层和致密层的交界面与铝合金的原始表面大致等高,这一特点对需后续磨削、研磨加工有尺寸要求的零件是很重要的。当然疏松层和致密层并不是突变而是逐渐过渡的。所含主要物质 α - Al_2O_3 和 γ - Al_2O_3 的比例取决于工艺条件,它影响陶瓷膜的各种性能。

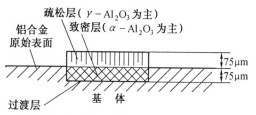

图 9.22 生成的陶瓷层与铝合金原始表面的相对位置示意图

9.6.3 微弧氧化工艺及设备的原理

图 9.23 是微弧氧化工艺和设备的原理简图。图中需微弧氧化的铝合金工件接脉冲电源正极,不锈钢槽接电源负极,工作液常用氢氧化钾(KOH)添加硅酸钠(Na_2SiO_2)或偏铝酸钠($NaAlO_2$)等溶液。加工中用压缩空气管吹气搅拌。

加工开始时,在 10~50 V 直流低电压和工作液的作用下,正极铝合金表面产生有一定电阻率的阳极氧化薄膜,随着此氧化膜的增厚,为保持一定的电流密度,直流脉冲电源的电压相应不断地提高,直至

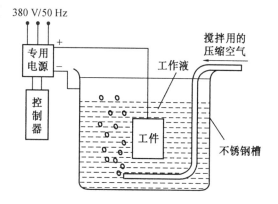

图 9.23 微弧氧化工艺和设备的原理简图

升高 300 V 以上,此时氧化膜已成为电阻率更高的绝缘膜。当电压提高 400 V 左右时,铝合金表面产生的绝缘膜被击穿形成微电弧(电火花)放电,可以看到表面上有很多红白色的细小火花亮点,此起彼伏、连续、交替、转移放电。当电压升高到 500 V 或更高时,微电弧火花放电的亮点成为蓝白色,更大更粗,而且伴有连续的噼啪放电声。此时微电弧火花放电通道 3 000 ℃ 以上的高温将铝合金表面中熔融 Al 原子与工作液中的氧原子,以及电解时阳极上的正铝离子(Al^{3+})与工作液中的负氧离子(O^{2-})发生电、物理、化学反应结合成 Al_2O_3 陶瓷层。实际上这些过程是非常复杂的,人们还处在不断研究和深化认识过程中。

最简单的直流脉冲电源是将 380 V、50 Hz 的交流电源经变压器变压、升压至 0~600 V 可调节的交流电,再经半波或全波整流成每秒 50 次或 100 次的正弦波。

为了获得较厚和较硬的陶瓷层,应采用矩形波(方波)输出的单向脉冲电源。最好采用交变的正负矩形波脉冲电源。

9.6.4 微弧氧化过程的机理——电极间反应的探讨

微弧氧化的微观过程是极为复杂的,现以工作液成分为氢氧化钾(KOH)添加硅酸钠(Na_2SiO_3)或偏铝酸钠($NaAlO_2$)为例进行探讨。

微弧氧化的电物理化学反应可分为工作液中的反应、铝合金表面(阳极)反应和不锈钢槽表面(阴极)反应三个方面,而且是常温的及高温的化学和电化学反应交织在一起。可能发生的化学反应如下:

工作液中　　$H_2O \longrightarrow H^+ + (OH)^-$　　水离解为氢离子和氢氧根离子

$Na_2SiO_3 \longrightarrow 2Na^+ + SiO_3^{2-}$　　硅酸钠分子电离

$NaAlO_2 \longrightarrow Na^+ + AlO_2^-$　　偏铝酸钠分子电离

阴极反应　　$2H^+ + 2e^- \longrightarrow H_2\uparrow$　　2个氢离子得到2个电子在阴极表面成为氢气析出

阳极反应　　$4(OH)^- - 4e^- \longrightarrow 2H_2O + O_2\uparrow$　　4个氢氧根失去4个电子成为2个水分子并放出氧气

$Al - 3e \longrightarrow Al^{3+}$　　每个铝原子失去三个电子成为铝正离子阳极溶解进入工作液

$Al^{3+} + 3OH^- \longrightarrow Al(OH)_3$　　常温下铝正离子与氢氧根结合成为氢氧化铝

$2Al(OH)_3 \longrightarrow Al_2O_3 + 3H_2O$　　高温下氢氧化铝脱水成为三氧化二铝

$2SiO_3^{2-} - 4e^- \longrightarrow 2SiO_2 + O_2\uparrow$　　2个硅酸根失去4个电子电解生成氧气

$4AlO_2^{2-} - 8e^- \longrightarrow 2Al_2O_3 + O_2\uparrow$　　4个偏铝酸根失去8个电子电解生成氧气

$4Al + 3O_2 \longrightarrow 2Al_2O_3$　　铝原子氧化成为三氧化二铝

$2Al^{3+} + 3O^{2-} \longrightarrow Al_2O_3$　　铝正离子和氧负离子电化学反应成为三氧化二铝

$\gamma - Al_2O_3 \longrightarrow \alpha - Al_2O_3$　　在微弧的高温下,硬度较低的 γ 相三氧化二铝转化为硬度较高而致密的 α 相三氧化二铝

9.6.5　微弧氧化技术在铝、镁、钛等合金中的应用前景

铝合金由于比强度大、塑性好、成形性好,在现代工业技术中其用量之多、范围之广仅次于钢铁。但是其耐磨性、耐热性、耐蚀性较差,这些问题在航空、航天领域中及兵器制造中表现得更为突出。

采用微弧氧化技术在铝合金表面上原位生成陶瓷层,厚度可达 $100 \sim 300\ \mu m$,显微硬度可达 $1\,000 \sim 1\,500$ HV,膜层可以获得较淬火钢还高的耐磨性和较低的摩擦系数。用带有这种陶瓷层结构的铝合金部件做成的摩擦配合副,比钢的使用寿命能提高 10 倍以上,汽车、装甲车的发动机的气缸、活塞长期工作在高温和严重的黏结、摩擦条件下,使用寿命短;采用微弧氧化处理能提高发动机的寿命和效率,经微弧氧化的卫星铝合金高速轴,有很高的耐磨性。

微弧氧化形成的多孔陶瓷层有很好的耐热性能,有实验表明,$300\ \mu m$ 厚的耐热层在一个 0.1 MPa 压力下可短时承受 $3\,000$℃的高温。得到的耐热层与基体结合牢固,不会因骤冷骤热在基体与覆层之间产生裂纹,这项技术可用于运载火箭、卫星自控发动机上。在大量使用轻合金的国防工业及航空、航天部门中,具有重要意义。

微弧氧化技术像 9.6.1 节中所述,还可以形成 9 种不同性能和用途的表面层,从而进一步扩大应用范围。

此外,镁合金比铝合金更轻和有更好的性能,由于我国镁的储量远大于铝,今后镁合金零件的成本可和铝合金持平,将逐步以大量的镁代替铝,所以镁合金表面的微弧氧化技术也将会大量应用。同样,钛合金表面的微弧氧化技术在航天、航空及高档装饰业中也将获得特殊应用。

思考题与习题

9.1 试列表归纳、比较本章中各种特种加工方法的优缺点和适用范围。

9.2 如何能提高化学蚀刻加工和光化学腐蚀加工的精密度(分辨率)?

9.3 从滴水穿石到水射流切割工艺的实用化,对你有何启迪? 要具体逐步解决什么技术关键问题?

9.4 在人们日常工作和生活中,有哪些物品(包括工艺美术品等)是用本书所述的特种加工方法制造的?

第10章

特殊、复杂、典型难加工零件的特种加工技术

在航天、航空、国防和民用工业中有许多特殊、复杂典型的难加工零件,有些已在电火花、线切割、电化学、激光等单一工艺的章节中讲述过,有些则更具有特殊性,往往既可用电火花,又可用电化学或激光加工,甚至须既用电火花,又用电化学等多种特种工艺综合加工。

10.1 航天、航空工业中小深孔、斜孔、群孔零件的特种加工

10.1.1 航天、航空发动机典型多孔、小孔、斜孔零件实例

(1)航空喷气发动机中火焰筒安装边零件

如图10.1所示,火焰筒安装边是口字形扇形的边框,边框的截面为卜字形,沿整个扇形边框(两条直线、两条圆弧)上有整排的小斜孔,深径比达30以上。斜孔出口打穿时电极管内的高压工作液产生泄漏缺水,有一定的加工难度。

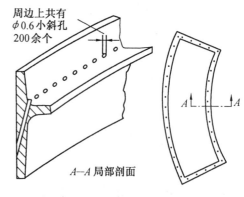

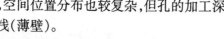

图10.1 火焰筒安装边示意图

(2)火焰筒

火焰筒零件上孔的数量很多,孔径大小不一,空间位置分布也较复杂,但孔的加工深度较浅(薄壁)。

(3)喷气发动机叶片

喷气发动机叶片有单联、双联和三联叶片,上有多个冷却小深孔、斜孔,直径为 $\phi 0.5 \sim 1.5$ mm。

(4)航空发动机环形件

航空发动机环形件上的孔一般按圆周均匀分布,但这些环形件大多是多层的,所需加工的孔分布在窄槽的底部,并带一定斜角,因此必须设计专用的导向器。此外,有的环形件上要求加工出腰形孔。

10.1.2 小深斜孔、群孔加工工艺及其机床设备

由于小、深、斜孔的数量多,因此必须采用第二章中小深孔高速电火花加工工艺

(图 2.39)。苏州电加工机床研究所为此研制了商品化的多轴(6~8 轴)数控电火花高速加工小孔机床,如图 10.2 所示,图 10.3 为其外形照片。

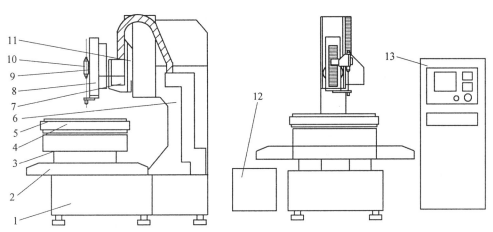

图 10.2　8 轴数控电火花高速小孔加工机床外形图

1—床身;2—XY 轴拖板;3—C 轴回转盘;4—工作液盘;5—工作台;6—立柱;7—B 轴回转盘;8—W 轴拖板;
9—S 轴滑块;10—旋转头;11—Z 轴拖板;12—高低压工作液系统;13—数控电源箱

(1) 机床的主要性能、用途

此类机床是为航空发动机制造业研制的专用设备,主要用于发动机中特殊材料工件空间位置复杂的深小孔加工(如火焰筒安装边、环件等零件),除加工圆孔外,还可加工腰形孔,有一定的通用性和柔性,加工效率高,费用低。

① 加工孔径范围一般为 $\phi 0.3 \sim 3$ mm;

② 深径比可达 300∶1 以上;

③ 加工速度一般可达 5~60 mm/min;

④ 不受材料硬度和韧性限制;

⑤ 该机可有 6~8 个坐标轴;

⑥ 控制系统采用 586 工控机;

⑦ 交流伺服驱动;

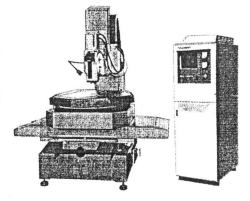

图 10.3　8 轴数控电火花高速小孔加工专用机床
外形照片

⑧ 加工中可自动修整电极,自动找加工零位,自动伺服进给,加工到位自动回退;

⑨ 带 14 英寸彩显,可显示坐标位置、加工状态、加工点位等信息。

(2) 机床的主要技术规格

① 工作台尺寸:850 mm×850 mm;

② 工作台 X、Y 轴向行程:630 mm×800 mm;

③ 主轴头拖板 Z 轴行程:300 mm;

④ 工作台 C 轴回转角度:0°~360°;

⑤ 主轴头 W 轴行程:200 mm;

⑥ 旋转头轴、管电极伺服进给 S 轴行程:300 mm;

⑦ 主轴头回转盘 B 轴回转角度: ± 90°;

⑧ 电极旋转头 R 轴转速:100 ~ 150 r/min;

⑨ 可装夹电极管的直径:$\phi 0.3 \sim 3$ mm;

⑩ 电极管导向器与工作台面最大距离:350 mm;

⑪ 工作台面高度:1 150 mm;

⑫ 最大输入功率:5 kW(380 V、50 Hz);

⑬ 工作液箱容量:200 L;

⑭ 工作液过滤方式:渗透;

⑮ 工作液最大压力:8 MPa;

⑯ 工作台最大承重:500 kg;

⑰ 机床外形尺寸:1 200 mm × 2 500 mm × 2 200 mm。

机床共有 8 个运动轴,即 X、Y、C、Z、W、B、S、R。其中,X、Y 轴为工作台水平向直线运动轴;C 轴为工作台在水平面上分度、回转运动轴;Z 轴为主轴头拖板上下运动轴,可根据工作的不同高度,调整主轴头与工件之间的距离;W 轴为上下直线运动轴,实现导向器与工件之间的高度位置的调整,为手动调整轴;B 轴为回转头摆动轴,实现主轴头、管电极加工不同角度的斜孔;S 轴为管电极的直线伺服进给运动轴;R 轴为管电极旋转轴,实现既要夹持管电极在旋转状态下伺服进给,又要向电极管中通入高压工作液及导入脉冲电源的电压和电流。

此类机床已在我国的一些骨干航空发动机制造企业成功应用,如沈阳黎明航空发动机公司、西安航空发动机公司、成都航空发动机公司、贵阳新艺叶片制造厂、西罗叶片制造公司等。加工对象有火焰筒、火焰筒安装边、火焰筒环件、各种单联和多联叶片等。其中有些公司承接加工美国 GE 公司、英国罗罗公司等世界一流知名企业的航空发动机零件,获得了显著的经济效益和社会效益。

10.2 排孔、小方孔筛网的特种加工

10.2.1 排孔、多孔的加工

对于一般的多孔电火花加工,只要增加相应的工具电极数量,把它们安装在同一个主轴上,就可以进行加工,实际上相当于改变了加工面积。与单孔相比,要获得同样的进给速度和较大的蚀除量,就得增加峰值电流,这样,孔壁的表面粗糙度就会下降。条件许可时,最好采用多回路脉冲电源,每一独立回路供给 1 ~ 5 个工具电极,总共有 3 ~ 4 个回路(参见图 2.16)。

有时需用电火花加工有成千上万个小网孔的不锈钢板筛网,这时可分排加工,每排 100 ~ 1 000 个工具电极(一般用黄铜丝作电极,虽然损耗大,但刚度和加工稳定性好),再进行分组、分割供电。加工完一排孔后,移动工作台再进行第二排孔的加工。由于工具电极丝较长,加工时离工件上表面 5 ~ 10 mm 处应有一多孔的导向板(导向板不宜过薄或过

厚,以 5 mm 左右为宜)。

　　某飞机发动机的不锈钢散热板厚 1.2 mm,其上共有 2 106 个 $\phi 0.3$ mm 的小圆孔,每小孔之间的中心距为 0.67 mm。

　　今采用多电极丝电极夹头(刷状丝电极夹头)(图 10.4),每组进行排孔加工,一排孔共 702 个,分成 6 组,每组 117 孔(图 10.4),每组用 RC 线路脉冲电源作为分割电极进行加工(共用 6 组 RC 线路脉冲电源),加工时电极丝下部必须有导向板。

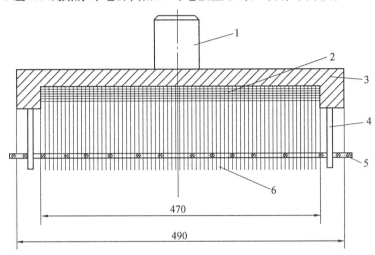

图 10.4　多电极丝电极夹头及导向器

1—电极夹柄;2—低熔点合金;3—电极托盘;4—导向销;5—有机玻璃导向板;6—钨丝电极 702 根

10.2.2　小方孔筛网的加工

　　有时需加工方形小孔的筛网或过滤网,此时工具电极可选用方形截面的纯铜或黄铜杆,其端部用线切割切成许多小深槽,再转过 90°重复切割一遍,就成为许多小的方电极,如图 10.5 所示。加工出一小块方孔滤网后,再移动工作台,继续加工其余网孔。要保证移动距离精确,并消除丝杠螺母间隙的影响,最好在数显或数控工作台上加工。

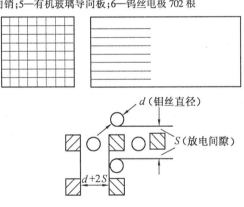

图 10.5　加工小方孔滤网用的工具电极

　　工具电极用钼丝线切割加工时,切出的缝宽比钼丝直径增大了 2 倍的单边放电间隙 S,在用小方形工具电极加工过滤网孔时,四边也各有一个放电间隙 S,留下的滤网肋条的宽度约等于钼丝的直径 d,见图 10.5 中的放大图形。

10.2.3　电解加工小孔

　　小于 1 mm 大于 0.2 mm 的小孔,也可以采用电解加工。

1.小深孔束流电解加工

小深孔束流电解加工是电解加工方法的变种之一,是美国一家公司研究的。电解液束流加工专门用于加工小深孔,加工孔是用玻璃毛细管或外表涂绝缘层的无缝钛合金钢管来进行的。作为电解液采用了稀释的硫酸。工作电压为 250~1 000 V。此方法(图 10.6)可以获得直径为 0.2~0.8 mm、深度可达直径 50 倍的小孔。这种方法与电蚀、激光、电子束加工的不同之处在于,加工的表面不会产生细微裂纹的热变层。

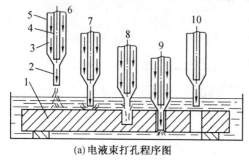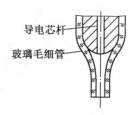

(a)电液束打孔程序图　　　　　　　　(b)内含导电芯杆的玻璃锥管示意图

图 10.6　电解液束流加工小深孔示意图

1—工件;2—毛细管;3—电解液;4—导电金属芯杆;5—玻璃管;6—检查有否电液束;

7—毛细管向工件进给规定距离(0.1~0.2 mm);8—加工孔;

9—加工终止;10—阴极退回原始位置

与叶片表面成 40°角、直径小于 0.8 mm 的冷却孔道也是用此方法加工的。作为阴极,采用了内含导电芯杆的玻璃弯管,见图 10.6(b)。

2.薄板上多个小孔的电解加工

在沸腾干燥器的制造中,要求在宽 1.6 m、长 3.2 m、厚 0.6 mm 的不锈钢板上钻直径为 0.6 mm 的孔 150 万个左右,要求加工出无毛刺、翻边、倒角、公差在 ±0.03 mm、内壁光滑的圆孔,可采用多个小针管内冲液电解加工的方法。但必须解决电极、电极绝缘、水保护、加工尾段工艺等几个关键性问题。

(1) 电极

根据工艺要求选用合适的电极是电解加工中的首要问题,加工孔径 D_1 是 0.6 mm,加工电极的直径 D_2 应为

$$D_2 \leqslant D_1 - 2H \leqslant 0.6 - 2 \times 0.06 = 0.48 \text{ mm}$$

式中　H——回流液单边间隙。

选用不锈钢医用 5 号注射针头,经实测外径在 0.40~0.42 mm 范围内,小于计算值,刚好可外涂绝缘层。内孔直径在 0.16~0.18 mm 范围内,可满足要求。

(2) 电极绝缘

电极的绝缘保护很重要,经实验用烧结珐琅绝缘电极加工出的孔,孔径为 0.58~0.62 mm,内壁平滑,无毛刺,手摸无孔感,只是电极细弱,机械强度不太好,加工中要避免电极受到机械力。

烧结珐琅是在 800~900℃ 的温度下采用多次分层烧结的办法。绝缘层厚度在 0.02 mm时要分三四次烧结,烧结温度不能骤增骤减,以防珐琅层炸裂剥落。烧结后绝缘

约 0.02 mm，绝缘等级在 500 kΩ 以上，加绝缘后电极最大外径为 0.45 mm，而且珐琅层比较坚固，化学性能稳定，电极不弯曲，珐琅层不易剥落。

（3）水保护

为控制散蚀半径和孔边倒角，经研究需加水保护腔，加工头结构如图 10.7 所示。在水保护下，腔底钻直径 1 mm 的孔，电极从孔中穿出。电解液压力为 39.2～98 kPa 时，浓度在质量分数为 25%～30% 时，保护水的压力为 9.8 kPa。保护水是顺着电极轴向流下，使电解液在加工区内有加工所需浓度和压力，而在加工区外则使电解液压力和浓度迅速降到钝化区工作范围内，这就有效地保证了孔的质量。

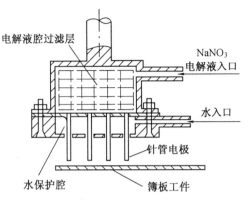

图 10.7　薄板上电解加工多个小孔

（4）加工尾段的处理

加工通孔较不通孔有它的特殊性，即当孔已穿透，但远小于图样要求的孔径时，电解液就已从透孔外流而无回流液，此时加工作用已自动停止了，如再进给就会造成短路而使加工失败。为解决这一问题分别采用以下三种方法：

① 在加工板的背面加密封水腔，此法效果较好，但较复杂和繁琐；

② 在加工板的背面垫橡皮膜，但因电极较细弱，此办法对电极安全不利；

③ 在加工板的背面涂以质量分数为 6% 的涂料绝缘膜，效果很好，且很方便。涂料膜能很好地阻挡电解液外流，而电极又很容易通过。

（5）基本参数

经多次实验得到下面一组理想参数。

电解质：NaNO$_3$，质量分数 25%，电解液压力 54 kPa，保护水压力 9.8 kPa；电源：脉动直流，电压 15.5 V，电流密度 5 A/mm^2。

孔的质量较高，内壁平滑，倒角极小，手感好，孔径为 0.58～0.62 mm，符合 ±0.03 mm 的公差。单孔加工时间为 35 s，一组孔加工时间为 1 min，加工时间和进给量很稳定。

10.3　薄壁、弹性、低刚度零件的特种加工

10.3.1　蜂窝结构、薄壁低刚度工件的电火花磨削

航空发动机广泛使用的密封件——蜂窝结构环是典型的薄壁低刚度工件。正六边形蜂窝的壁厚只有 0.05～0.06 mm（图 10.8(a)），自身刚度极差，其材质多为耐热合金。采用常规机械加工（车削或磨削）时，在切削力作用下，大部分材料无法自基体切除而倒向一边，将蜂窝孔堵塞，不能满足使用要求。而电火花磨削时，电极与工件间作用力很小，不致引起低刚度工件的机械变形，而且蜂窝结构类型工件的蚀除余量很小，采用电火花磨削的

加工效率还是较高的。实践证明,采用电火花磨削加工工艺,对蜂窝结构的成形效果很好,其加工效率高于机械磨削。

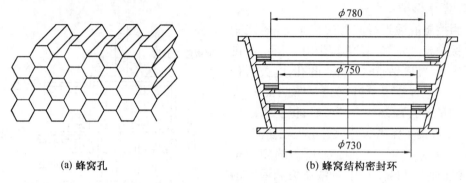

(a) 蜂窝孔　　　　　　(b) 蜂窝结构密封环

图 10.8　蜂窝结构及蜂窝密封环结构示意图

图 10.8(b)为航空发动机压气机机匣蜂窝密封环结构示意图。压气机有三层叶片,机匣对应部位钎焊有三级蜂窝密封环($\phi780$ mm、$\phi750$ mm、$\phi730$ mm),蜂窝环单边的加工余量 2~5 mm。

(1) 工具电极制备

为提高加工速度,增加同时放电面积,工具电极包角 θ 通常大于 30°,见图 10.9。

(2) 工作液供给方式

为了防止加工时喷溅的油雾被电火花引燃,通常不采用向放电部位喷液的供液方式,而是采用浸没式加工,放电部位浸没深度不得少于 50 mm,以防引起火灾。

(3) 粗加工

由于蜂窝密封环是由一块块蜂窝钎焊而成,各块在径向的位置相差较多,加工余量大多为 2~5 mm(单边)。为了提高加工速度,粗加工时常采用工件不旋转的分段加工法,即根据工具电极的弧长 l(或夹角 θ),分为

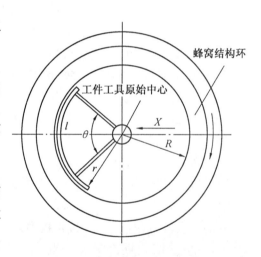

图 10.9　蜂窝结构环加工示意图

$2\pi r/l$(或 $360°/\theta$)段(图 10.9),每段相邻处重合 2~5 mm,防止接缝处产生飞边,影响精加工的顺利进行。每段均进给至同一坐标处(例如为 X_c)。由于加工蚀除的金属体积很小,所以电极的损耗可忽略不计。X_c 根据最终尺寸的 X 轴坐标 X_z 及精加工余量 Δ_j 确定,即

$$X_c = X_z - \Delta_j$$

(4) 精加工

精加工前,应先清除工具电极上的碳屑等附着物,再缓慢地使工具电极与工件表面接触,记下 X 轴的坐标值 X_1,然后在工件圆环内均匀地测 5 或 6 个点,分别记下接触点的 X_1,依最小的 X 坐标值确定精加工的起始进给位置。各点的 X 坐标值通常相差 0.04~0.06 mm,这个差值主要是因工具电极的圆弧半径 r 与工件半径 R 不同而产生,其次,工具

电极损耗也是差值产生的原因之一。精加工余量的大小,主要从以下几个因素综合考虑:

　　① 加工部位的尺寸精度公差及表面粗糙度要求;

　　② 加工部位的形状公差要求;

　　③ 工具电极圆弧半径 r 与工件半径 R 差值及两者圆心 Y 坐标差值的大小;

　　④ 分段加工段数的多少;

　　⑤ 操作者技术的熟练程度及设备加工的稳定性。

　　如果工件的尺寸精度及加工表面粗糙度要求高,则加工余量应适当加大,通常单侧余量不宜大于 0.20 mm;若要求不高(如公差大于 0.10 mm,$Ra \geqslant 6.3\ \mu m$),为提高加工效率,精加工余量可为 0.10 mm。

　　当加工部位的形状公差要求较高(如不圆度 $\leqslant 0.03 \sim 0.04$ mm)时,应增加精加工余量 $0.05 \sim 0.10$ mm,以免超差;要求不高时,此项可不考虑。

　　若工具电极圆弧半径 r 比 R 小 25 mm 以上时,粗加工后的工件类似多棱圆,故精加工时应放大加工余量 $0.10 \sim 0.15$ mm;如 r 与 R 之差小于 $5 \sim 10$ mm,则可不考虑此因素。

　　分段加工的段数越少,精加工的余量就越大。

10.3.2　弹性、低刚度细长杆的电火花磨削

　　航空、航天、航海等伺服阀中有一弹性、低刚度细长的反馈杆,图 10.10 为某航天型号中反馈杆的外形及主要技术要求。

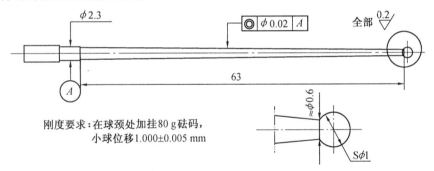

图 10.10　某型号反馈杆的主要技术要求

　　由于细长杆刚度很低,其加工精度、技术要求又很高,用车削、磨削加工会引起弯曲弹性变形,采用不接触、无切削力的电火花精密磨削,可避免上述缺点。电火花磨削细长杆可在专用精密电火花磨床上进行,也可在改装的高速走丝数控线切割机床上进行,图10.11为电火花磨削加工试验系统。为了提高加工效率,采用宽刃块状工具电极。

　　如为单件、小批生产,加工时可采用"径向进给",即宽刃块状电极在水平面沿垂直于工件轴心线的方向进给。如为中批、大批生产,则最好采用更优越的"切向进给"法。

　　切向进给法的基本原理如图 10.12 所示,该图是垂直于工件轴线的剖面图。图中是以水平放置的工具电极的上表面作为主要工作表面——加工的尺寸控制表面。R_S、R_E 分别为工件加工起始和加工结束时的半径,δ 为放电间隙,加工前应调整电极上表面与工件轴线之间的距离(简称为面轴间距)h_0,令 $h_0 = R_E + \delta$,即使其上表面与半径为 h_0 的工

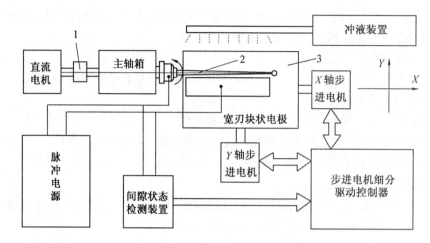

图 10.11　电火花磨削加工试验系统
1—磁联轴器;2—工件;3—工作台

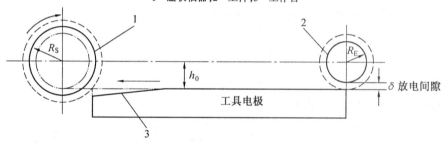

图 10.12　切向进给法基本原理图
1—加工起始位置(S);2—加工结束时相对于工具电极的位置(E);3—损耗后的表面

件假想回转圆相切,工具沿着切线方向(水平方向)伺服进给,进行放电加工。图 10.13 为块状电极切向进给电火花磨削的立体示意图。

值得注意的是,切向进给法加工尺寸及精度的控制方式与径向进给法截然不同,如图 10.14 所示。径向进给法的电极工作表面是前端面,通过控制电极前端面进给的位置或距离来控制工件的尺寸。其尺寸精度受前端面损耗的影响,加工过程中往往需要多次中断加工,进行尺寸测量。而切向进给法的电极工作表面为上表面,可使工具电极进给一个足够长的距离(图中为最简单的精度控

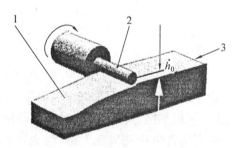

图 10.13　电火花磨削切向进给法
1—块状电极;2—轴类零件;3—切向进给

制方式,可使工具电极的全长都通过加工区),工件才退出加工。加工中,电极上表面是由前向后逐渐损耗,切向的伺服进给自动补偿电极的损耗。由于电极损耗的深度由前向后逐渐变小,因此工件是从无损耗或损耗很小的电极上表面退出加工,可以认为工件加工后的半径尺寸 $R_E = h_0 - \delta$(见图 10.13)。加工前,调整好电极的位置(保证面轴间距 $h_0 = R_E + \delta$),可以加工多个工件,而加工过程中不必中断和测量。

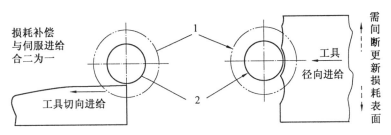

图 10.14　切向进给与径向进给的对比
1—加工前直径;2—加工后直径

10.4　微细表面、零件的电火花加工

随着微型机械的发展和微细电火花技术的逐步成熟,微细电火花加工技术的应用也受到越来越广泛的重视。据统计,微细电火花加工在电火花加工中所占的比重正逐年增加。

10.4.1　微轴和微孔电火花加工

光学系统中的光阑、喷墨打印机喷孔都需直径 $10 \sim 50~\mu m$ 的小孔。加工小孔的关键是要有直径小的工具电极,即微小轴,而且要安装得与待加工孔的工件表面非常垂直。

1.微小轴(工具电极)的制作

实现微细孔电火花放电加工的首要条件之一是微小工具电极的在线制作和安装。与金属丝矫直、毛细管拉拔或金属块反拷等方法相比,采用精密旋转主轴头与线电极放电磨削相结合制作微小轴(工具电极)的方法,更容易得到更小尺寸的电极轴,且容易保证较高的尺寸和形状精度。

上述微小轴(工具电极)的加工原理如图 10.15 所示,图 10.15(a)是用块状电极电火花反拷磨削法,图 10.15(b)、(c)轴的成形是通过线电极丝和被加工轴间的放电加工来实现的。线电极磨削时电极丝缓慢沿走丝导块上导槽面滑移,被加工轴随主轴头旋转及作轴向进给。

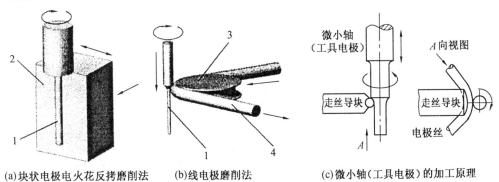

(a)块状电极电火花反拷磨削法　　(b)线电极磨削法　　(c)微小轴(工具电极)的加工原理

图 10.15　用于微细加工的电火花磨削法
1—微细轴;2—块状电极;3—固定导向器;4—线电极

在加工过程中,被加工轴随主轴旋转,在保证轴加工圆度的同时,避免了集中放电或短路,使放电加工连续正常进行。线电极磨削丝沿导槽面的移动,补偿了自身的放电损耗,确保被加工轴的尺寸精度。而若使主轴不旋转,仅利用线电极磨削丝沿导槽面相对被加工轴的移动,亦可实现非圆截面的加工。

值得注意的是,采用旋转主轴头与线电极放电磨削走丝机构相结合制作微小轴(工具电极)的方法时,旋转主轴的径向圆跳动、线电极磨削丝的直径均匀度及走丝平稳性都直接影响轴的加工精度和可能达到的极限尺寸。

2. 高深径比微小孔的加工

利用微小轴作为工具电极,轴向进给直接加工微小孔时,很难达到稳定的加工状态,因此加工效率极低。使工具电极随主轴旋转,利用微小圆轴($\phi \leqslant 0.1$ mm)进行微小圆孔的加工一般可顺利达到 0.4 mm 左右的深度。但当孔深达到 0.5 mm 以上时,由于排屑不畅,加工状态趋于不稳定,加工效率急剧下降,甚至加工无法继续进行。加工微小孔时利用工作液循环强制排屑很难奏效,切屑只能依靠放电时产生的微爆炸力和小气泡自动带出。工具电极的旋转虽然有助于排屑和提高加工稳定性,但由于侧向放电间隙较小,使得能够加工的孔深毕竟有限。

为实现高深径比微小孔的高效率加工,可采取削边电极的方法。如图 10.16 所示,利用线电极放电磨削机构将电极轴两边对等削去一部分。实际单侧削去部分为轴径的 1/5 ~ 1/4,这样既不过分削弱轴的刚度和端面放电面积,又造成足够的排屑空

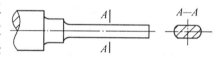

图 10.16 削边电极示意图

间。用这种削边电极加工微小孔时,电极随主轴旋转,排屑效果显著改善,在加工深径比达 10 以上的微小孔时,能够保持稳定的加工状态和较高的进给速度。用煤油作为工作液在不锈钢材料上贯穿 1 mm 深的微小孔所用加工时间为 3 ~ 4 min。

南京航空航天大学、哈尔滨工业大学、清华大学等对电火花微细精密加工都进行了较深入的研究。

微细电火花加工的极限能力一直是微细电火花研究工作者追求的目标之一,图 10.17 (a)、(b)是日本东京大学增泽隆久加工出的 $\phi 5 \mu m$ 微细孔和 $\phi 2.5 \mu m$ 微细轴,代表了当前这一领域的世界前沿水平,图 10.17(c)为微细电火花加工出的光纤连接器小孔矩阵,图 10.17(d)为 $\phi 11 \mu m$ 长微细轴。

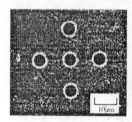

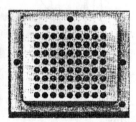
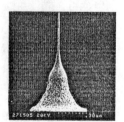

(a)$\phi 5 \mu m$ 微细孔 (b)$\phi 2.5 \mu m$ 微细轴 (c)微细电火花加工出的光纤连接器小孔矩阵 (d)$\phi 11 \mu m$ 长微细轴（钨材料）

图 10.17 电火花加工的微小孔和微细轴

3.微细电火花加工机床

为了提高机床的回转精度,早期的微细电火花加工机床采用了卧式水平主轴,用弹性压紧支撑在 V 形块上,用高分辨率(细分)步进电动机进给驱动,如图 10.18(a)所示。为了进一步提高进给精度,又采用压电陶瓷微进给机构作为 0.01～1 μm 级的微进给,步进电动机作为"宏进给"(大于 1 μm 级),如图 10.18(b)所示。近来的微细电火花加工机床则常采用立式主轴结构,图 10.19 所示为 X、Y、Z、C 四轴数控机床。

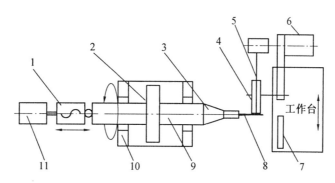

(a) 横轴布局微细电火花机床结构俯视示意图

1—丝杠与螺母;2—皮带轮;3—微型夹头;4—导向器;5—线电极;6—走丝电动机;7—工件;
8—工具电极;9—主轴;10—V 形导轨;11—伺服电动机

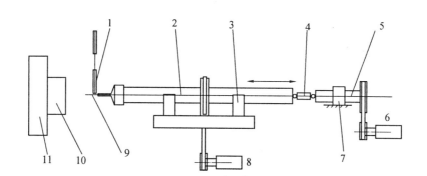

(b) 具有压电陶瓷微进给机构微细电火花机床侧向示意图

1—电极反拷系统;2—主轴;3—V 形导轨;4—压电陶瓷;5—精密丝杠;6—步进电动机;
7—螺母;8—直流电动机;9—工具电极;10—工件;11—工作台

图 10.18　微细电火花加工机床示意图

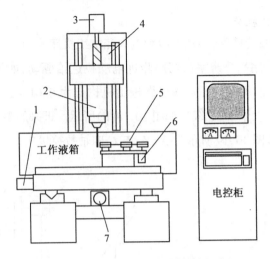

图 10.19 X、Y、Z、C 四轴数控机床
1—X 轴电动机;2—主轴;3—Z 轴电动机;4—C 轴电动机;
5—线电极磨削机构;6—走丝电动机;7—Y 轴电动机

10.4.2 窄槽(人工裂纹)、异形微细孔二维表面的电火花加工

窄槽常用作断裂力学中的人工裂纹源,用以研究金属材料中的微裂纹在长期交变负荷、振动时,裂纹扩展、突然断裂的过程。由于人工裂纹窄槽的宽度和深度都在微米级,因此常用电火花微细加工的方法来制造。

图 10.20 是用电火花加工的长 250 μm、宽 30 μm、深 150 μm 的微缝作为人工微裂纹源。加工的关键是:

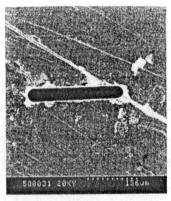

图 10.20 30 μm × 250 μm 的微缝(碳钢)

① 先在精密电火花机床主轴上用反拷法制造薄片状的工具电极(常用 RC 线路脉冲电源);

② 必须在线、在位加工窄缝,以保证工具电极和工件表面垂直。

③ 反拷和加工时必须掌握和控制精微电火花加工时的单边(或双边)侧面放电间隙,以保证人工裂纹源的尺寸公差。

图 10.21 是电火花加工的微三角孔和四方孔。加工的关键也是在线制作三角和四方形的工具电极。图 10.22 是电火花加工的微细硅模具和微细铜电极。

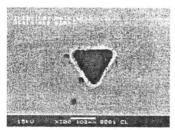
(a)微三角孔(150 μm×150 μm)

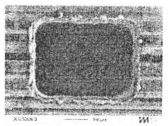
(b)微方形孔(25 μm×38 μm)

图 10.21 电火花加工的微三角孔和四方孔

(a)硅模具

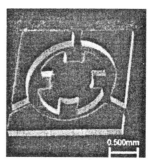
(b)铜电极

图 10.22 微细硅模具和微细铜电极

10.4.3 三维立体表面和零件的电火花微细加工

图 10.23 为电火花微细加工的型腔中的 1/8 球瓣,是用多轴数控电火花铣削加工出来的,图 10.24 为微细电火花加工的微细零件。图 10.24(a)需采用 X、Y、Z、A、B、C 六轴数控电火花铣削加工,图 10.24(b)为先用微细电火花线切割加工出微细工具电极,再用电火花穿孔成形加工出微电机定子和转子,图中用硬币对比微步进电机的大小。

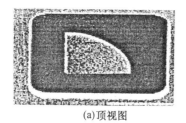
(a)顶视图

(b)侧视图

图 10.23 型腔中的 1/8 球瓣

(a)钢制微推进器 1 mm　　　　　(b)微细电火花技术制造的微步进电机

图 10.24　微细电火花加工的微细零件

10.5　超短脉冲微细电化学加工

电化学加工以其加工效率高、工具无损耗、加工表面无变质层和无应力加工等优点而在航空航天发动机零件等加工领域中得到极为广泛的应用。但同时由于该方法存在杂散腐蚀、加工间隙不易精确控制、加工精度较差等缺点,限制了其在微细加工领域中的发展。近年来,随着高频、窄脉冲电源等相关技术在电化学加工中的应用,使得电化学加工在复制精度、重复精度、表面质量、加工效率、加工过程稳定性方面有很大的提高。

众所周知,任何一种加工方法实现微细加工的条件是其加工(去除或沉积)单位尽可能小。而电化学加工过程是一种基于在溶液中通电,使离子从一个电极移向另一个电极,将材料去除或沉积的方法,是一种典型的"离子"方式去除(或生长)工艺。只要精细控制电流密度和电化学发生区域范围,就能实现微细电化学溶解或微细电化学沉积,达到微细加工的目的。电解加工"离子"去除机理上的优势已在常规电解加工中有所表现,如表面无变质层、无残余应力、粗糙度小、无裂纹、不受加工材料硬度限制等。

在微细电化学加工的研究与应用领域,国外学者利用持续时间以纳秒级的超短脉冲电压进行电化学微细加工,可成功加工出微米级尺寸的微细零件,其加工精度可达几百纳米。高频窄脉冲电流加工为电化学加工在微细加工领域的应用提供了一个新的技术途径。这种加工方法无须加掩膜,通过控制具有一定形状的微细电极,可进行三维结构微细加工。

在超微电极和纳秒级脉冲电源作用下进行无掩膜三维微细零件的电化学微米尺寸加工是电化学微细加工的重要发展方向之一。图 10.25(a)是使用直径为 10 μm 的 Pt 圆柱电极在 0.1 mol·L^{-1} $CuSO_4$ 和 0.01 mol·L^{-1} $HClO_4$ 的混和溶液中、在铜基体上加工的三维结构;图 10.25(b)是用直径为 50 μm 的 Pt 圆柱电极在 1%HF 的溶液中、在 Si 基体上加工的试件;图 10.25(c)是用 W 电极在 Ni 板上、在 0.2 mol·L^{-1} HCl 溶液中加工出的 5 μm 深微螺旋结构,所加工的螺旋结构表面光滑,侧面加工间隙只有 600 nm。

微、纳米尺度的圆柱电极可利用化学侵蚀或光学刻蚀的方法来获得。用超微电极和超短脉宽进行微细电化学加工是由电化学反应的基本性质决定的,在浸入电解液中的电极表面形成双电层。为发生电化学反应(如电解),需通过外加电压使超微电极的双电层在几纳秒内极化,充电时间常数很小,且与电极间隙距离成正比,即充电时间随电极间距

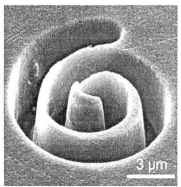

(a) 铜基体上的微三维结构　　　(b)Si 基体上加工的试件　　　(c) 不锈钢基板上的微螺旋结构

图 10.25　国外微细电化学加工实例

离的增大而增大。因此在极间双电层发生的电化学反应具有很强的距离敏感性,如何控制电极间距离是该方法的核心问题。在加工时微小电极与工件的距离通常不超过 1 μm,用 10 ns 脉宽的超短电压脉冲给双电层进行有效充电,由于电流脉冲只持续很短的时间,铜的溶解与沉积都只发生在非常靠近微细电极表面被极化的很小的区域内,双电层的空间约束控制电化学的形状精度与尺寸精度,加工精度极高。于是,工具电极可以垂直插入工件加工,移动圆柱电极就像一个小铣刀一样在工件上进行三维微细零件的加工。因为在加工过程中,Pt 圆柱电极不与铜基底相接触,不会产生力作用,所以不会破坏加工出的微细的结构。如果脉冲电压反转,用有形状的微细平底 Pt 电极可以在 Au 金属片上沉积相应形状铜斑点,可进行沉积加工。通过进一步减小脉宽,能获得更高的加工精度。图 10.26(a)是采用 ϕ2 μm 工具电极在不同的脉宽下、在 0.2 mol·L^{-1} HCl 溶液中、在镍金属表面上加工的沟槽。从 SEM 图中可以看出,随着脉宽的减小,加工精度越来越好。图 10.26(b)是采用扫描隧道显微镜的探针为工具电极加工的 1 μm 深的三角沟槽,用 0.5 ns 的脉冲宽度在一定的溶液浓度下,能获得几十纳米的加工精度。

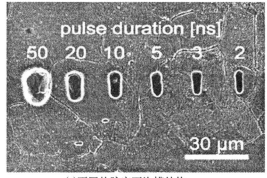
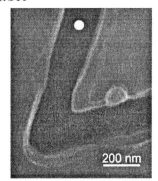

(a)不同的脉宽下沟槽结构　　　　(b)STM 探针加工的三角沟槽

图 10.26　不同脉宽下微细电解加工实验效果

　　南京航空航天大学、哈尔滨工业大学等也开展了此方向的研究工作,并取得了良好的加工效果。图 10.27 是哈尔滨工业大学在自制的微细多功能特种加工平台上进行的微细电化学铣削的部分实验结果。采用简单圆柱状微细电极作阴极,在微电流作用下,利用工具电极没有损耗的特点,使高速旋转的微细工具电极侧壁能够像小铣刀一样加工微细结构,能够获得较好的微细形状特征和较高的加工精度。由于采用高速旋转的简单圆柱状微细电极,在加工准备阶段避免了复杂微细电极的制造,而且在加工过程中能改善微小加工间隙中电解液的供给条件,使微细电解加工顺利进行。复杂微结构可在 UG 软件中按铣削加工方式自动编程,生成 G 代码加工程序,通过微细电解加工数控系统,实现微细工具电极 X、Y、Z 轴方向上的运动,能完成任意轨迹的加工。

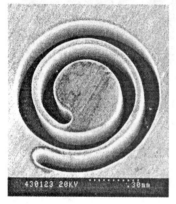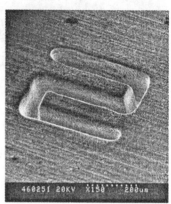

图 10.27　微细电化学铣削加工的部分样件

思考题与习题

10.1　在淬火钢上加工 $\phi2$ mm 深 10 mm 的小孔和 $\phi0.2$ mm 深 0.1 mm 的小孔分别选用什么机床、什么工具电极?

10.2　要在高强度耐热合金钢上加工一个长 1 mm、宽 (0.05 ± 0.01) mm、深 0.5 mm 的窄槽,如何决定加工所用工具电极的尺寸? 如何制造此工具电极?

10.3　电火花磨削精度、圆度很高的外圆时,对伺服进给系统有何要求? 如何防止"久磨不圆"或"越磨越扁"?

10.4　用块状电极电火花磨削精密圆柱表面时,试分析工具电极径向进给法和切向进给法各自的特点和适用范围。

第11章

精密、微细加工技术

11.1 产生精密、微细加工的社会需求

精密加工和微细加工有着密切的联系,微细加工属于精密加工范畴。一般认为微细加工主要指 1 mm 以下的微细尺寸零件,加工精度为 0.01~0.001 mm 的加工,即微细度为 0.1 mm 级(亚毫米级)的微细零件加工;而超微细加工主要指 1 μm 以下的超微细零件,加工精度为 0.1~0.01 μm 的加工,即微细度为 0.1 μm(亚微米级)的超微细零件加工。今后的发展是要进行微细度为 1 nm 以下的毫微米(纳米)级的超微细加工,下面暂统称为微细加工。

产生精密、微细加工的社会需求有:

1.精密机械仪器表零件的微细加工

科学技术的发展使设备不断趋于微型化,现代的钟表、计量仪器、医疗器械、液压、气压元件、陀螺仪、光学仪器、家用电器等都在力求缩小体积、减轻质量、降低功耗、提高稳定性。特别是航空航天和宇航工业对许多设备、装置提出了微型化的要求,因此出现了许多微小尺寸零件的加工。例如:微型电动机微型齿轮、微型轴、红宝石(微孔)轴承、微型探针、微型非球面透镜、微型压头、微型车刀、微型钻头等都需要用微细加工方法来制造,微细加工越来越受到广泛应用。

图 11.1 所示为放大了 600 倍的利用微细加工手段所制造的微型电动机,其轴径为 0.1 mm,利用静电回转,转速 1 200 r/min。图 11.2 为放大了 300 倍的微型齿轮,其外径为 125 μm。典型的微小机械有微型电动机、微型泵、各种微型传感器等,可用于测量血压、血液中的 pH 值等。

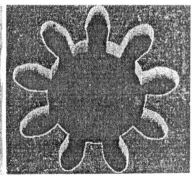

图 11.1　微型电动机　　　　　　　　图 11.2　微型齿轮

2.电子设备微型化和集成化

电子设备微型化和集成化的关键技术之一是微细加工。微细加工不仅包含了传统的机械加工方法,而且包含许多特种加工方法,如电子束、离子束、化学、光刻加工等;同时加工的概念不仅包含分离加工,而且包括增材加工和变形加工等。

3.集成电路的制作

集成电路是电子设备微型化和集成化中的重要元件,微细加工技术的出现和发展与计算机等芯片的集成电路制造需求有密切关系。

11.2　微细加工的特点

从广义的角度来说,微细加工包含了各种传统精密加工方法和与其完全不同的新方法,如电火花加工、电解加工、化学加工、超声波加工、微波加工、等离子体加工、外延生长、激光加工、电子束加工、离子束加工、光刻加工、电铸加工等。从狭义的角度来说,微细加工主要是指半导体集成电路制造技术,因为微细加工是在半导体集成电路制造技术的基础上形成并发展的,它们是大规模集成电路和计算机技术的技术基础,因此,其加工方法多偏重于集成电路制造中的一些工艺,如化学气相沉积、热氧化、光刻、离子束溅射、真空蒸镀及整体微细加工技术。

微细加工的特点有:

1.微细加工是一个多学科交叉的制造系统工程

微细加工与精密加工和超精密加工一样,已不再是一种孤立的加工方法和单纯的工艺过程,它涉及超微量分离、增材连接技术、高质量的材料、高稳定性和高净化的加工环境、高精度的计量测试技术及高可靠性的工况监控和质量控制等。

2.微细加工是一门多学科的综合高新技术

微细加工技术的涉及面极广,其加工方法包括分离、增材、变形三大类,遍及传统加工工艺和非传统加工工艺范围。

3.平面工艺是微细加工的工艺基础,但已向立体工艺发展

平面工艺是制作半导体基片、电子元件和电子线路及其连线、封装等一整套制造工艺技术,它主要围绕集成电路的制作,现正在发展立体工艺技术,如光刻 - 电铸 - 模铸复合成形技术(LIGA)等。

4.微细加工与自动化技术联系紧密

为保证加工质量及其稳定性,必须采用自动化技术进行加工,很难人工操作及干预。

5.微细加工应与检测一体化

微细加工的检验、测试十分重要,没有相应的检验、测试手段就无法知道是否已达到加工要求,而且应尽量采用在位检测和在线检测。

11.3　微细加工的机理

微细加工的方法很多,其加工机理亦各不相同。表 11.1 列出了多种加工方法的微观

机理,如分解、蒸发、扩散、溅射、沉积、注入等。从宏观加工机理来看,微细加工可分为分离、增材、变形三大类。分离加工又称去除加工,是从工件上去除一些材料,可以用分解、蒸发、扩散、切削等手段去分离。增材加工又可称为结合或附着加工,是从工件表面上增加一层材料。如果这层材料与工件基体材料不发生物理化学作用,只是覆盖在上面,就称为附着,也可称为弱结合,典型的加工方法是电镀、蒸镀等。如果这层材料与工件基体材料发生化学作用,生成新的物质层,则称为结合,也可称为强结合,典型的加工方法有氧化、渗碳等。变形加工又可称为流动加工,是通过材料流动使工件产生变形,其特点是不产生切屑,典型的加工方法是压延、拉拔、挤压等。长期以来,对变形加工的概念停留在大型、低精度的认识上,实际上微细变形加工可以加工极薄(板厚为几微米)或极细(丝径为几微米)的成品材料。

表 11.1　各种微细加工方法的加工机理

加工机理		加工方法
分离加工 (去除加工)	化学分解(气体、液体、固体) 电解(液体) 蒸发(真空、气体) 扩散(固体) 熔化(液体) 溅射(真空)	刻蚀(光刻)、化学抛光、软质粒子机械化学抛光 电解加工、电解抛光 电子束加工、激光加工、热射线加工 扩散去除加工 熔化去除加工 离子束溅射去除加工、等离子体加工
增材加工 (附着加工)	化学附着 化学结合 电化学附着 电化学结合 热附着 扩散结合 熔化结合 物理附着 注入	化学镀、气相镀 氧化、氮化 电镀、电铸 阳极氧化 蒸镀(真空蒸镀)、晶体生长,分子束外延 烧结、掺杂、渗碳 浸镀、熔化镀 溅射沉积、离子沉积(离子镀) 离子溅射注入加工
变形加工 (流动加工)	热表面流动 粘滞性流动 摩擦流动	热流动加工(气体火焰、高频电流、热射线、电子束、激光) 液体、气体流动加工(压铸、挤压、喷射、浇注) 微粒子流动加工

11.4　微细加工方法

11.4.1　微细加工方法及分类

表 11.2 列出了一些常用的微细加工方法。对于微细加工,由于加工对象与集成电路关系密切,故采用分离加工、增材加工、变形加工,这样从机理来分类较好。

对于分离加工,又有切削加工、磨料加工(分固结磨料和游离磨料)、特种加工和复合加工。

表 11.2 常用微细加工方法

分类		加工方法	精度/ μm	表面粗糙度 Ra/μm	可加工材料	应用范围
分离加工	切削加工	微细切削	1~0.1	0.05~0.008	有色金属及其合金	球、磁盘、反射镜、多面棱体钟表底板,油泵喷嘴,化纤喷丝头,印制线路板
		微细钻削	20~10	0.2	低碳钢、铜、铝	
	磨料加工	微细磨削	5~0.5	0.05~0.008	黑色金属、硬脆材料	集成电路基片的切割,外圆、平面磨削
		研磨	1~0.1	0.025~0.008	金属、半导体、玻璃	平面孔外圆加工,硅片基片
		抛光	1~0.1	0.025~0.08	金属、半导体、玻璃	平面孔外圆加工,硅片基片
		砂带研抛	1~0.1	0.01~0.008	金属、非金属	平面、外圆
		弹性发射加工	0.1~0.01	0.025~0.008	金属、非金属	硅片基片
		喷射加工	5	0.01~0.02	金属、玻璃、石英、橡胶	刻槽、切断、图案成形、破碎
	特种加工	电火花形加工	50~1	2.5~0.02	金属、导电和非金属	孔、沟槽、狭缝、方孔、型腔
		电火花线切割加工	20~3	2.5~0.16	金属、导电和非金属	切断、切槽
		电解加工	100~3	1.25~0.06	金属、导电和非金属	模具型腔、打孔、套孔、切槽、成形、去毛刺
		超声波加工	30~5	2.5~0.04	硬脆金属、非金属	刻模、落料、切片、打孔、刻槽
		电子束加工	10~1	6.3~0.12	各种材料	打孔、切割、光刻
		离子束去除加工	0.1~0.001	0.02~0.001	各种材料	成形表面、刃磨、割蚀
		激光去除加工	10~1	6.3~0.12	各种材料	打孔、切断、划线
		光刻加工	0.1	2.5~0.2	金属、非金属、半导体	刻线、图案成形
		化学抛光	0.01	0.01	金属、半导体	平面、减薄、浅花纹、抛光
	复合加工	电解磨削	20~1	0.08~0.01	各种材料	刃磨、成形、平面、内圆
		电解抛光	10~1	0.05~0.008	金属、半导体	平面、外圆孔、型面、细金属丝、槽
增材加工	附着加工	蒸镀			金属	镀膜、半导体器件
		分子束镀膜			金属	镀膜、半导体器件
		分子束外延生长			金属	半导体器件
		离子束镀膜			金属、非金属	干式镀膜、半导体器件、刀具、工具、表壳
		电铸			金属	喷丝板、栅网、网刃钟表零件
		喷镀			金属、非金属	图案成形、表面改性
	注入加工	离子束注入			金属、非金属	半导体掺杂
		氧化、阳极氧化			金属	缘级层
		扩散			金属、半导体	掺杂、渗碳、表面改性
		激光表面处理			金属	表面改性、表面热处理
	接合加工	电子束焊接			金属	难熔金属、化学性能活泼金属
		超声波焊接			金属	集成电路引线
		激光焊接			金属、非金属	钟表零件、电子零件
变形加工		微冲压压力加工			金属	板、丝的压延、精冲、拉拔、挤压、波导管、衍射光栅
		微铸造(精铸、压铸)			金属、非金属	集成电路封装,引线

对于增材加工,又可分为附着、注入、接合三类。附着指附加一层材料;注入指表层经处理后产生物理、化学、力学性质变化,可统称为表面改性,或材料化学成分改变;接合指焊接、黏接等。

对于变形加工,除表中微冲压、压力加工和微铸造外,主要指利用气体火焰、高频电流、热射线、电子束、激光、液流、气流和微粒子流等的力、热作用使材料产生变形而成形,是一种很有前途的微细加工方法。

从上述微细加工的分类中可以看出,除微细切削和磨削外,许多加工方法都与电子束、离子束、激光束统称之为三束加工有关,它们是微细加工的基础,其原理和方法已在特种加工的有关章节中论述,今主要讲述其综合应用。

11.4.2 精密、微细机械加工技术

精密微细机械加工是微型机械及微型机电系统中制造微型器件的重要方法,其特点是能加工复杂微结构,不仅加工效率高,并且加工精度高。现在已能用金属刀具车削直径 $10 \sim 20~\mu m$ 的微针,使用精密磨削已加工出 $\phi 8~\mu m$ 钨针,使用微钻头(图 11.3)能加工出直径 $30 \sim 50~\mu m$ 的微孔。现在国外已经生产主轴转速 $50\,000 \sim 100\,000$ r/min 的微型铣床和加工中心,能用微型立铣刀进行微结构的铣削,图 11.3 是用微型立铣刀加工精密微结构的示意图。图 11.4 是铣制的端部微细密齿件,由于端部的齿极细极密,精度要求严格,加工难度甚大。加工微结构的铣刀,常用单晶金刚石磨成,图 11.5 中是现用的微细铣刀的不同结构,其中双刃形铣刀因磨制困难,很少使用;三角形截面铣刀现在用得较多,但因是负前角切削,使用效果不佳;半圆截面的单刃铣刀,磨制方便,使用效果最好。微细铣刀根据加工件要求,可以磨成圆柱形或圆锥形;加工曲面时,端刃可磨成圆弧形,以得到质量较好的加工表面。

11.3 微型铣刀加工精密微细结构

微齿放大

图 11.4 铣制的端部微细密齿件

双刃形　　三角形　　单刃形

图 11.5 微细铣刀

近年来国外新发展了多种加工自由曲面的小型多坐标联动加工中心。图 11.6 是日本 Fanuc 公司生产的加工微型零件的 ROBOnano Ui 五轴联动加工中心。主轴用空气轴承,回转精度 0.05 μm,转速 50 000 ~ 100 000 r/min。直线运动的 X、Y、Z 方向数控系统的分辨率为 1 nm。工作台上回转台的 B 轴和铣削主轴回转、分度的 C 轴均可转动 360°,分辨率 0.000 01°。

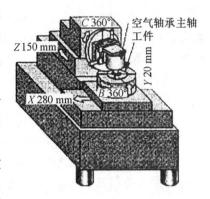

图 11.6 加工微型零件的五轴加工中心结构运动示意图

图 11.7 是用该加工中心加工出的不同形面的微槽,其中图 11.7(a)中的 V 形槽,齿距 25 μm,V 形角 77°,材料为含 P 的镍;图 11.7(b)中的 V 形槽,齿距 100 μm,V 形角 50°,材料为无氧铜;图 11.7(c)是平行的窄深槽,齿距 35 μm,槽深 100 μm,材料为黄铜,侧面倾斜 1.5°,加工件的齿距误差 80 nm,深度误差 9.4 μm。从图中可看到,用微型机床可以加工出表面光洁、精度很高、尖角很尖锐的微 V 形槽和窄深槽。

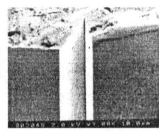
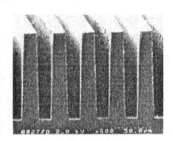

(a)V形槽   (b)V形槽   (c) 窄深槽

图 11.7 在加工中心用微型铣刀加工出的微沟槽

用该 ROBOnauo Ui 五轴联动加工中心,使用微型单晶金刚石立铣刀,在多轴联动条件下,可加工自由曲面。图 11.8(a)所示是该五轴联动加工中心在 1 mm 直径的表面上加工出的人面浮雕像。这台机床还在 1.16 mm × 1.16 mm 硅表面上,加工出 4×4 阵列的凸面镜,如图 11.8(b)所示。凸面镜直径 236 μm,高 16 μm,镜面曲率半径 448 μm,加工表面光洁,图 11.8(c)为其放大图。用五轴联动加工中心还可加工出任意自由曲面微型工件,如图 11.8(d)所示。从以上加工实例可知,现在加工微型复杂精密工件的微型机床和加工技术已经达到很高的水平。

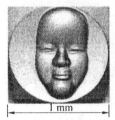
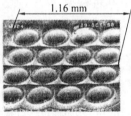
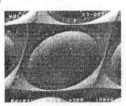
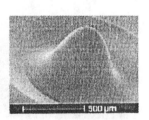

(a)微型人面浮雕   (b)微型凸面镜 4×4 阵列   (c)微型凸面镜(放大)   (d)自由曲面

图 11.8 用 5 坐标联动加工中心加工出的自由曲面微型工件

11.4.3 精密、微细特种加工技术

现在多种特种加工都发展了加工微型工件的加工技术,例如,电火花加工、电火花线切割加工、电火花线电极磨削加工、电解加工、超声加工、激光加工、电子束和离子束加工等都已能加工尺寸甚小的微型工件,这里不再重复。较常见而较易实现的有:

1. 微细电火花加工技术

微细电火花加工时,应采用高频率、小脉冲能量、小进给量,这样可以在导电材料上加工出甚小的微孔和微细的成形零件,在第 10 章 10.4 节中对其加工原理、设备已有所阐述,并列举了一些加工样件的照片,下面是另外加工出的几个微细零件实例。图 11.9(a)是用电火花加工方法制作出的微方形盲孔,图 11.9(b)所示是用电火花加工出的成形微汽车模具,图 11.9(c)是用该电火花加工出的微汽车模具压制出的微塑料汽车。

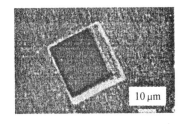  

(a)金属上加工微方孔　　(b)加工成型微汽车模具　　(c)模具压制的微塑料汽车

图 11.9　用微细电火花加工制作的微孔和微汽车模具

2. 电火花线电极磨削(WEDG)技术

电火花线电极磨削可以加工出直径数微米到数十微米导电材料的微细回转体零件,如微针、微阶梯轴和精密微孔等。图 11.10 所示是用 WEDG 工艺加工 $\phi 4.5\ \mu m$ 淬火钢微针。

3. 超声加工技术

超声加工可以在脆性材料上(如石英、光学玻璃、陶瓷等)加工不同截形的微孔。电火花加工法只能加工导电材料,而超声加工法可以加工脆性非导电材料。图 11.11 是用超声加工工艺在石英玻璃上加工 $\phi 4.5\ \mu m$ 微孔。

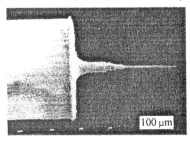 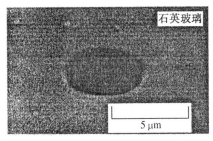

图 11.10　用 WEDG 工艺加工 $\phi 4.5\ \mu m$ 淬火钢微针　图 11.11　超声加工工艺在石英玻璃上加工 $\phi 4.5\ \mu m$ 微孔

4. 准分子激光加工技术

通常,用于加工的有 CO_2 激光、YAG 激光、准分子激光等,这几种激光,因其波长不等

而加工效果亦不同。准分子激光波长很短，如 Xe_2^* 准分子激光的波长 $\lambda = 0.169 \sim 0.176$ μm、Kr_2^* 准分子激光的波长 $\lambda = 0.145\ 7\ \mu m$，聚焦的束斑直径小，对材料的穿透性强，热作用区集中并对周边的热影响小，适宜用于精密微器件的加工。

用准分子激光可以在薄板上加工微孔、切割微槽，也可以在工件表面进行微雕刻。用准分子激光进行极微小文字或图形的微雕刻，可以用作防伪标志。图 11.12 是用准分子激光在细钛合金管上切割的心脑血管固定支架。图 11.13 是用准分子激光在一根头发上雕刻的微小英文字。

图 11.12　准分子激光在细钛管上
切成形槽支架

图 11.13　准分子激光在一根头发
上雕刻的微小英文字

11.4.4　立体复合工艺

过去集成电路多采用平面工艺，由于微机械的发展需求，出现了立体结构，产生了立体加工技术，如沉积和刻蚀多层工艺技术、LIGA 技术（光刻 – 电铸 – 模铸复合成形）等。

1.沉积和刻蚀多层工艺

本来沉积和刻蚀都是半导体加工中的平面工艺，但利用沉积和刻蚀的多层交替工艺方法可以制作立体结构。

图 11.14 为利用顺序交叉进行沉积和刻蚀多层工艺方法制作多晶硅铰链的例子。以多晶硅为结构层材料，以磷硅酸盐玻璃（PSG）为牺牲层材料，最后去除所有磷硅酸盐玻璃层，即可得到可转动的多晶硅转臂。

多晶硅铰链的制作过程如下：

① 首先在图 11.14(a)硅基片上沉积一层磷硅酸盐玻璃，作为层 1，见图 11.14(b)；

② 在层 1 的磷硅酸盐玻璃上沉积多晶硅膜，作为层 2，见图 11.14(c)；

③ 用离子束刻蚀将多晶硅膜 2 加工成环状，作为轴承外环，见图 11.14(d)；

④ 用刻蚀方法蚀除层 1 上的磷硅酸盐玻璃，形成轴承外环的支承面，见图 11.14(e)；

⑤ 将全部层面覆盖磷硅酸盐玻璃薄层，作为层 3，其厚度即为以后的转动间隙；

⑥ 用化学沉积法沉积多晶硅，形成一定的厚度和形状，作为层 4，该层为转臂的毛坯，见图 11.14(g)；

⑦ 用氢氟（HF）水溶液蚀除层 2、4 多晶硅之间的磷硅酸盐玻璃，转臂即可自由转动，见图 11.14(h)、(i)。

从而形成了多晶硅铰链，是一立体的可动结构。

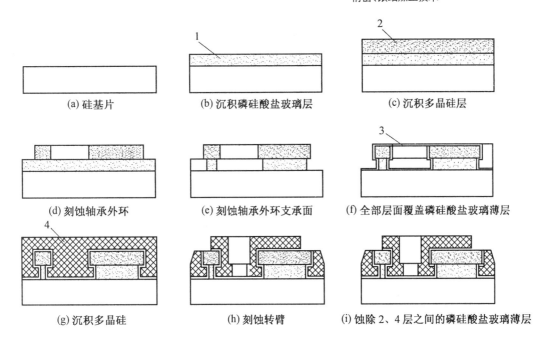

图 11.14　多晶硅铰链的制作

2.LIGA 技术(光刻 – 电铸 – 模铸复合成形)

LIGA 技术是最具代表性的制作精细三维结构的技术,它是 20 世纪 80 年代中期德国人发明的,是德语 Lithograph Galvanformung und Abformung 的简称,是由深度同步辐射 X 射线光刻、电铸成形和模铸成形等技术组合而成的综合性技术。它是 X 射线光刻与电铸复合立体光刻,反映了高深宽比的刻蚀技术和低温融接技术的结合,可制作最大高度为 1 000 μm、槽宽为 0.5 μm 及高宽比大于 200 的立体微结构,加工精度可达 0.1 μm,可加工的材料有金属、陶瓷和玻璃等。

(1) 光刻 – 电铸 – 模铸复合成形(LIGA)加工方法

光刻 – 电铸 – 模铸复合成形加工可分为光刻 – 电铸 – 模铸复合成形加工(LIGA)和准光刻 – 电铸 – 模铸复合成形加工两种,如图 11.15 所示,它们主要由光刻、电铸成形和模铸成形三个工艺过程组成。

① X 射线光刻 – 电铸 – 模铸复合成形加工。通常光刻都采用深层同步辐射 X 射线,除有波长短、分辨率高、穿透力强等优点外,还具有以下优点:可进行大深焦的曝光,减少几何畸变;辐射强度高,便于利用灵敏度较低而稳定性较好的抗蚀剂(光刻胶)来实现单涂层工艺;可根据掩膜材和抗蚀剂性质选用最佳曝光波长;曝光时间短;生产率高。但其加工时间比较长、工艺过程复杂、价格昂贵,并要求层厚大,抗辐射能力强和稳定性好的掩膜基底。

② 紫外光准光刻 – 电铸 – 模铸复合成形加工。目前,出现了准光刻 – 电铸 – 模铸复合成形加工,采用深层刻蚀工艺,利用紫外光来进行光刻,可制作非硅材料的高深宽比微结构,并可与微电子技术有较好的兼容性,虽不能达到光刻 – 电铸 – 模铸复合成形加工的高水平,但加工时间比较短、成本低,已能满足许多微机械的制造要求。

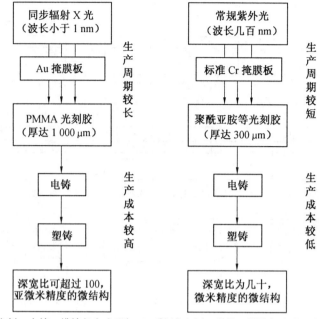

(a) 光刻－电铸－模铸复合成形加工　(b) 准光刻－电铸－模铸复合成形加工

图 11.15　光刻－电铸－模铸复合成形(LIGA)加工和准光刻－电铸－模铸复合成形加工

(2) 光刻－电铸－模铸复合成形技术的典型工艺过程

图 11.16 表示光刻－电铸－模铸复合成形技术的典型工艺过程。

① 涂敷感光材料。在金属基板上涂敷一层所要求厚度为 0.1～1 mm 的聚甲基丙烯酸甲酯(PMMA)等 X 射线感光材料。

② 曝光和显像。放置工作掩膜板,用同步辐射 X 射线对其曝光(图 11.16(a)),由于 X 射线具有良好的平行性、显影分辨率和穿透性,对于数百微米厚的感光膜,其曝光精度可高于 1 μm。经显像后可在感光膜上得到所要求的结构(图 11.16(b))。

③ 电铸。在感光膜的结构空间内电铸镍、铜、金等金属,即可制成微小的金属结构(图 11.16(c))。

④ 去除感光膜。用化学方法洗去感光膜,便可得到所要求的金属结构(图 11.16(d))。

⑤ 制作成品。以金属结构作为模具,即可制成成形塑料制品。例如用这种方法可制造深度 350 μm、孔径 80 μm、壁厚 4 μm 的蜂窝微结构。

光刻－电铸－模铸复合成形技术的特点是

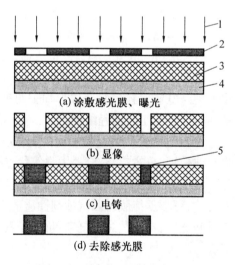

图 11.16　光刻－电铸－模铸复合成形技术　(LIGA)

1—同步辐射 X 射线;2—工作掩膜板;3—聚甲基丙烯酸甲酯;4—金属基板;5—电铸镍

能实现高深宽比的立体结构,突破了平面工艺的局限。虽然光刻成本较高。但可在一次曝光下制作多种结构,应用面较广,对大批量生产意义较大。

图 11.17 是用 LIGA 技术制成的光刻胶(PMMA)模和金属微型器件。图中的微齿轮高度为 100 μm,蜂窝结构的高度为 180 μm、壁厚 8 μm、孔径 80 μm。

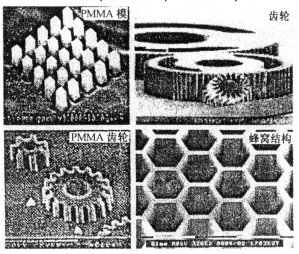

图 11.17　LIGA 工艺制成的光刻胶模和金属微型器件

思考题与习题

11.1　试论述微细加工的含义。

11.2　试述微细加工与精密加工的关系。

11.3　微小尺寸加工和一般尺寸加工有哪些不同?

11.4　何谓原子、分子加工单位?

11.5　论述分离、增材、变形三大类微细加工方法的含义及其常用加工方法的特点和应用范围。

11.6　何谓 LIGA 技术,其原理和用途如何?

第12章
纳米技术和纳米加工技术

12.1 纳米技术概述

12.1.1 纳米技术的特点和重要性

纳米技术一般指纳米级 $0.1 \sim 100$ nm 的材料、设计、加工制造、测量、控制和产品的技术。

纳米技术是科技发展的一个新兴领域,人类对自然的认识从微米层深入到分子、原子级的纳米层次,所面临的决不是几何上的"相似缩小"问题,而是一系列新的现象和新的规律。在纳米层次上,也就是原子尺寸级别的层次上,一些宏观的物理量(如弹性模量、密度、阿基米德几何、牛顿力学、宏观热力学和电磁学)都已不能正常描述纳米级的工程现象和规律,而量子效应物质的波动特性和微观涨落等已是不可忽略的,甚至成为主导因素。

发展纳米技术的重要性表现在:纳米技术研究开发可能在精密机械工程、材料科学、微电子技术、计算机技术、光学、化工、生物、医学和生命技术以及生态农业等方面产生新的突破。因此工业先进国家对纳米技术给予了极大的重视,并投入了大量人力、物力进行研究开发。

12.1.2 纳米技术的主要内容

纳米技术主要包括:纳米级精度和表面形貌的测量;纳米级表层物理、化学、力学性能的检测;纳米级精度的加工和纳米级表层的加工——原子和分子的去除、搬迁和重组;纳米材料;纳米电子学;纳米级微传感器和控制技术;微型和超微型机械;微型和超微型机电系统和其他综合系统;纳米生物学等。本书主要讲述:纳米级测量技术、纳米级精密加工和原子操纵、微型机电系统及其制造技术。

12.2 纳米级测量和扫描探针测量技术

12.2.1 纳米级测量方法简介

常规的机械量仪、机电量仪和光学显微镜等,不易达到要求的测量分辨率和测量精度;此外,接触法测量不但不易达到要求的预期精度,而且很容易损伤被测表面。纳米级测量技术包括:纳米级精度的尺寸和位移的测量、纳米级表面形貌的测量。目前纳米级测量技术主要有光干涉测量技术和扫描显微测量技术两个发展方向。

1.光干涉测量技术

光干涉测量技术是利用光的干涉条纹以提高测量分辨力。纳米级测量用波长很短的激光或 X 射线,可以有很高的测量分辨力。光干涉测量技术可用于长度和位移的精确测量,也可用于表面显微形貌的测量。用这种原理的测量方法有:双频激光干涉测量、激光外差干涉测量、超短波长(如 X 射线等)干涉测量技术等。

2.扫描显微测量技术

扫描显微测量技术主要用于测量表面的微观形貌和尺寸。它的原理是用极尖的探针对被测表面进行移动扫描(探针和被测表面不接触或准接触),借助纳米级的三维位移定位控制系统测出该表面的三维微观立体形貌。用此原理的测量方法有:扫描隧道显微镜(STM)、原子力显微镜(AFM)、磁力显微镜(MFM)、激光力显微镜(LFM)、热敏显微镜(TSM)、光子扫描隧道显微镜(PSTM)、扫描近场声显微镜、扫描离子导电显微镜等。

为了更好地对比了解纳米级测量方法的测量分辨力、测量精度、测量范围等性能,在表 12.1 中给出了几种主要纳米级测量方法的测量性能。

表 12.1 几种主要纳米级测量方法

	分辨力/nm	精度/nm	测量范围/nm	最大速度/(nm·s^{-1})
双频激光干涉测量法	0.600	2.00	1×10^{12}	5×10^{10}
光外差干涉测量法	0.100	0.10	5×10^{7}	2.5×10^{3}
衍射光学尺	1.5	5.0	5×10^{7}	10^{6}
扫描隧道显微测量法	0.050	0.050	3×10^{4}	10

12.2.2 扫描隧道显微测量技术

1.扫描隧道显微镜原理简介

扫描隧道显微镜(简称 STM)是 1981 年瑞士苏黎士实验室首创和发明的。它可用于观察测量物体表面 0.1 nm 级的表面形貌,可观察测量物质表面单个原子和分子的排列状态及电子在表面的行为,为表面物理、表面化学、生命科学和新材料研究提供了一种全新的研究方法。随着研究的深入,STM 还可用于纳米尺度下的单个原子搬迁、去除、添加和重组,构造出新结构的物质。这一成就被公认为 20 世纪 80 年代世界十大科技成果之一,发明者因此荣获 1986 年诺贝尔物理学奖。

STM 的基本原理是基于量子力学的隧道效应。在正常情况下两个互不接触的电极间是绝缘的,然而当把这两个电极之间的距离缩短到 1 nm 以内时,由于量子力学中粒子的波动性,电流会在外加电场作用下,穿过绝缘垫垒,从一个电极流向另一个电极,正如不必再爬过高山,却可以通过隧道而从山下通过一样。当其中一个电极是非常尖锐的探针时,由于尖端放电而使隧道电流加大。用探针在试件表面扫描,将它"感觉"到的原子高低和电子状态的信息采集起来,经计算机数据处理,即可得到表面的纳米级三维的表面形貌。

2.STM 的工作原理、方法及系统组成

当探针的针尖接近试件表面距离 d 约为 1 nm 时,将形成如图 12.1 所示的隧道结。

在探针和试件间加偏压 U_b，隧道间隙为 d，垫垒高度为 φ，且 $U_b < \varphi$ 时，隧道电流密度 j 为

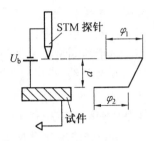

图 12.1　STM 的隧道结示意图

$$j = \frac{e^2}{h}\frac{k_a}{4\pi^2 d}U_b e^{-2k_o\varphi}$$

其中　　　　　　　　$\varphi = (\varphi_1 + \varphi_2)/2$

式中　h——普朗克常数；

　　　e——电子电量；

　　　k_a、k_o——系数。

由上式可见，针尖与试件间的距离 d 对隧道电流密度 j 非常敏感。如果距离每减小 0.1 nm，隧道电流密度 j 将增加一个数量级。上式中这种隧道电流密度 j 对隧道间隙距离 d 的极端敏感性就是 STM 的基础。

STM 有等高测量模式和恒电流测量两种模式。

(1) 等高测量模式

等高测量模式的原理如图 12.2(a) 所示，采用这种等高测量模式时，探针以不变高度在试件表面扫描，隧道电流将随试件表面起伏而变化，因此测量隧道电流变化就能得到试件表面形貌信息。这种测量方法只能用于测量表面起伏很小(< 1 nm)时的试件，且隧道电流大小与试件表面高低的关系是非线性的，上述限制使这种测量模式很少使用。

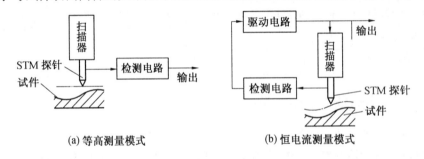

(a) 等高测量模式　　　　　　　(b) 恒电流测量模式

图 12.2　STM 的工作原理框图

(2) 恒电流测量模式

恒电流测量模式的原理如图 12.2(b) 所示。探针在试件表面扫描时，要保持隧道电流恒定不变，即使用反馈电路驱动探针，使探针与试件表面的距离(即隧道间隙)在扫描过程中将随试件表面的高低起伏而跟踪其高低起伏，记录反馈的驱动信号即可得到试件表面的形貌信息。避免了等高测量模式时的非线性，提高了纵向测量的测量范围和测量灵敏度。现在 STM 大都采用这种测量模式，纵向测量分辨力最高可以到 0.01 nm。

获得表面微观形貌的信息后，通过计算机进行信息的数据处理，最后得到试件表面微观形貌的三维图形和相应的尺寸。

一般情形 STM 的隧道电流是通过探针尖端的一个原子，因而 STM 的横向分辨力最高可以达到原子级尺寸。

从上述 STM 隧道显微镜的工作原理可知，整个系统由下面几部分组成：

① 探针和控制隧道电流恒定的自动反馈控制系统；

② 纳米级三维位移定位系统,以控制探针的自动升降和形成扫描运动;

③ 信息采集和数据处理系统,这部分主要是计算机软件工作。

3.STM 的探针和隧道电流控制系统

(1) STM 的探针

STM 的探针都用金属制成,要求尖端极为尖锐,这是因为顶端尖时可以形成尖端放电,以加强隧道电流,使其具有极高的横向分辨力。探针的制造有用金属丝经电化学腐蚀,在金属丝腐蚀断裂的一瞬间切断电流,而获得极为锋锐的尖峰;另一种制造方法是金属丝(带)经机械剪切,在剪断处自然形成的尖峰,要求针尖曲率半径在 30 ~ 50 nm 以下。现在使用碳纳米管制造探针,针尖曲率半径可小到几纳米,大大提高了 STM 测量的横向分辨力。

(2) STM 的隧道电流控制系统

在探针和试件间加不同(变化)的偏压 U_b,以形成恒定的隧道电流。所加偏压必须小于势垒高度 φ,一般情况所加偏压为数十毫伏。

现在的 STM 都采用恒电流测量模式,其隧道电流反馈控制系统使探针升降,以保持在隧道间隙和偏压变化时而隧道电流不变。扫描时的探针升降值与偏压的大小变化成正比,此即试件表面的微观形貌高度值。

4.STM 的使用

(1) 探针的预调

STM 都有精密的探针预调机构,并有低倍数的显微镜监测针尖,到探针很接近试件表面时,启动 Z 向微位移驱动系统直到探针尖有隧道电流通过。

(2) STM 的环境保证条件

要求有很好的隔振系统,工作时要求恒温和防止气流干扰。某些测量工作要求在真空条件下进行。

(3) STM 测得的表面形貌图

检测时先得到表面的线扫描图,经消影和图像处理后得到被测表面的彩色立体形貌图。可以调节不同的放大倍数。图 12.3 中是用 STM 测得的试件表面形貌图(原图为彩色)。图 12.3(a)是放大倍数较高时铂晶体表面吸附碘原子的情况,可看到有一处缺了一个原子;图 12.3(b)是放大倍数较低时测得的某种磁性材料的表面形貌图。

(4) STM 的扩大应用

后来发现在探针和试件间加一定的偏压,可以将试件表面的原子吸附在探针针尖上随之移动,使 STM 不仅用于原子级表面的测量,还可以用于试件表面单个原子的去除、搬迁、增添、重组,实现原子级的加工,使 STM 的应用扩大到一个全新的、广阔的领域。

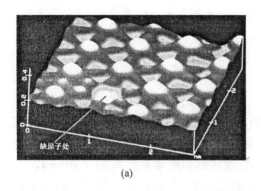

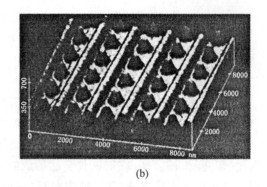

(a)
(b)

图 12.3　STM 测得的试件表面形貌图

12.2.3　微观表面形貌的扫描探针测量和其他扫描测量技术

扫描隧道显微镜虽然有极高的测量灵敏度,但它是靠隧道电流进行测量的,因此不能用于非导体材料的测量。1986 年又发明依靠探针尖和试件表面间的原子作用力来测量的原子力显微镜(AFM),后来研制成功利用磁力、静电力、激光力等来测量的多种扫描探针显微镜,解决不同领域的微观测量问题。

1.AFM 的测量原理

AFM 的测量原理是当两原子间的距离缩小到 0.1 nm 数量级时,原子间的相互作用力就显示出来。先是二者之间产生吸力,如这两原子间的距离继续减小到原子直径时,由于原子间电子云的不相容性,两原子间的作用力表现为排斥力。在 AFM 中,探针与样品之间的原子间的吸引力和排斥力的典型值是 10^{-9} N,即 1 nN 左右。

AFM 常利用原子间排斥力,探针针尖和试件表面间距离小于 0.3 nm 时产生排斥力,分辨力很高,可以到原子级分辨力。

AFM 的测量原理是用探针扫描试件表面,保持探针与被测表面间距离小于 0.3 nm,并使原子排斥力恒定,探针扫描时的纵向(上、下)位移变化即可反映被测表面的微观形貌。

2.AFM 的结构和工作原理

可以用不同方法保持探针在试件表面的原子间的排斥力恒定。常用的方法是将探针用悬臂方式装在一个微力传感弹簧片上,弹簧片要非常软,弹性系数在 0.01 ~ 0.1 N/m 范围内。探针在试件表面扫描时,探针将随被测表面起伏而升降。此 AFM 是用扫描隧道显微镜来检测探针的纵向位移的,其结构原理如图 12.4 所示。从图中可看到试件 2 装在能作三维扫描的 AFM 扫描驱动台 1 上,AFM 探针 3 装在软弹簧片 4 的外端。STM 的驱动只能作纵向(一维)微进给,STM 的探针 5 检测出 AFM 探针簧片的纵向起伏运动。进行测量时,AFM 的探针被微力弹簧片压向试件表面,探针尖端和试件表面间的原子排斥力将探针微微抬起,达到力的平衡。AFM 探针在试件表面扫描时,因微力弹簧

图 12.4　AFM 的结构原理
1—AFM 扫描驱动台;2—试件;3—AFM 探针;4—微力弹簧片;5—STM 探针;6—STM 驱动

的压力基本不变,故探针将随被测表面的起伏面上下波动、AFM 探针弹簧片后面的 STM 探针和弹簧片间产生隧道电流,控制隧道电流不变,则 STM 的探针和 AFM 的探针将作同步的纵向位移运动,即可测出试件表面的微观形貌。

现在有多种方法测量 AFM 探针和弹簧片的位移值,如位敏光电元件、激光法、电容法等,其中激光反射偏移法因灵敏度高用得较多。

微力弹簧将探针压向试件表面的力甚小,在 10^{-9} N 左右,因弹簧力不超过原子间排斥力,故不会划伤试件表面。

AFM 不仅可以检测非导体试件的微观形貌达到原子级分辨力(纵向分辨力达 0.01 ~ 0.001 nm)的情况,而且可以在液体中进行检测,故现在用得较多。

2. 其他扫描针显微镜和多功能扫描探针显微镜

AFM 测量工作时,针尖和试件原子间的相互作用力不仅有相互吸引力和相互排斥力,同时还存在毛细力、摩擦力、磁力、静电力、化学力等。其中摩擦力、磁力、静电力、化学力等又是非常灵敏的性能参数,于是又发展了新的摩擦力显微镜(FFM)、磁力显微镜(MFM)、静电力显微镜(EFM)、化学力显微镜(CFM)等。因这些显微镜检测工作时,都是采用探针进行扫描检测的,故又统称扫描探针显微镜(SPM),它们在不同的情况下发挥了重要作用。

12.3 纳米级加工和原子操纵技术

12.3.1 纳米级加工的物理实质分析

纳米级加工和传统的切削磨削加工完全不同,传统的切削磨削方法和规律已不能用于纳米加工。

要得到 1 nm 的加工精度,加工的最小单位必然在亚纳米级。由于原子间的距离为 0.1 ~ 0.3 nm,纳米级加工实际上已达到加工精度的极限。纳米级加工中试件表面的一个个原子或分子将成为直接的加工对象,因此纳米级加工的物理实质就是要切断原子间的结合,实现原子或分子的去除。各种物质是以共价键、金属键、离子键或分子结构的形式结合而组成,要切断原子或分子的结合,就要研究材料原子间结合的能量密度,提供切断原子间结合所需的更大的能量密度。表 12.2 是不同材料的原子间结合能密度。

表 12.2 不同材料的原子间结合能密度

材料	结合能/$(J \cdot cm^{-3})$	说 明	材料	结合能/$(J \cdot cm^{-3})$	说 明
Fe	2.6×10^3	拉伸	SiC	7.5×10^5	拉伸
SiO_2	5×10^2	剪切	B_4C	2.09×10^6	拉伸
Al	3.34×10^2	剪切	CBN	2.26×10^8	拉伸
Al_2O_3	6.2×10^5	拉伸	金刚石	$5.64 \times 10^8 \sim 1.02 \times 10^7$	晶体的各向异性

在纳米级加工中需要切断原子间结合,其值为 $10^5 \sim 10^6$ J/cm^3 或 $10^{-21} \sim 10^{-16}$ J/原子。传统的切削、磨削加工消耗的能量密度较小,而且刀具、工具的尺寸太大,"无法下手"。因此直接利用光子、电子、离子等基本粒子的加工,必然是纳米级加工的主要方向和

法。如何进行有效控制以达到原子级的去除,是实现原子级加工的关键。近年来纳米级加工有很大的突破,例如用电子束光刻加工超大规模集成电路时,已实现 0.1 μm 线宽的加工;离子刻蚀已实现微米级和纳米级表层材料的去除;扫描隧道显微技术已实现单个原子的去除、搬迁、增添和原子的重组。纳米加工技术现在已成为现实的、有广阔发展前景的全新加工领域。

12.3.2 纳米级加工精度

纳米级加工精度包含:纳米级尺寸精度、纳米级几何状精度、纳米级表面质量。对不同的加工对象这三方面有所偏重。

1. 纳米级的尺寸精度

① 较大尺寸的绝对精度很难达到纳米级。零件材料的稳定性、内应力、本身重量造成的变形等内部因素和环境的温度变化、气压变化、测量误差等都将产生尺寸误差。1 m 长的实用基准尺,其精度要达到绝对长度误差 0.1 μm 已经是非常不易了。因此现在的长度基准不采用标准尺为基准,而采用光速和时间作为长度基准。

② 较大尺寸的相对精度或重复精度需要和可能达到纳米级,如某些特高精度孔和轴的配合、某些精密机械精密零件的个别关键尺寸、超大规模集成电路制造过程中要求的重复定位精度等。现在使用激光干涉测量和 X 射线干涉测量法都可以达到 0.1 μm 级的测量分辨力和重复精度。

③ 微小尺寸加工在精微加工时经常希望达到纳米级精度,无论是加工或测量都需要继续研究发展。

2. 纳米级的几何形状精度

例如:精密轴和孔的圆度、圆柱度;精密球(如陀螺球、计量用标准球)的球度;制造集成电路用的单晶硅基片的平面度;光学、激光、X 射线的透镜和反射镜、要求非常高的平面度或是要求非常严格的曲面形状。

3. 纳米级的表面质量

表面质量包含表面粗糙度,其内在表层的物理状态,如超大规模集成电路的单晶硅基片,不仅要求很高的平面度,很小的表面粗糙度和无划伤,而且要求无表面变质层(或极小的变质层)、无表面残留应力、无组织缺陷。

12.3.3 使用 SPM 进行原子操纵

1. 用 STM 搬迁拖动原子和分子

(1) 用 STM 搬迁移动气体 Xe 原子

1990 年美国 IBM 公司在超真空和液氦温度(4.2 K)的条件下,用 STM 将吸附在 Ni(110)表面的惰性气体氙(Xe)原子,逐一拖动搬迁,用 35 个 Xe 原子排成 IBM 三个字母。每个字母 5 nm,原子间距离 1 nm,如图 12.5 所示。此方法是将 STM 的探针靠近试件表面吸附的 Xe 原子,原子间的吸引力使 Xe 原子随探针的水平移动而拖动到要求的位置。

(2) 用 STM 搬迁移动金属 Fe 原子

使用 STM 还可以搬迁移动表面吸附的金属原子。1993 年实现了在单晶铜 Cu(111)表面上吸附的 Fe 原子的搬迁移动,将 48 个 Fe 原子移动围成一个直径 14.3 nm 的圆圈,相邻两个铁原子间距离仅为 1 nm。这是一种人工的围栏,把圈在围栏中心的电子激发形成美丽的"电子波浪",如图 12.6 所示。

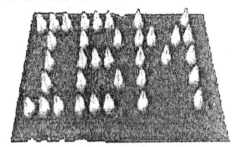

图 12.5　搬迁 Xe 原子写成 IBM 字图像　　　图 12.6　搬迁 Fe 原子形成圆量子围栅

后来又在铜 Cu(111)表面上成功地移动了 101 个吸附的 Fe 原子,写成中文的"原子"两个字(见图 12.7),这是首次用原子写成的汉字,也是最小的汉字。

(3) 用 STM 搬迁 CO 分子

1991 年美国人实现了使用 STM 移动在铂单晶表面上吸附的 CO 分子,将 CO 排列构成一个身高仅 5 nm 的世界上最小的"人"的图像,如图 12.8 所示。图像中的 CO 分子间距离仅为 0.5 nm,人们称它为"一氧化碳小人"。

图 12.7　搬迁 Fe 原子写成中文"原子"　　　图 12.8　搬迁 CO 分子画成小人图像

2. 用 STM 提取去除原子

(1) 从 MoS_2 试件表面去除 S 原子

1991 年日本日立公司中央研究实验室成功在 MoS_2 表面去除 S 原子,并用这种去除 S 原子留下空位的方法,在 MoS_2 表面上用空位写成"PEACE'91HCRL"的字样,如图 12.9 所示。写成的字甚小,每个字母的尺寸不到 1.5 nm。此方法是将 STM 的针尖对准试件表面某个 S 原子,施加电脉冲而形成强电场,使 S 原子电离成离子而逸飞,留下 S 原子的空位。

(2) 在单晶 Si 表面去除 Si 原子

黄德欢用 STM 在 Si(111)–7×7 表面上去除 Si 原子。将 STM 针尖对准 Si 晶体表面某个预定的 Si 原子,施加一个 –5.5 V、10 ms 的电脉冲,使 Si 原子被离子化而蒸发去除。图 12.10(a)所示是原来的 Si 表面的图像,图 12.10(b)是 Si 原子去除后的图像。

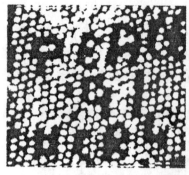

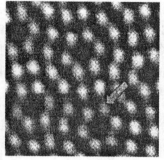

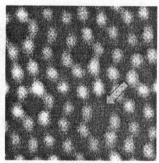

(a) Si 原子去除前　　　　　　　(b) Si 原子去除后

图 12.9　在 MoS₂ 表面去除 S 原子用
空位写成 PEACE'91 HCRL

图 12.10　在 Si(111) - 7×7 表面上去除 Si 原子

3. 使用 STM 在试件表面放置增添原子

(1) 从试件表面摄取原子并放置到试件表面预定的位置(即原子搬家)

用 STM 从试件表面摄取原子,使该原子暂时吸附在针尖表面,移动针尖将该原子放置到试件表面的预定位置。它完全不同于用针尖拖动表面吸附原子的方法。可以用这种原子搬家的方法来修复试件表面缺陷。

(2) 向试件表面放置异质材料的原子

此法第一步用电脉冲将原子吸附到针尖表面,第二步再用电脉冲将针尖表面吸附的异质原子放置到试件表面。图 12.11 所示是黄德欢用放置 H 原子法制成的微结构图形,STM 的钨探针从周围的氢气中提取氢原子,并吸附到针尖表面,再用电脉冲连续将 H 原子放置到 Si(111) - 7×7 表面,Si 表面上的异质 H 原子绘成了图中黑色线条的三角形图形。

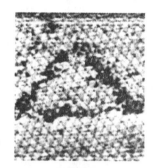

图 12.11　在 Si(111) - 7×7 表面
连续放置 H 原子

12.3.4　使用 SPM 加工微结构

1. 使用 SPM 的探针直接进行雕刻加工微结构

原子力显微镜使用的高硬度金刚石或 Si₃N₄ 探针尖,可以对试件表面直接进行刻划加工。改变 AFM 针尖作用力大小可控制刻划深度(深的沟槽可数次刻划),用 SPM 探针可以雕刻出极小的三维立体图形结构,图 12.12 所示是哈尔滨工业大学纳米技术中心用 AFM 雕刻加工出的 HIT 图形结构,具有较窄而深的沟槽。此法可以雕刻出凹坑和其他较复杂立体微结构。它的缺点是试件材料不能太硬,且探针尖易于磨损。

2. 用 SPM 进行电子束光刻加工

用 SPM(AFM)可进行光刻加工,使用导电探针并在探针和试件间加一定的偏压(取消针尖和试件间距离的反馈控制),使其产生隧道电流(即电子束)。由于探针极尖,控制偏压大小,可以使针尖处的电子束聚焦到极细,电子束使试件表面光刻胶局部感光,去除未感光的光刻胶,进行化学腐蚀,即可获得极精微的光刻图形。图 12.13 是美国斯坦福大学用 AFM 对 Si 表面进行光刻加工,所获得的连续纳米细线微结构。实现中 AFM 电子束的

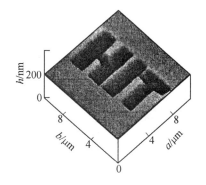
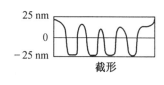

图 12.12　用 AFM 探针雕刻出的 HIT 图形结构

发射电流为 50 pA,获得的纳米细线宽度为 32 nm,刻蚀深度为 320 nm,高宽比达到 10:1。美国 IBM 公司用 AFM 在 Si 表面进行光刻加工,获得线条宽仅为 10 nm 的图形。

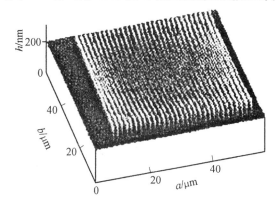
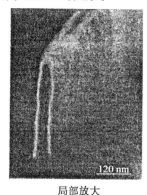

局部放大

图 12.13　在硅表面用 AFM 光刻得到的纳米细线结构

3. 用 SPM 进行局部阳极氧化法加工微结构

用 SPM 对试件表面进行局部阳极氧化的原理如图 12.14 所示。在反应过程中,针尖和试件表面间存在隧道电流和电化学反应产生的法拉第电流。电化学阳极反应中针尖为阴极,试件表面为阳极,吸附在试件表面的水分子(H_2O)提供氧化反应中所需的 HO^- 离子。阳极氧化区的大小和深度,受到针尖的尖锐度、针尖和试件间偏压的大小、环境湿度以及扫描速度等因素的影响。控制上述因素,可加工出很细并且均匀的氧化结构。

图 12.15(a)是学者 H. Dai 等用 STM 在氢钝化的 Si 表面,用阳极氧化法加工出的

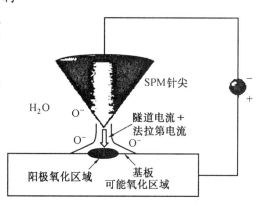

图 12.14　用 SPM 对试件表面进行局部阳极氧化的原理

SiO_2 细线微结构,所用的探针尖为多壁碳纳米管,针尖的负偏压为 $-7 \sim -15$ V,得到的

SiO_2 细线宽度为 10 nm,线间距离 100 nm,图12.15(b)是用此方法加工成的 SiO_2 细线组成的"nanotube"和"nanopencil"等很小的英文字。中科院真空物理实验室用 STM 在 P 型 Si(111)表面,用阳极氧化法制成 SiO_2 中科院院徽图形的微结构,如图 12.15(c)所示。

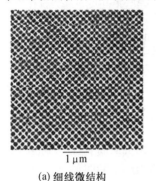

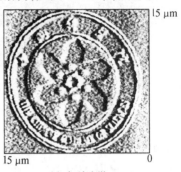

(a) 细线微结构　　　　　(b) 英文字微结构　　　　　(c) 中科院徽

图 12.15　Si 表面阳极氧化成 SiO_2 的微结构

4. 用 SPM 进行纳米点沉积加工微结构

前述,在一定的脉冲电压作用下,SPM 针尖材料的原子可以迁移沉积到试件表面,可形成纳米点。现改变脉冲电压和脉冲次数,可以控制形成的纳米点的尺寸大小。学者 H. Mamin 等用 Au 针尖的 STM 在针尖加 $-3.5 \sim -4$ V 的电压脉冲,在黄金表面沉积加工出直径 $10 \sim 20$ nm、高 $1 \sim 2$ nm 的 Au 纳米点。用这些 Au 纳米点描绘成直径约 1 μm 的西半球地图,如图 12.16 所示。

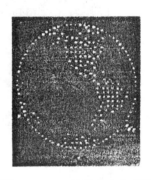

5. 用 SPM 连续去除原子加工微结构

(1) 在 Si 表面连续去除 Si 原子获得原子级平直纳米细沟

图 12.16　Au 纳米点在金表面形成的西半球地图

中科院北京真空物理实验室使用 STM,加大直流偏压,在 $Si(111) - 7 \times 7$ 表面去除 Si 原子,获得原子级平直沟槽,沟宽 2.33 nm,如图 10.17(a)所示。但去除 Si 原子必须沿平行于晶体基矢方向进行,方能获得原子级平直沟槽,否则沟槽的边界粗糙,且不是稳定结构。

(2) 在 Si 表面连续去除 Si 原子形成沟槽加工微结构图形

1994 年中科院北京真空物理实验室,在 $Si(111) - 7 \times 7$ 表面用 STM 针尖连续加电脉冲,移走 Si 原子形成沟槽,写成"中国"字样(图 12.17(b))。

6. 用 SPM 针尖电场聚焦原子组装成三维立体微结构

当温度升高后,SPM 针尖下的强电场可以将试件表面的原子聚集到针尖下方,聚集自组装成三维立体微结构。日本电子公司通过增大 STM 针尖和试件 Si(111)表面间的负偏压,并控制环境温度在 600 ℃高温条件下,试件表面的 Si 原子在针尖强电场的作用下,聚集到 STM 的针尖下,自组装而形成一个纳米尺度的六边形 Si 金字塔,如图 10.18 所示。此微型六边形金字塔底层的直径为 80 nm、高为 8 nm。

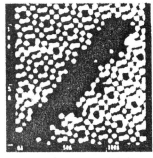
(a) 获得原子级平直沟槽

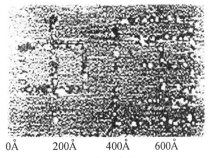
0Å   200Å   400Å   600Å
(b) 写成中国字样

图 12.17   在 Si 表面连续去除 Si 原子形成微结构

美国惠普公司利用 STM 将分布在 Si 基材表面上的锗原子集中到针尖下,实现 Si 表面上的 Ge 原子的搬迁而形成三维立体结构,这些 Ge 原子自组装形成四边形金字塔形微结构,如图 12.19 所示,该锗原子组成的微型金字,塔底宽约 10 nm,高约 1.5 nm。这是用 SPM 针尖的电场将 Si 表面的异质 Ge 原子集中到一起,自组装形成的微型三维立体结构。

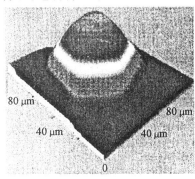

图 12.18   自组装形成的 Si 六边形金字塔,直径 80 nm,高 8 nm

图 12.19   在 Si 基材表面自组装形成锗原子的四边形金字塔

7.SPM 使用多针尖加工

用 SPM 虽可加工其他方法无法加工的微结构,但效率很低,且最大加工尺寸受限制。最近国外采用多针尖的 SPM 进行纳米级精密加工,各针尖能独立自主工作,能成倍提高加工效率和扩大加工尺寸范围。图 10.21 中是斯垣福大学研制成功的带 5 个针尖的 5×1 平行阵列微悬臂结构,各微悬臂都带有 Si 压敏电阻偏转传感器和 ZnO 压电扫描器,故 5 个针尖可同时独立进行扫描工作,针尖间距离为 100 μm,每个针尖的扫描范围是 100 μm,5 个针尖同时工作,最大加工尺寸

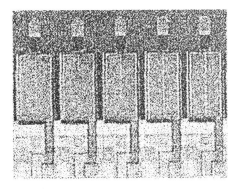

图 12.20   带独立偏转传感器和扫描器的 5×1 微悬臂阵列

达到 500 μm,加工效率和最大加工尺寸都是单针尖的 5 倍。

12.4　微型机械、微型机电系统及其制造技术

12.4.1　微型机械、微型机电系统

微型机械依其特征尺寸,可以划分成三个等级:1 nm ~ 1 μm 是纳米机械,1 μm ~ 1 mm 是微型机械,1 ~ 10 mm 是小型机械。但广义的微型机械是包含上列三个等级的微小机械。微型机电系统(MEMS)是将微型机械和信息输入的传感器、控制器及微型机械机构等都微型化并集成在一起的微系统,它有较强的独立运行能力,并能完成规定工作的功能。

微型机器人是能自己行动的微型机电系统,近年来发展迅速,图 12.21(a)是法国 1999 年研制成功的微型轮式机器人小车,比一个大蚂蚁大不了多少。它可按设定的程序走规定的曲折的路程,自动变速并转弯。图 12.21(b)是美国 2001 年研制成的侦察用履带式微型机器人小车,它可在不平地面行走,该微型车体积为 4.1 cm³,质量小于 28.4 g,车上装备的微型数码照像机、微型信息传输系统能将侦察到的信息输送回指挥控制中心,它体积小、隐蔽性好,能进入狭小的通道空间。此外还有用脚行走的微型机器人、微型管道机器人等。

微型飞行器是包含多个子系统的复杂微型机电系统,由于国防和尖端技术需求,近年发展极为迅速。

图 12.22 是日本 2004 年 8 月展示的直升机型微型飞行器,它质量 12.3 g、长 85 mm,受一台使用蓝牙无线电技术的电脑控制。机上载有一台 32 位的微控制器、超薄发动机、微型数码相机和能发射简单图像信息的信息传输系统。

(a) 轮式小车　　　(b) 履带式小车

图 12.22　直升机型微型飞行器

图 12.21　微型机器人小车

当前微型机械和微型机电系统使用的、典型的主要制造工艺技术有:① 大规律集成电路制造技术;② 薄膜制造技术;③ 光刻技术,包括平面光刻和立体光刻;④ LIGA 制造工艺技术;⑤ 牺牲层工艺技术;⑥ 基板的键合技术;⑦ 精微机械加工技术;⑧ 精微特种加工技术;⑨ 装配技术;⑩ 封装技术。表 12.3 归纳了微型机械与微型机电系统中使用的精微加工方法和加工特征。

表 12.3　微型机械与微型机电系统中使用的精微加工方法和加工特征

<table>
<tr><td colspan="2">加工技术</td><td>加工材料</td><td>批量生产</td><td>集成化</td><td>加工自由度</td><td>加工厚度</td><td>加工精度</td></tr>
<tr><td rowspan="4">硅工艺</td><td>硅 – 表面光刻</td><td>单晶硅, 多晶硅</td><td>◎</td><td>◎</td><td>2 维</td><td>数 μm</td><td>~ 0.2 μm</td></tr>
<tr><td>硅 – 立体光刻</td><td>单晶硅, 石英</td><td>○</td><td>○</td><td>3 维</td><td>500 μm</td><td>~ 0.5 μm</td></tr>
<tr><td>硅蚀除工艺</td><td>单晶硅</td><td>◎</td><td>○</td><td>2.5 维</td><td>20 μm</td><td>~ 0.2 μm</td></tr>
<tr><td>外延生长, 氧化
掺杂扩散, 镀膜</td><td>单晶硅</td><td>◎</td><td>◎</td><td></td><td>数 μm</td><td>~ 0.2 μm</td></tr>
<tr><td colspan="2">LICA 工艺</td><td>金属, 塑料, 陶瓷</td><td>○</td><td>△</td><td>3 维</td><td>1 mm</td><td>~ 0.1 μm</td></tr>
<tr><td colspan="2">准 LIGA 工艺</td><td>金属</td><td>○</td><td>○</td><td>2.5 维</td><td>150 μm</td><td>~ 1 μm</td></tr>
<tr><td colspan="2">能束加工</td><td>金属, 半导体, 塑料</td><td>○</td><td>△</td><td>3 维</td><td>100 μm</td><td>~ 1 μm</td></tr>
<tr><td colspan="2">激光加工</td><td>金属, 半导体, 塑料</td><td>△</td><td>△</td><td>3 维</td><td>100 μm</td><td>~ 1 μm</td></tr>
<tr><td colspan="2">电火花, 线切割加工</td><td>金属等导电材料</td><td>△</td><td>×</td><td>3 维</td><td>数毫米</td><td>~ 1 μm</td></tr>
<tr><td colspan="2">光成型加工</td><td>塑料</td><td>○</td><td>×</td><td>2.5</td><td>数十毫米</td><td>~ 2 μm</td></tr>
<tr><td colspan="2">SPM 加工</td><td>原子, 分子</td><td>×</td><td>×</td><td>2 维</td><td>原子, nm</td><td>~ 1 nm</td></tr>
<tr><td colspan="2">键合加工</td><td>硅, 石英, 玻璃,
陶瓷</td><td>○</td><td>×</td><td>2 维</td><td></td><td></td></tr>
<tr><td colspan="2">封装</td><td>硅, 塑料</td><td>◎</td><td>○</td><td></td><td></td><td></td></tr>
</table>

注:◎良好;○一般;△稍差;×不可。

思考题与习题

12.1　试述纳米技术对国防工业、尖端技术以及整个科技发展的重要性。

12.2　简述纳米级测量主要方法及各方法的对比。

12.3　说明扫描隧道显微镜(STM)的工作原理、方法和系统组成。

12.4　简述原子力显微镜(AFM)的工作原理和测量分辨力。

12.5　简述多种扫描探针显微镜(SPM)的发展和多功能扫描探针显微镜的出现。

12.6　简述原子操纵中的"移动原子"和"提取去除原子"的原理和方法。

12.7　简述使用 SPM 针尖进行雕刻加工微结构的方法。

12.8　简述微型机电系统的组成、功能和最新发展。

12.9　说明微型机械和微型机电系统(MEMS)包含什么内容?

12.10　简述精微机械加工技术制造微器件的方法和最新进展。

12.11　简述精微特种加工技术制造微器件的方法和最新进展。

第13章

特种加工中的安全、低碳环保和绿色加工技术

　　随着世界文明的发展,如何保证人身安全、保护环境已越来越被各个国家重视,并作为国家强制标准要求各个行业必须执行。我国制定了《电火花加工机床安全防护技术要求》GB 13567—1998国家强制标准,也就是说机床的参数、精度可以根据企业生产产品的类型和客户的要求与标准有所出入,但与安全有关的国家强制标准必须执行,并在使用说明书中明确提醒操作者在操作中可能会面临的危险,应有危险防范措施和防护方法。

13.1　特种加工中的安全、低碳环保技术

13.1.1　电火花加工中的安全、防火技术

　　电火花加工直接利用电能,且工具电极等裸露部分有100~300 V的高电压。高频脉冲电源工作时向周围发射一定强度的高频电磁波,人体离得过近,或受辐射时间过长,会影响人体健康。此外电火花加工用的工作液煤油在常温下也会蒸发、挥发出煤油蒸气,含有烷烃、芳烃、环烃和少量烯烃等有机成分,它们虽不是有毒气体,但长期大量吸入人体,也不利于健康。在煤油中长时间脉冲火花放电,煤油在瞬时局部高温下会分解出氢气、乙炔、乙烯、甲烷,还有少量CO(体积分数约为0.1%)和大量油雾烟气,遇明火很容易燃烧,引起火灾,吸入人体对呼吸器官和中枢神经也有不同程度的危害,所以人身防伤害、防触电等技术保安和安全防火非常重要。近年来以水代油作为工作液,减少碳氢化合物的使用和二氧化碳、一氧化碳的排放,符合低碳环保的方向。

　　1.电火花加工中的技术安全规程

　　① 电火花机床应设置专用地线,使电源箱外壳、床身及其他设备可靠接地,防止电气设备绝缘损坏而发生触电。

　　② 操作人员必须站在耐压20 kV以上的绝缘物上进行工作,加工过程中不可碰触电极工具,一般操作人员不得较长时间离开电火花机床,重要机床每班操作人员不得少于两人。当人体部分接触设备的带电部分(与火线相连通的部分),而另一部分接触地线或大地时,就有电流流过人体。根据一般经验,如大于10 mA的交流电,或大于50 mA的直流电通过人体时,就有可能危及生命。若电流通过心脏区域,触电伤害最为严重,所以双手触电危险性最大。为了使电流不至于超过上述的数值,我国规定安全电压有三种,即36 V、24 V及12 V(根据场所潮湿程度而定,一般工厂采用36 V)。

　　③ 经常保持机床电气设备清洁,防止受潮,以免降低绝缘强度而影响机床的正常工

作。若电机、电器的绝缘损坏(击穿)或绝缘性能不好(漏电)时,其外壳便会带电,如果人体与带电外壳接触,而又站立在没有绝缘的地面时,这就相当于单线触电,轻则"麻电",重则有生命危险。为了防止这种触电事故,一方面人体应站立在铺有绝缘垫的地面上;另外,电气设备外壳常采用保护接地措施,一旦发生绝缘击穿漏电,外壳与地短路,使保险丝熔断,保护人体不再触电。

④ 加添工作介质煤油时,不得混入类似汽油之类的易燃物,防止火花引起火灾。油箱要有足够的循环油量,使油温限制在安全范围内。

⑤ 加工时,工作液面要高于工件一定距离(30~100 mm),如果液面过低,加工电流较大,很容易引起火灾。为此,操作人员应经常检查工作液面是否合适。图 13.1 为操作不当、易发生火灾的情况,要避免出现图中的错误。还应注意,在火花放电转成电弧放电时,电弧放电点局部会因温度过高,工件表面积炭结焦,越长越高,主轴跟着向上回退,直至在空气中放火花而引起火灾。这种情况,液面保护装置也无法防止。为此,除非电火花机床上装有烟火自动监测和自动灭火装置,否则,操作人员不能较长时间离开。

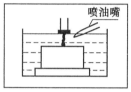

(a) 电弧放电引起工件、工具表面积炭结焦向上生长,主轴回升到液面引起着火

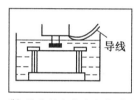

(b) 绝缘外壳多次弯曲,意外破裂的导线和工件夹具间火花放电

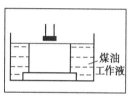

(c) 加工的工件在工作液槽中位置过高

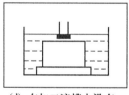

(d) 在加工液槽中没有足够的工作液

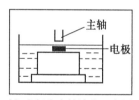

(e) 电极和主轴连接不牢固,意外脱落时,电极和主轴之间火花放电

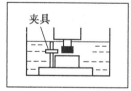

(f) 电极的一部分和工件夹具间产生意外的放电,并且放电又在非常接近液面的地方

图 13.1 电火花加工时意外发生火灾的原因

⑥ 根据煤油的混浊程度,及时更换过滤介质,并保持油路畅通。

⑦ 电火花加工间内,应有抽油雾、烟气的排风换气装置,保持室内空气良好而不被污染。

⑧ 机床周围严禁烟火,并应配备适用于油类的灭火器,最好配置自动灭火器。好的自动灭火器具有烟雾、火光、温度感应报警装置,并自动灭火,比较安全可靠。若发生火灾,应立即切断电源,并用四氯化碳或二氧化碳灭火器吹灭火苗,防止事故扩大化。

⑨ 电火花机床的电气设备应设置专人负责,其他人员不得擅自乱动。

⑩ 下班前应关断总电源,关好门窗。

2. 正确执行电火花加工安全操作规程

① 应接受有关劳动保护、安全生产的基本知识和现场教育,熟悉本职的安全操作规程的重要意义。

安装电火花加工机床之前,应选择好合适的安装和工作环境,要有抽风、排油雾烟气的条件。安装电火花机床的电源线,应符合表13.1的规定。

表13.1 安装电火花加工机床的电线截面

机床电容量/kVA	2~9	9~12	12~15	15~21	21~28	28~34
电线截面尺寸/mm²	5.5	8.0	14.0	22.0	30	38

② 坚决执行岗位责任制,坚持持证上岗。做好室内外环境安全卫生,保护通道畅通,设备物品要安全放置,认真搞好文明生产。

③ 熟悉所操作机床的结构、原理、性能及用途等知识,按照工艺规程做好加工前的一切准备工作,严格检查工具电极与工件是否都已校正和固定好。

④ 调节好工具电极与工件之间的距离,锁紧工作台面,启动工作煤油泵,使工作煤油面高于工件加工表面一定距离后,才能启动脉冲电源进行加工。

⑤ 加工过程中,操作人员不能一手触摸工具电极,另一只手触碰机床(因为机床是连通大地的),这样将有触电危险,严重时会危及生命。如果操作人员脚下没有铺垫橡胶、塑料等绝缘垫,则加工中不能触摸工具电极。

⑥ 为了防止触电事故的发生,必须采取如下的安全措施:应建立各种电气设备的经常与定期的检查制度,如出现故障或与有关规定不符合时,应及时加以处理。尽量不要带电工作,特别是在危险场所(如工作地点很狭窄,工作地周围有对地电压在250 V以上的导体等)应禁止带电工作。如果必须带电工作时,应采取必要的安全措施(如站在橡胶垫上或穿绝缘胶靴,附近的其他导体或接地处都应用橡胶布遮盖,并需有专人监护等)。

⑦ 加工完毕后,随即关断电源,收拾好工、夹、测、卡等工具,并将现场清扫干净。

⑧ 操作人员应坚守岗位,思想集中,经常采用看、听、闻等方法注意机床的运转情况,发现问题要及时处理或向有关人员报告。不允许杂散人员擅自进入电加工室。

⑨ 定期做好机床的维修保养工作,使机床经常处于良好状态。

⑩ 在电火花加工场所,应确定安全防火人员,实行定人、定岗负责制,并定期检查消防灭火设备是否符合要求,加工场所不准吸烟,并要严禁其他明火。

13.1.2 电化学加工中的技术防护和环境保护

从对工艺过程的分析中可知,在金属电解加工过程中也存在着一系列不安全因素:在加工过程中产生的有害、有毒气体和带盐分的水蒸气及悬浮微尘的影响;电解液的化学影响;电气危险性;短路时工具和工件以及电路烧伤的可能性;机械因素的影响;爆炸性气体爆炸的可能性;电磁场的影响等,现分别论述如下。

1. 空气污染

在机床工作时,电化学过程中阴极会释放出大量的氢气,极间电压过高时,可能会产生氧气、一氧化氮、氯气等。此外,电解液的气态产物、带悬浮粒的液态气体,以及属于工件成分的金属微粒将会进入空气介质。所有这些物质都有刺激作用,对工作人员的呼吸器官会产生不良的影响。

放出的氢气排泄不畅,与氧混合引燃后会引起爆炸。电解液中的食盐分子会随局部高温的水蒸气蒸发弥散到空间,锈蚀车间的钢梁等结构。为此应采取如下技术保安和环境保护措施。

① 企业中如果拥有电解加工机群,则应建议将它们移装到单独隔离的工作间里去。

② 为了防止爆炸性气体的聚集,在工段的各点应分别设置氢气信号装置的传感器。

③ 必须定期检查信号装置、通风机、联锁装置和排气管的良好性。

④ 工段中换气应不少于每天 5 次,并应规定直接从析出有害气体的源头换气。

表 13.2 中列出了前苏联在生产场所工作区空气中有害气体、蒸气、粉尘以及其他悬浮微尘的最高容许浓度,以供参考。

表 13.2　工作区空气中有害物质容许浓度

物　质　名　称	最高容许含量/$(mg \cdot m^{-3})$
铝、氧化铝、铝合金粉尘	2
氨	20
丙酮	200
汽油(溶剂)	300
钨粉尘	6
二氧化氯	0.1
含氟或锰化合物成分的氧化铁	4
煤油	300
锰(换算成 MnO_2)	0.3
溶解为悬浮微尘凝结状态的钼化合物	2
镍、氧化镍粉尘	0.5
臭氧	0.1
氧化氮(换算成 N_2O_5)	5
一氧化碳	30
含游离 SiO_2 的质量分数低于 10% 和氧化锰的质量分数低于 6% 的氧化铁粉尘	4
三价或五价氧化钒及其化合物粉尘	0.5
硫酸、硫酸酐	10
氧化钛	10
碳酸(换算成 C)	300
醋酸	5
氟化氢	0.5
磷化氢	0.1
氟化氢盐酸(换算成 HF)	1
氯	1
盐酸(换算成 HCl)	5
六价铬氧化物、铬酸盐、重铬酸盐(换算成 CrO_3)	0.01
氧化锌	5
碱性悬浮微尘(换算成 NaOH)	0.5

2. 电解液污染

(1) 电解液中的电解质

电化学加工中常用氯化钠、硝酸钠、亚硝酸钠、氯酸钠等中性电解液,虽然它们对皮肤没有刺激、腐蚀等有害作用,但是要防止亚硝酸钠进入口腔、胃肠(亚硝酸钠是食品防腐剂,但过量则可致癌)。此外氯酸钠是强氧化剂,蘸有氯酸钠电解液的棉砂、纸张、布头等干燥后遇摩擦升温会自燃甚至爆炸,这在北方干燥的环境中应予以注意。

酸性或碱性的电解液对皮肤、呼吸道有刺激作用,对夹具、机床、工件、下水管道有腐蚀作用。无论是中性还是酸碱性的废电解液,都不允许洒浇庭院(会使花草树木死亡)或排入下水道。

(2) 被电解金属材料形成的电解泥

含铬镍等元素的合金钢电解加工后,废电解液形成的电解泥中含有大量的六价铬、镍的氧化物或氢氧化物,其中六价铬是剧毒物质,必须加以无害化处理。此外,电解泥中的铬、镍、钴、钨、钼等贵重金属元素,应加以处理回收再利用。

电解泥的利用可经多种途径——可用水法冶金和高温冶金处理来提炼诸如镍、钴、钨、钼等成分,也可在催化剂制造和建筑材料生产中加以利用等。

(3) 电解液的除害处理

① 六价 Cr 向三价 Cr 的转化可以在电解液离心脱水前、后进行。日本专家介绍,利用安装在电解加工机床供液系统中的装置可实现这种过程。在电解液中加入 $FeSO_4$ 溶液(pH 为 8~9),则可将有害的六价 Cr 转化为无害的三价 Cr。

$$Cr^{6+} + 3Fe^{2+} \longrightarrow Cr^{3+} + 3Fe^{3+}$$

② 在硝酸钠电解液中随着氢的形成会发生硝酸钠变为有害的亚硝酸钠的还原过程。为此可用亚硫酸胺加以无害化处理,使亚硝酸钠被亚硫酸胺化合成无害的硫酸氢钠,即

$$NaNO_2 + NH_2SO_3H \longrightarrow N_2 + NaHSO_4 + H_2O$$

或　　　　　$17NaNO_2 + NH_2SO_3H + 7H_2SO_4 \longrightarrow 18NO + 3NaHSO_4 + 7Na_2SO_4 + 7H_2O$

亚硝酸钠是否完全化合可根据余酸来测定,而六价 Cr 的还原程度则可根据氧化还原势测定。

③ 镍基合金零件电解加工后的泥渣,经高温冶金处理后,在吹氧转炉中和镍冰铜冶炼中,可作为掺料在电弧炉中获得新的合金。当水法冶金处理浸提电解泥时,由于将钨和钼转移到溶液中去,而在溶液中留下的镍渣和钴渣就可送去进行高温冶金再处理。

④ 钛合金的电解泥,经适当处理后,可用来作为清漆、涂料、颜料和电炉氧化铝的原料。汽车玻璃科学研究所和其他许多单位的专家们认为,将一定数量的氧化钛作为钛泥掺入以高炉炉渣为基的玻璃配料,就可获得饰面建筑材料。

根据国外先进经验,电解泥在石油化学工业中用于氨的生产和天然气的脱硫,配制它们的催化剂和吸附剂是最合理和最有效的途径。

⑤ 电解液的配制和净化应在装有换气通风装置的单独工作间内进行。

3. 电磁污染及用电安全

① 为防止直流磁场对工作人员的有害作用,对导电体应采用金属套屏蔽或用同轴电缆将它们接地。

② 为防止工作人员触电,在机床附近的地面上应设置用隔电胶垫覆盖的木踏脚板。

③ 为了防止气体爆炸,排气系统应制成防爆的,并与机床启动联动的安全装置。电解加工工段的设备均需接地。电源中应设置在过载情况下切断工作电路的保护装置。在机床和装置结构中,应规定有自动切断电压、停止供液等的机构。

④ 为预防爆炸性气体偶然性爆炸,所有装置均应联锁,并按如下顺序接通,即从工作箱抽出氢气的通风机、供液泵、电源、机床传动机构。

13.2 特种加工中的绿色加工和节能技术

电火花加工时用的煤油工作液是碳氢化合物,容易着火燃烧,发生火灾,它和电化学加工时用的强酸、强碱、有害化学物质一样,对环境、人体健康产生一定的危害,应尽量以水代油,实现低碳。

电火花加工、电化学加工、激光、电子束、离子束、超声波加工时用的脉冲电源,在工作时高频电磁辐射波对周围电器有干扰、对人体健康有危害。为此,近年来国内外强调了电火花加工的无害化,并进一步提出了"绿色制造"的新理念。

绿色制造理念是伴随着全球绿色革命兴起的一种思维和生态文化,其目标和宗旨是使制造业的产品在设计、制造、包装、运输、使用、维护,直至报废处理和善后处理的整个产品生命周期中将对生态环境的不利影响降至最小,对资源的利用效率增至最大。

从绿色制造的要求出发,电火花加工中首先应做到无害化,其次是应该节约能源和促进能源的再利用。为此,应在无害化、节能、再利用等方面采取各种相应的措施。

13.2.1 加工过程的无害化

① 采用污染较小的煤油工作液,并大力研究和采用以水代油的线切割水基工作液。

② 加强对煤油皂化、乳化液等废弃工作液的再生无害化处理和再利用。

③ 电化学加工中尽量不用强酸、强碱、高价铬(铬酐)等化学物质,用无害或少害的中性化学物质取代它们。

④ 对高频脉冲电源可能产生的射频电磁波辐射危害采取屏蔽、隔离措施,近年来有的电火花加工机床采取新的造型,加工时将加工区、工作台、油槽等都用金属网板遮盖、隔离、屏蔽起来,不再有射频向外辐射。

⑤ 设计、研制采用高效、节能、环保型电火花加工和线切割加工脉冲电源。

13.2.2 采用节能技术

1.研制节能型新电源

电火花加工中用的脉冲电源,无论是 RC 线路或是晶体管,大功率开关管的放电主回路中都串接有限流电阻,电流流过时 80% ~ 70% 的电能都转化为热能而浪费。近年来电加工界纷纷研制用电感、电容代替限流电阻,并成为节能型新脉冲电源,电能利用率可由 20% ~ 30% 提高到 70% ~ 80%。

在线切割、激光切割、等离子体切割和水射流切割时,应研究减小切缝、节约材料的技术。

2.采用逆变技术、脉宽调制(PWM)技术

目前大多数电加工设备中都有工频变压器,以提供从 5 V、12 V、24 V、36 V、80 V、100 V 等不同电压的电源。工频(50 Hz)变压器体积大,消耗硅钢片、铜导线较多,资源浪费较大。近十年来先进电子器件(如电视机、计算机)中的电源变压器和手机充电器等采用了能减小体积,节约铜、钢资源的逆变技术和脉宽调制技术,取得了很好的效果,电加工设备中也应更多采用这类先进节约技术。

13.2.3 采用可回收、再利用技术

电火花加工用的煤油工作液,通常采用纸介质过滤器进行循环过滤净化,反复循环使用。往复走丝线切割加工的皂化工作液,过去不易回收再利用。现苏州宝玛公司和南京等地生产的新一代水基工作液,使用后的废液沉淀 2～3 天,上层的清液仍可再利用,下层沉淀的金属小屑粉末,经干燥后可当废金属回收。在电火花和电解加工中,对加工贵重金属镍、钴、钛、钨、钼、聚晶金刚石等材料,应研究从工作液废渣中如何回收和利用的技术。

思考题与习题

13.1 你单位电火花机床上采用的工作液是水基的还是煤油的?是普通煤油还是精炼煤油?是否用过特制的电火花加工用的煤油?试分析比较它们的性能和价格(性能价格比),列出它们的经济效益和社会效益。

13.2 对油类工作液,什么叫闪点和燃点?什么叫芳香烃?它们对安全生产有何影响?

13.3 电火花加工用煤油作工作液时,有哪些情况可能会引起着火、火灾的危险?其中哪种情况最危险,需特别小心防止?

13.4 你处理电火花线切割采用什么型号的工作液,是否用过不含油脂的水基工作液?与皂化、乳化工作液相比,绿色、环保的水基工作液有哪些优点?

13.5 电化学、电解加工中对人体、对环境污染最严重的因素有哪些?

13.6 你单位对节能、回收、再利用技术采取了哪些技术改造措施?

参考文献

[1] 刘晋春,赵家齐,赵万生.特种加工[M].北京:机械工业出版社,2004.
[2] 赵万生,刘晋春,等.实用电加工技术[M].北京:机械工业出版社,2002.
[3] 金庆同.特种加工[M].北京:航空工业出版社,1988.
[4] 机械工业部苏州电加工机床研究所[M].机械工程手册:第49篇特种加工[M].北京:机械工业出版社,1982.
[5] 余承业,等.特种加工新技术[M].北京:国防工业出版社,1995.
[6] 赵万生.先进电火花加工技术[M].北京:国防工业出版社,2003.
[7] 孙昌树.精密螺纹电火花加工[M].北京:国防工业出版社,1996.
[8] 卢存伟.电火花加工工艺学[M].北京:国防工业出版社,1988.
[9] 郭永丰.电火花加工技术[M].哈尔滨:哈尔滨工业大学出版社,2005.
[10] 中国机械工程学会电加工学会.电火花加工技术工人培训自学教材[M].哈尔滨:哈尔滨工业大学出版社,1989.
[11] 张学仁.数控电火花线切割加工技术[M].哈尔滨:哈尔滨工业大学出版社,2000.
[12] 中国机械工程学会电加工学会.电火花线切割加工技术工人培训自学教材[M].哈尔滨:哈尔滨工业大学出版社,1989.
[13] 王至尧.电火花线切割工艺[M].北京:原子能出版社,1986.
[14] 复旦大学,等.数学程序控制线切割机床[M].北京:国防工业出版社,1977.
[15] 哈尔滨工业大学机械制造工艺教研室.电解加工技术[M].北京:国防工业出版社,1979.
[16] 王建业,徐家文.电解加工原理及应用[M].北京:国防工业出版社,2001.
[17] 电解加工编译组.电解加工[M].北京:国防工业出版社,1977.
[18] 集群.电解加工[M].北京:国防工业出版社,1973.
[19] 集训.电解磨削[M].北京:国防工业出版社,1972.
[20] 吕成辰.表面加工技术[M].张翊凤,等译.沈阳:辽宁科学技术出版社,1984.
[21] 梁肇伟,等.刷镀新技术[M].北京:人民交通出版社,1985.
[22] 朱企业,等.激光精密加工[M].北京:机械工业出版社,1990.
[23] 卢清萍.快速原型制造技术[M].北京:高等教育出版社,2001.
[24] 斋藤长男,毛利尚武,等.放电加工技术[M].东京:日刊工业新闻社,1997.
[25] 微细加工技术编辑委员会.微细加工技术[M].朱怀义,等译.北京:科学出版社,1983.
[26] 向山芳世监修.彫マイセ放電加工マニエアル[M].東京:大河出版,1989.
[27] 包比洛夫 ЛЯ.电加工手册[M].谷式溪,梁春宜,译.北京:机械工业出版社,1989.
[28] 眞銅明,葉石雄一郎.形式放電加工.東京:日刊工業新聞社,1997.
[29] 袁哲俊,王先逵.精密和超精密加工技术[M].北京:机械工业出版社,2010.
[30] 杨志伊.纳米科技[M].北京:机械工业出版社,2007.
[31] 刘明,谢常青,等.微细加工技术.北京:化学工业出版社,2004.
[32] 陈泽民.近代物理与高新技术物理基础[M].北京:清华大学出版社,2001.